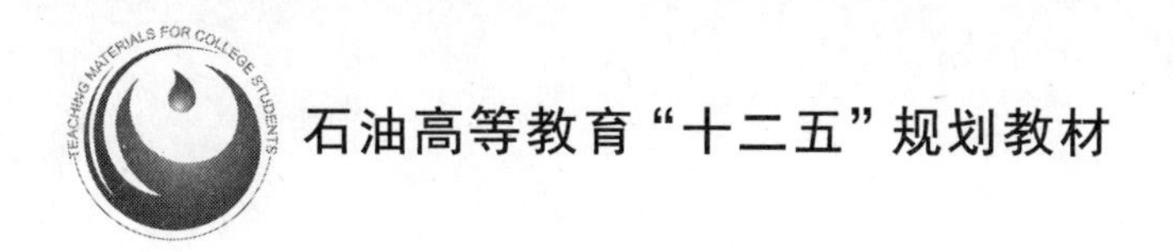

海洋环境保护

朱红钧　赵志红　主编

内容提要

海洋环境保护是开发海洋油气资源的首要先决条件，对于海洋油气工程专业的学生而言，全面系统地了解海洋环境保护知识，掌握海洋环境污染的性质及控制技术至关重要。

为了适应战略性新兴产业专业海洋油气工程的教学需求，本书对海洋环境保护所涉及的环境与生态学基础、海洋环境污染及生态破坏、海洋环境保护基础、海洋环境监测、海洋环境评价、海洋环境污染控制技术等进行了较为全面的介绍。全书共分六章，包括环境与生态学基础、海洋环境污染及生态破坏、海洋环境保护基础、海洋环境监测、海洋环境评价、海洋环境污染控制技术，并附有海洋环境保护相关法规及标准。全书内容广泛，深入浅出，主要面向石油高等院校海洋油气工程专业的学生，也可作为海洋工程、环境工程、石油工程、油气储运工程、机械工程、安全工程等涉及海洋环境保护知识的相关专业师生和工程技术人员的参考资料。

PREFACE 前言

海洋作为地球上最大的地理单元,以它的广博、富饶影响和滋养着一代又一代地球人类。在对海洋不断探索、研究和认知的同时,海洋的资源和资源价值逐步被人类认识和重视,随之而来的海洋权益之争也愈演愈烈。随着人口的增长、环境问题的加重、陆地资源的枯竭,人类对海洋的青睐和倚重更加凸显,各国纷纷调整和制定新的海洋战略和政策,一个以权益为核心、资源和环境为载体的全球范围的“蓝色圈地”运动正在深入、广泛地展开。

大力开发海洋油气是调整我国能源供给结构,解决国内石油危机的重要途径。但科学的开发不仅建立在高效、高技术的开发手段之上,更建立在绿色环保、可持续发展之上。党的十八大充分强调了“生态文明建设”,这也表明国家的经济建设发展不是以破坏环境为代价的,不能再靠原先的末端治理手段,而应从源头上尽可能杜绝环境污染问题。石油、天然气的开发是海洋环境最大的潜在污染源,由油气开发引起的海洋环境污染问题屡见不鲜,尤以墨西哥湾漏油事件最为严重,给整个海洋生态系统造成了不可逆转的破坏,让人类付出了惨痛的代价。因此,开发海洋油气必须以环境保护为前提,在不破坏环境和生态系统的条件下,合理有效地设计可持续开发利用海洋资源的方法是进行海洋油气开发的第一步。

目前,海洋油气工程专业作为战略性新兴产业专业已在各大石油高校开办并招生。海洋环境保护作为海洋油气工程专业学生的一门基础课程,以海洋环境问题,海洋环境监理、评价和保护技术为主要内容,目的是培养学生开发资源的环境保护意识,增强学生珍爱环境的责任心。

本书由西南石油大学石油与天然气工程学院朱红钧和赵志红编写,朱红钧统稿。全书共分六章,主要内容有环境与生态学基础、海洋环境污染及生态破坏、海洋环境保护基础、海洋环境监测、海洋环境评价、海洋环境污染控制技术,并附有海洋环境保护相关法规及标准。书中第一章,第二章的第一至三节、第六节、第七节和第三至六章由朱红钧编写,第二章的第四节、第五节和第八至十节由赵志红编写。本书编写过程中,一直得到了西南石油大学梁光川教授、范翔宇教授、杨志副教授以及熊友明教授的大力支持和殷切指导,也得到了西南石油大学教务处、石油与天然气工程学院的大力支持,在此一并表示真诚的谢意!

本书编写过程中查阅了大量的资料,感谢参考文献列出的各位前辈专家、学者做出的学术贡献。

由于编者水平有限,书中难免有错误和不足之处,敬请专家和读者批评指正,以便不断改进和完善。

编　者

2015 年 1 月

CONTENTS

目　录

第一章　环境与生态学基础　1

第一节　环境……1

一、环境的定义……1

二、环境问题……3

三、环境科学与环境保护……4

第二节　生态学……6

一、环境生态学的含义问题……6

二、生态系统……6

三、生态平衡……11

四、生态学基本原理……12

第三节　全球环境问题……13

一、温室效应……13

二、臭氧层空洞……15

三、酸雨……16

四、土地荒漠化……18

五、生态破坏及生物多样性减少……20

第四节　水污染……21

一、水环境与水资源……21

二、水污染性质与分类……22

第五节　大气污染……27

一、大气……27

二、大气污染及污染物来源……29

第六节　固体废弃物污染 ……33
一、固体废弃物的概念及危害 ……33
二、固体废弃物来源及分类 ……35
第七节　其他物理环境污染 ……37
一、辐射污染 ……37
二、噪声污染 ……40
三、光污染 ……41
思考题与习题 ……42
第二章　海洋环境污染及生态破坏　44
第一节　海洋环境的范畴 ……44
一、海洋 ……44
二、海洋环境 ……45
三、海水环境 ……49
四、海洋生态环境 ……51
五、海洋环境问题 ……53
第二节　海水污染 ……55
一、海水水质 ……55
二、海水富营养化 ……58
三、海水养殖污染 ……59
四、热废水对海水的污染 ……61
五、海水的重金属污染 ……62
第三节　赤潮与绿潮 ……62
一、赤潮 ……62
二、绿潮 ……66
第四节　海洋大气污染 ……67
一、海洋大气污染物 ……67
二、海洋大气污染物的沉降 ……68
第五节　陆源污染 ……70
一、主要入海污染源 ……70
二、有机物质及营养盐 ……72
三、固体废弃物 ……73
四、近岸沉积物 ……73
第六节　海洋垃圾 ……74
一、海面漂浮垃圾 ……74

二、海滩垃圾……75
三、海底垃圾……76
四、海洋垃圾来源……76
第七节　海洋石油开发带来的污染……77
一、溢漏油……77
二、钻井液与钻屑排海……81
三、海洋平台污水排海……82
四、地震勘探……83
第八节　放射性污染……83
第九节　海水入侵、土壤盐渍化与海岸侵蚀……84
一、海水入侵……84
二、土壤盐渍化……85
三、海岸侵蚀……86
第十节　外来物种入侵与生态破坏……86
一、外来物种入侵……86
二、物种多样性丧失……87
三、海洋生态系统破坏……88
思考题与习题……90

第三章　海洋环境保护基础　91

第一节　海洋环境保护理论……91
一、海洋环境保护的含义……91
二、海洋环境保护的分类……91
三、海洋环境保护的基本原则……92
第二节　海洋环境保护的任务……98
一、防治陆源污染物对海洋环境的污染损害……98
二、防治海岸工程建设项目对海洋环境的污染损害……99
三、防治海洋工程建设项目对海洋环境的污染损害……101
四、防治倾倒废弃物对海洋环境的污染损害……101
五、防治船舶及有关作业活动对海洋环境的污染损害……102
六、海洋自然保护区的保护……104
第三节　海洋环境保护法规……105
一、《联合国海洋法公约》中关于海洋环境保护的条款……105
二、我国海洋环境保护法……106

第四节 海洋环境保护标准 …… 109
一、我国海洋环境保护标准发展史 …… 110
二、我国海洋环境保护标准 …… 111
思考题与习题 …… 114
第四章 海洋环境监测 115
第一节 海洋环境监测简介 …… 115
一、海洋环境监测的目的及意义 …… 115
二、海洋环境监测的任务 …… 116
三、海洋环境监测的分类 …… 116
第二节 海洋环境监测过程 …… 117
一、监测方案 …… 117
二、大气样品的采集与测试 …… 119
三、海水样品的采集与测试 …… 122
四、海洋沉积物样品的采集与测试 …… 127
五、海洋生物样品的采集与测试 …… 131
第三节 海洋生态监测与应急监测 …… 134
一、海洋生态监测 …… 134
二、海洋应急监测 …… 136
思考题与习题 …… 138
第五章 海洋环境评价 139
第一节 海洋污染的基本计算 …… 139
一、污染物排海量的计算 …… 139
二、污染物的迁移扩散 …… 141
第二节 海洋环境容量及污染物总量控制 …… 144
一、海洋环境容量 …… 144
二、污染物总量控制 …… 148
第三节 海洋环境质量评价 …… 149
一、海洋环境质量评价目的 …… 149
二、海洋污染源调查及评价 …… 150
三、海洋环境质量评价程序 …… 152
四、海洋环境影响评价 …… 154
第四节 海洋溢油对环境与生态损害评价 …… 155
一、海洋溢油对环境与生态损害评价内容及程序 …… 155

二、生态环境价值损失评估…………………………………………………………158
思考题与习题……………………………………………………………………158

第六章　海洋环境污染控制技术　159

第一节　海洋石油开采过程中的污水处理…………………………………………159
一、陆地污水的处理工艺……………………………………………………159
二、海洋采油污水处理………………………………………………………171
第二节　海洋钻井过程中的废弃钻井液与钻屑处理………………………………178
一、物理分离…………………………………………………………………178
二、固化技术…………………………………………………………………181
三、回注处理技术……………………………………………………………183
第三节　海洋溢漏油处理……………………………………………………………184
一、物理修复法………………………………………………………………185
二、化学处理法………………………………………………………………189
三、生物治理技术……………………………………………………………191
第四节　海洋平台生活垃圾的处理与处置…………………………………………195
一、破碎和分选………………………………………………………………195
二、焚烧………………………………………………………………………195
三、卫生填埋…………………………………………………………………196
第五节　海水养殖污染控制技术……………………………………………………198
一、藻类修复…………………………………………………………………198
二、动力改善水质……………………………………………………………198
三、海底曝光…………………………………………………………………198
四、健康养殖…………………………………………………………………199
第六节　赤潮的控制技术……………………………………………………………201
一、赤潮的预报………………………………………………………………201
二、赤潮的防治………………………………………………………………203
第七节　陆源污染物的控制…………………………………………………………206
一、控制政策…………………………………………………………………206
二、排放限制…………………………………………………………………208
思考题与习题…………………………………………………………………………209

附录　海洋环境保护相关法规及标准　210

附录1　中华人民共和国海洋环境保护法……………………………………………211
附录2　中华人民共和国海洋石油勘探开发环境保护管理条例……………………223

附录 3　防治船舶污染海洋环境管理条例 …… 228
附录 4　中华人民共和国海洋倾废管理条例 …… 238
附录 5　防治海洋工程建设项目污染损害海洋环境管理条例 …… 242
附录 6　海洋石油开发工业含油污水排放标准 …… 251
附录 7　海洋石油勘探开发污染物生物毒性第 1 部分:分级 …… 252
附录 8　海水水质标准 …… 256

参 考 文 献 …… 262

第一章
环境与生态学基础

海洋环境保护是环境科学与环境保护的一个分支，在介绍海洋环境问题及海洋环境保护技术之前，有必要阐述环境科学与环境保护的基本概念及人类生存的大环境面临的环境问题。环境与生态密不可分，介绍环境与生态学基础，也响应了强调生态文明建设的号召。本章重点讲述环境问题、生态学的概念，以及目前全球环境面临的主要环境污染问题。

第一节 环境

一、环境的定义

环境(environment)是相对于某一中心事物而言的，是指围绕着某一事物(通常称为主体)并对该事物会产生某些影响的所有外界事物(通常称为客体)，即环境是指相对并相关于某一中心事物的周围事物。环境既包括以空气、水、土地、植物、动物等为内容的物质因素，也包括以观念、制度、行为准则等为内容的非物质因素；既包括自然因素，也包括社会因素；既包括非生命体形式，也包括生命体形式。环境是相对于某个主体而言的，主体不同，环境的大小、内容等也就不同。不同学科所指的中心事物不同，环境的含义也有所不同，且随着实践的深入，环境的内涵与外延还会不断地变化，所以要用发展的观点来看待环境。

环境科学以人为主体，研究人类社会发展活动与环境演化规律之间相互作用的关系，是一门寻求人类社会与环境协同演化、持续发展途径与方法的科学。本书所涉及的环境是指以人类社会为主体的外部世界的综合体。世界各国的一些环境保护法规中，往往把环境要素或应保护的对象称为环境。《中华人民共和国环境保护法》(2014年4月24日修订)明确指出：本法所称环境是指影响人类生存和发展的各种天然的和经过人工改造的自然因素的总体，包括大气、水、海洋、土地、矿藏、森林、草原、湿地、野生生物、自然遗迹、人文遗迹、自然保护区、风景名胜区、城市和乡村等。这就以法律的语言准确地规定了应予保护的环境要素和对象。

通常根据环境的属性，可将环境分为自然环境、人工环境和社会环境。

自然环境，是指未经过人的加工改造而天然存在的环境。自然环境按照环境要素的不同，又可分为大气环境、水环境、土壤环境、地质环境和生物环境等，即对应地球的五大圈——大气圈、水圈、土圈、岩石圈和生物圈，如图 1-1 所示。

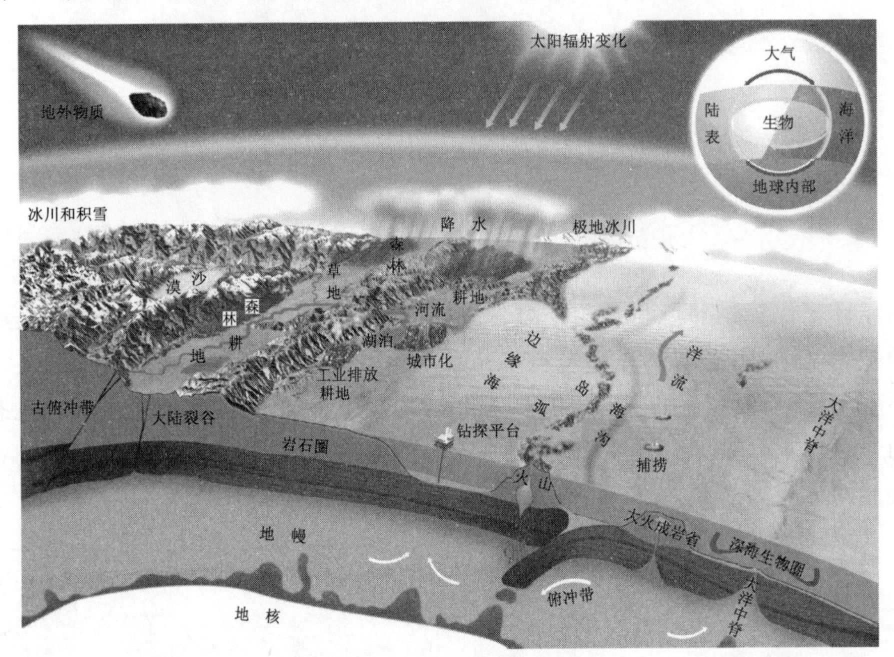

图 1-1　地球环境的五大圈

人工环境，是指在自然环境的基础上经过人的加工改造所形成的环境，或人为创造的环境。人工环境与自然环境的区别，主要在于人工环境对自然物质的形态做了较大的改变，使其失去了原有的面貌。图 1-2 所示的人工湿地，在生态美观的同时还可一定程度地净化污水。

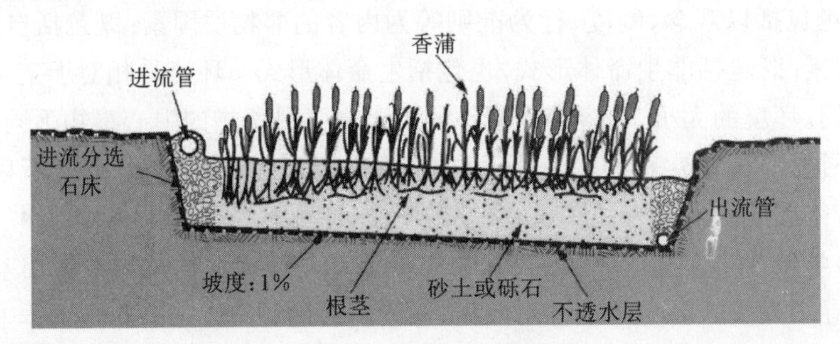

图 1-2　香蒲人工湿地

社会环境，是指由人与人之间的各种社会关系所形成的环境，包括政治制度、经济体制、文化传统、社会治安、邻里关系等。

二、环境问题

1. 环境问题的概念

环境问题，是指环境受破坏而引起的后果，或者引起环境破坏的原因。环境本身运动过程中也会产生环境问题，如火山喷发、地震、海啸等自然灾害，此类由于自然界本身的变异而造成的环境破坏，往往是区域性的或局部的，称为第一环境问题（原生环境问题）。但更多的环境问题是由人类社会发展过程中违背客观规律的行为引发的，称为第二环境问题（次生环境问题）。这类环境问题使人类受到了自然的惩罚，产生了制约社会经济可持续发展乃至影响人类生存的后果。本书主要阐述的是第二环境问题，这也是环境科学与环境保护所研究的主要对象。

第二环境问题实质上反映的是人与自然之间的不和谐、不协调，即人类在利用和保护环境的行为和认识上的不和谐、不协调。其根本分歧在于人是自然的主宰，还是自然的一个成员。人类活动中的生产、分配、交换、消费、再生产的每一个环节都会产生环境问题。环境问题不仅产生于第二产业（工业），而且产生于第一产业（农业）和第三产业。环境问题与投资、外贸、内需息息相关，也与拉动增长的经济政策息息相关。实践表明，环境问题渗透于社会经济发展的方方面面，粗放型的发展方式是环境问题产生的主要根源。人类应在实践中能动地认识、把握和遵循自然规律，可持续开发利用自然，并促进人与自然的矛盾向有利于人类社会全面发展的方向转化。

2. 环境问题的特征

随着全球经济的高速发展，环境问题全球化日趋凸显，环境问题可能关系到国家的安全和国家的根本利益，其政治色彩逐渐加重。环境问题是人类生存面临的重大挑战之一，已构成非传统安全问题。全球气候变化、臭氧层空洞、物种减少、酸雨、森林骤减、土地荒漠化、大气污染、水污染、海洋污染、危险性废弃物越境转移是当前威胁人类生存的十大环境问题。应对全球气候变化、保护生物多样性、保护海洋环境、防治荒漠化、保护湿地、保护臭氧层、控制持久性有机污染物、核安全等已成为全球环境保护的重点、难点和热点。气候变化是当前最为典型、最为突出，并与世界各国发展关系最为紧密的环境问题，它强力推动着环境保护的全球化。

除了全球化的环境问题外，区域性、流域性的环境问题也越来越突出，如太湖蓝藻爆发、洞庭湖鼠害成灾等，它们都体现了区域生态失衡导致的生态灾难。水和大气均是流动的流体，水污染和大气污染具有典型的流域性或区域性，如北方地区的沙尘暴，“长三角”、“珠三角”的阴霾天气等。

3. 我国环境问题的突发性

国家环保总局和国家统计局于 2006 年 9 月 7 日联合发布了我国第一份《中国绿色国民经济核算研究报告 2004》（又称《绿色 GDP 报告》）。报告指出，2004 年全国因环境污染造成的经济损失为 5 118 亿元，占当年 GDP 的 3.05%。其中水污染的环境成本为 2 862.8 亿元，占总成本的 55.9%；大气（空气）污染的环境成本为 2 198 亿元，占总成本的 42.9%；固体废弃物和污染事故造成的经济损失为 57.4 亿元，占总成本的 1.2%。

可见，发达国家上百年工业化过程中分阶段出现的环境问题，在我国改革开放30多年的快速发展中集中出现。由于社会再生产的每一个环节都会产生环境问题，不仅生产领域会产生环境问题，流通领域和消费领域也会凸现出各种环境问题，我国已进入安全与环境突发事件的高发期，如吉林双苯厂爆炸引发的松花江跨国污染事件（生产安全事故引发的环境问题），货运交通事故引发有害货物外泄、爆炸等事件（贸易、流通领域的突发事件引发的环境问题）。

造成我国环境问题突发性的根源主要有四点：① 粗放型的经济增长方式是环境问题产生的根本原因，突发事件只是它的一种表现形式；② 由粗放型经济增长方式滋生出来的先排放后治理的末端治理模式，难以从源头有效控制突发事件的产生；③ 污染的多年累积超出区域性生态环境的承载限度后，势必导致环境问题爆发；④ 新污染源和污染方式的不断出现，如流通领域的突发环境污染，更增加了环境问题突发的可能性。

随着我国经济的持续高速发展，环境问题将变得更为复杂，污染物介质将从以大气和水为主向大气、水和土壤三种污染介质共存转变，污染物来源将从以工业和生活污染为主向工业、农村和生活污染并存转变，污染物类型将从以常规污染物为主向常规和新型污染物的复合型转变。这意味着，我国环境形势十分严峻。

三、环境科学与环境保护

1. 环境科学

自然环境本身具有它的发生和发展规律，而人类却要利用自然改造环境，因此两者之间存在矛盾。“人类与环境”系统是人类与环境所构成的对立统一体，是一个以人类为中心的生态系统。环境科学是以“人类与环境”系统为研究对象，研究人类环境质量及其保护和改善的科学。它是在环境问题日益严重的情况下逐渐发展起来的一门多学科、跨学科的综合性新兴学科。

古代人类在生产、生活中逐渐积累的防治污染、保护环境的技术和知识，是最早、最朴素的环境科学形态，如我国古代人们在烧制陶器的柴窑中就知道用烟囱排烟，公元前2 000多年就知道用陶土管修建下水道。19世纪中叶以后，随着社会经济的发展，环境问题逐渐受到人们的重视，地学、生物学、物理学、医学和一些工程技术学科的学者开始分别从本学科出发探索和研究环境问题。到20世纪50年代，随着环境质量的逐渐恶化，环境公害事件频频发生，环境问题得到了社会各界的广泛关注，在解决环境问题的实践中环境科学开始出现并迅速发展起来。地学、化学、生物学、医学、工程学、社会学、经济学、法学等学科的科学家们联系实际，运用本学科的理论和方法，在研究和解决环境问题的实践中产生了广泛分布于各原有学科中的环境科学分支学科，如环境地学、环境化学、环境生物学、环境毒理学、环境流行病学、环境医学、环境工程学、环境伦理学、环境管理学、环境经济学和环境法学等，形成了以解决环境问题为中心，探讨环境问题的产生、演化和解决机制，几乎无所不包的环境科学学科群。1968年国际科学联合会理事会成立了环境问题科学委员会，20世纪70年代出现了以环境科学为书名的综合性专著。目前环境科学正在向更为专业也更加综合的方向发展。

环境和环境问题的综合性决定了环境科学的综合性。它涉及自然科学、社会科学和哲学的广泛领域，几乎涉及现代科学的各个领域，环境科学分科体系如图 1-3 所示。

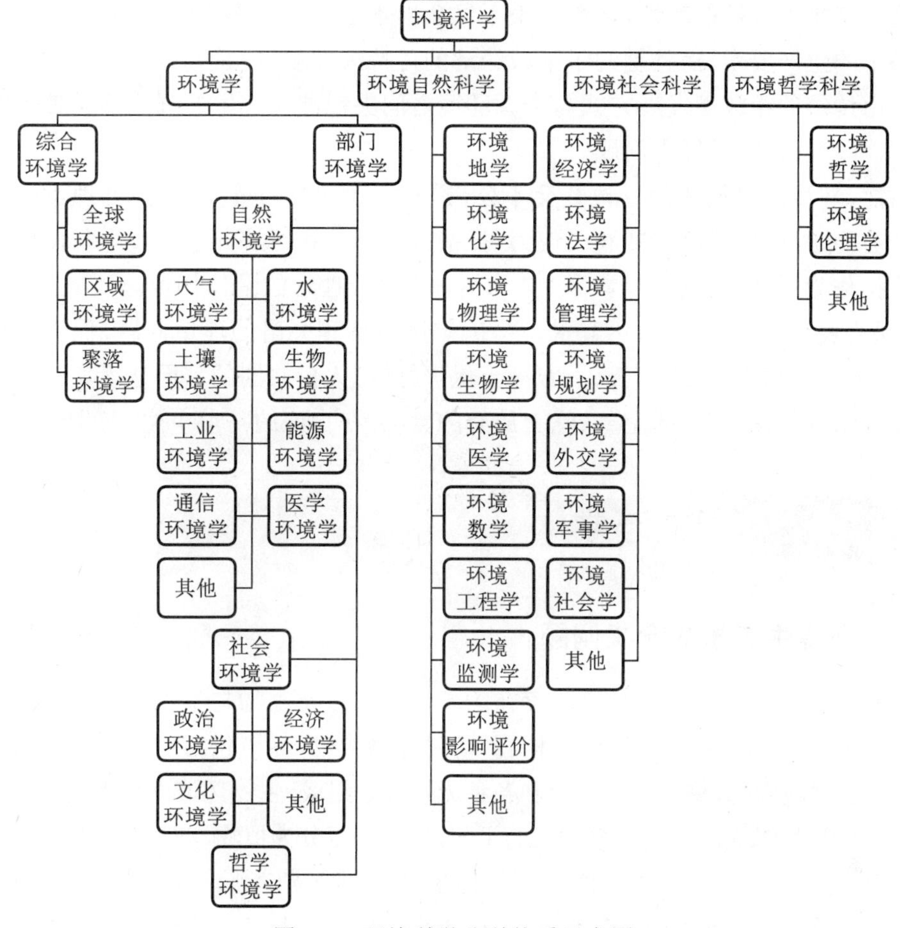

图 1-3　环境科学分科体系示意图

2. **环境保护**

环境保护是指采取法律的、行政的、经济的、科学的技术措施，合理地利用自然资源，防止环境污染和破坏，以求保护和发展生态平衡，扩大有用自然资源的再生产，保障人类社会的发展。

环境保护的内容在世界各国不尽相同，在同一国家的不同时期其内容也有变化。但一般而言，环境保护大致包括两个方面：一是保护和改善环境质量，保护居民的身心健康，防止人体在环境污染影响下产生遗传变异和退化；二是合理开发利用自然资源，减少或消除有害物质进入环境，以及保护自然资源，加强生物多样性保护，维护生物资源的生产能力，使之得以恢复和扩大再生产。

《中华人民共和国环境保护法》（2014 年 4 月 24 日修订）第一章第一条明确提出环境保护的基本任务是：保护和改善环境，防治污染和其他公害，保障公众健康，推进生态文明建设，促进经济社会可持续发展。

由于清洁的环境是人们生活的基本需求，故环境保护不但是发展问题，还是重大的民生问题，是政府公共服务的重要领域。长期以来，一些地方政府不惜以牺牲环境为代价换取经济增长，企图通过高污染、高耗能的增长方式解决生存与发展问题。然而，残酷的现实带来了沉痛的教训，环境污染不仅从根本上危害了人们的生存条件，使人们丧失了基本的生产要素，而且制约了区域经济的可持续发展，使其陷入污染与贫穷循环的怪圈。由传统的粗放型发展方式与资源环境之间尖锐冲突产生的强烈痛楚使人们逐渐认识到，环境保护就是民生问题。

当前，环境污染已成为导致社会不公、诱发矛盾冲突的重要隐患，处理不好将严重影响社会稳定，削弱政府权威和公信力，抵消改革开放和经济社会建设取得的成果。把环境保护作为重要的民生问题，是“以人为本”执政理念的具体体现。要秉持“以人为本、环保为民”的理念，着力化解水、空气、土壤污染等突出的环境问题，保障饮水和食品安全，把一澈清水、一片蓝天、一方净土保护好，把人们共同的家园建设好。让人们喝上干净的水、呼吸上清洁的空气、吃上放心的食物，在良好的环境中生产、生活。

第二节 生态学

一、环境生态学的含义问题

生态学是一门研究生物与它所存在的环境之间以及生物与生物之间相互关系的作用规律及其机制的学科。生物包括植物、动物和微生物，环境包括非生物环境和生物环境。非生物环境由光、热、空气、水分和各种无机元素组成；生物环境由作为主体生物以外的其他一切生物组成。根据研究对象的不同，生态学可分为植物、动物和微生物生态学。

20 世纪 60 年代以前，生态学只是生物学的一个分支学科，局限于研究生物与环境之间的相互关系。这时的生态学主要是以各大生物类群与环境之间的相互关系为研究对象，因而出现了植物生态学、动物生态学、微生物生态学等生物学的分支学科。

20 世纪 60 年代以后，随着世界范围内环境问题的出现，人们更注重协调人类与自然的关系，探求可持续发展的有效途径，从而推动了生态学的发展，使生态学逐渐发展成为一门综合性的学科。

二、生态系统

生态系统是指在自然界的一定空间内，生物群落与其周围环境构成的统一整体。生态系统具有一定的组成、结构和功能，是自然界的基本结构单元。在这个单元中，生物与环境之间相互作用、相互制约、不断演变，并在一定时期内处于相对稳定的动态平衡状态。一个沼泽和湖泊、一条河流、一片草原或森林、一个城镇、一个村庄都可以构成一个生态系统。总之，自然界是由各种各样的生态系统组成的。

1. 生态系统的分类

生态系统在自然界中是多种多样的，可大可小。按空间分布可将其分为淡水生态系统，河口生态系统，海洋生态系统，极地生态系统，冰川、冰盖生态系统，沙漠、荒漠生态系统，草原生态系统，森林生态系统等。按由来可将其分为自然生态系统、半自然（半人工）生态系统和人工生态系统。

2. 生态系统的结构

（1）形态结构。

生态系统的生物种类、种群数量、种群的空间配置（水平分布、垂直分布）和时间变化等构成了生态系统的形态结构。

在空间上，生态系统的形态结构主要表现为有规则的水平分布和垂直分布。在时间上，同一个生态系统在不同的时期或不同的季节，存在着有规律的时间变化。位于不同空间的生态系统的形态结构有时也有相似之处。

以一个自然森林生态系统为例加以说明。一个天然的完整的森林生态系统，其植物、动物和微生物的种类与数量基本上是稳定的，它们在空间分布上具有明显的层次性，如明显的垂直分布：在地上部分，自上而下有乔木层、灌木层、草本植物层和苔藓地衣层；在地下部分，有浅根系、深根系及其根际微生物；鸟类在树上营巢，兽类在地面筑窝，鼠类在地下挖洞。地处寒带的森林生态系统在时间上的形态变化较为典型，如长白山的森林生态系统四季分明，各领风骚。

（2）营养结构。

生态系统的营养结构包括 4 个基本部分，即生产者、消费者、分解者和无机环境，物质循环、能量流动和信息传递使四者紧密相连、充满活力、生生不息。在生产者（绿色植物）、消费者（动物和人）和分解者（微生物）之间形成食物链（网），见图 1-4，这三者的排泄物和遗体经分解后进入无机环境，再被生产者所利用，完成物质循环。分解者是生命系统与非生命系统（即有机界与无机环境）之间的纽带。来自太阳的能量在物质循环中实现流动，各种信息在物质循环和能量流动中得到传递和反馈。

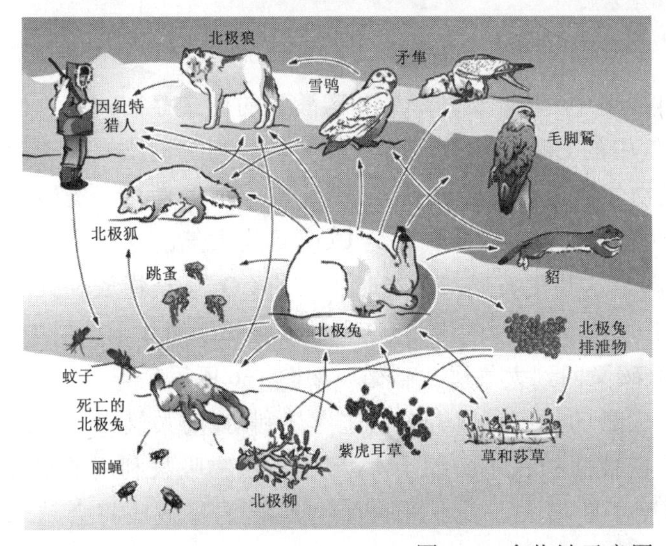

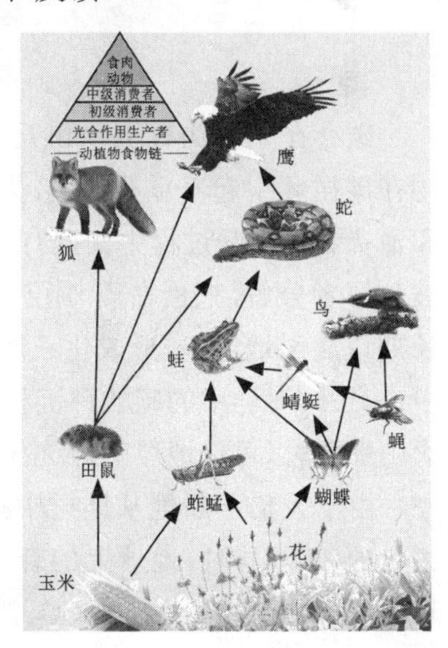

图 1-4　食物链示意图

营养结构是生态系统的灵魂，如果环境受到污染，污染物可以随食物链进行传输和富集，处于顶端的人群受到的危害最大。如果生态系统被破坏，导致食物链断裂，或某一物种数量恶性增加，不受制约，则可能导致生态系统失衡甚至崩溃。

3. 生态系统的功能

生态系统的功能主要表现为生态系统成员之间的物质循环、能量流动和信息联系。

（1）物质循环。

任何生态系统的各个组成部分之间不断进行着物质循环，物质循环包括生物循环和生物地球化学循环。生物循环对自然生态系统而言是闭路循环，在系统内的生产者、消费者、分解者和无机环境之间进行；生物地球化学循环是指在全球生物圈范围内进行的物质循环，包括水、气循环等。生物圈的物质循环中，与生态环境关系密切的主要有水、碳、氮、硫四种物质的循环。

水是生态系统中物质流动和能量流动的介质，任何一个生态系统都离不开水。水循环的动力是太阳辐射。海洋、河流、湖泊中的水分通过不断蒸发进入大气；植物体的水分通过叶的表面蒸腾作用进入大气。大气中的水分遇冷，形成雨、雪、雹，重返地面。一部分直接落入海洋、河流、湖泊等水域；一部分经土壤渗入地下，形成地下径流，再供植物根系吸收；一部分形成地表径流，流入海洋、河流和湖泊。这就是水循环，如图 1-5 所示。水循环对地球表面传递各种物质，调节气候，清洗大气，净化环境起着重要的作用。

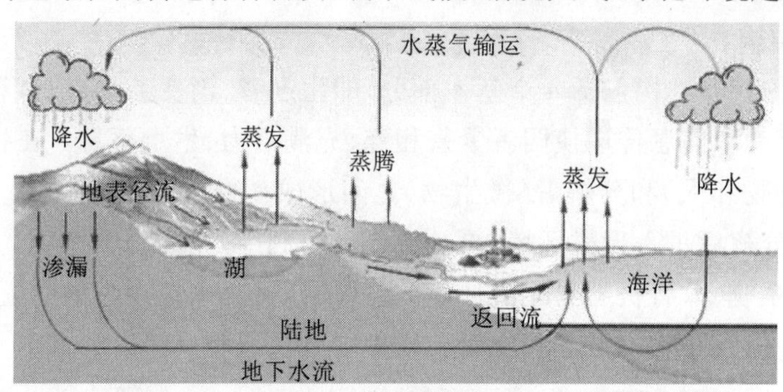

图 1-5　水循环示意图

碳存在于生物有机体和无机环境中，碳主要以 CO_2 和碳酸盐的形式存在。绿色植物在碳循环中起着重要作用，大气中的 CO_2 被绿色植物吸收并转化为有机物。生产者和消费者在呼吸过程中又把有机物分解为 CO_2 释放到大气中。生产者和消费者的残体被分解者分解，把蛋白质、脂肪和糖类中的有机碳转化为 CO_2，重返大气。动植物残体长期埋藏于地层中，形成化石燃料。这些化石燃料燃烧时生成的 CO_2 又被释放到大气中。另外，海洋中的碳酸钙沉积于海底，形成新的岩石，使一部分碳长期储藏于地层中。火山爆发时，可使地层中的这部分碳又回到大气层。碳循环如图 1-6 所示。

由于人们不断地从地层中把大量的化石燃料开采出来燃烧利用，向大气中排放了大量的 CO_2，同时，地球上的森林植被面积在不断缩小，大气中被植物吸收利用的 CO_2 越来越少，结果使大气中 CO_2 浓度不断增大。若不采取有效措施，温室效应将会越来越严重。

氮存在于生物、大气和矿物质中，它是组成生物有机体的重要元素之一。大气中的氮约占 79%。它不能直接被大多数生物利用，只能被"固定"，即成为一种含氮的化合物后，才能作为生物的营养物。大气中的氮进入生物有机体的途径有四种：一是生物固氮，如生长在豆科植物和其他少数高等植物上的根瘤菌能固定大气中的氮，供植物吸收，某些固氮蓝绿藻也可以固定大气中的氮，使氮进入有机界；二是工业固氮，人类通过工业手段，把大气中的氮合成氨或铵盐，供植物吸收；三是大气固氮，雷雨时通过电离作用，可使大气中的氮氧化成硝酸盐，随雨水进入土壤，被植物吸收；四是岩浆固氮，火山爆发时喷射出来的岩浆也可以固定一部分氮。

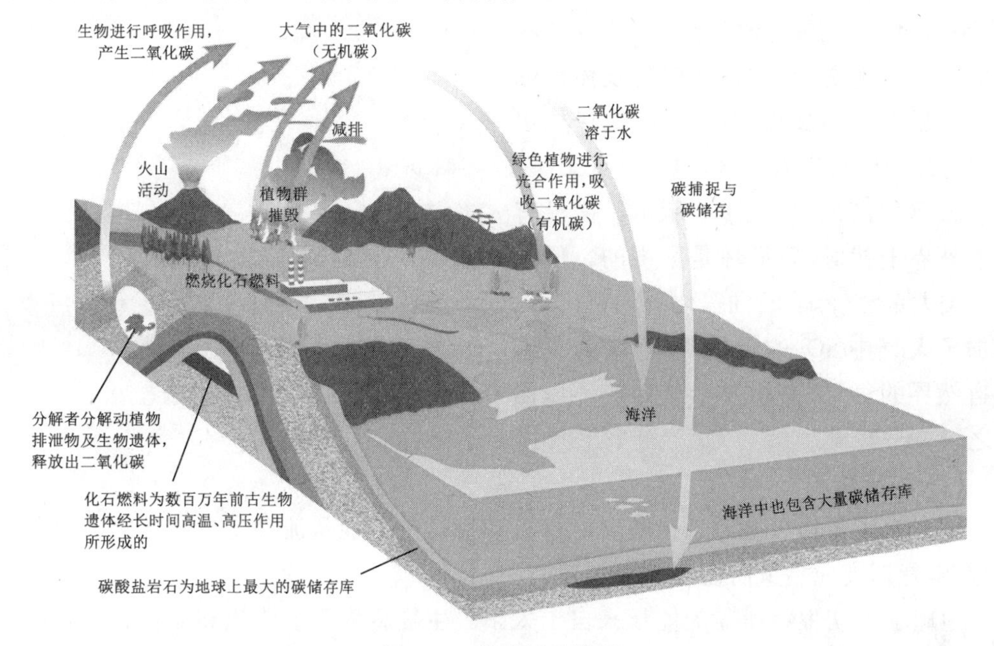

图 1-6　碳循环示意图

氮在有机体内的小循环过程为：土壤里的亚硝酸盐、硝酸盐被植物吸收，用来合成各种氨基酸，继而构成蛋白质；动物直接或间接摄取，从中吸收有机氮作为自身蛋白质的来源；动物的新陈代谢将一部分蛋白质分解成氨和尿素、尿酸随排泄物排入土壤，同时动植物残体在土壤微生物的作用下分解成氨、水和 CO_2 进入土壤。氮循环的最终完成是靠土壤中细菌的反硝化作用，将硝酸盐分解成游离氮进入大气。氮循环如图 1-7 所示。

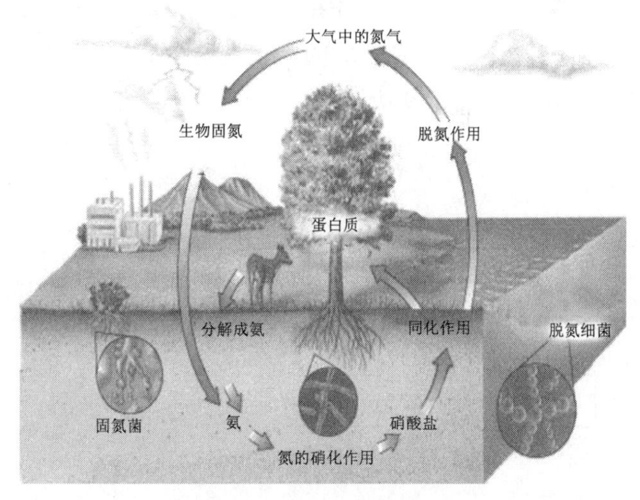

图 1-7　氮循环示意图

硫是生物有机体内蛋白质和氨基酸的基本成分。尽管有机体内的硫含量很少，却十分重要，其功能是以硫键的形式把蛋白质分子连接起来，对构造蛋白质起着重要作用。硫在自然界中的存在形式有元素硫、SO_2、亚硫酸盐、硫酸盐和气态硫化物。大气中的 SO_2 和 H_2S 主要来自化石燃料的燃烧、火山喷发、海面散发以及有机物分解过程中的释放。这些硫化物主要通过降水作用形成硫酸和硫酸盐等进入土壤，并被植物吸收、利用而成为氨基酸成分。硫通过食物链进入各级消费者体内，动植物残体被细菌分解后硫以 H_2S 和 SO_4^{2-} 的形式释放出来。这部分硫可进入大气，也可进入土壤、岩石或沉积海底，如图 1-8 所示。在没有强烈外界干扰时，硫循环是平衡的。但由于人类大量燃烧煤、石油等化石燃料，大大增加了大气中 SO_2 的含量，从而增大了硫在自然界的循环，并引发全球性的环境问题之一——酸雨。

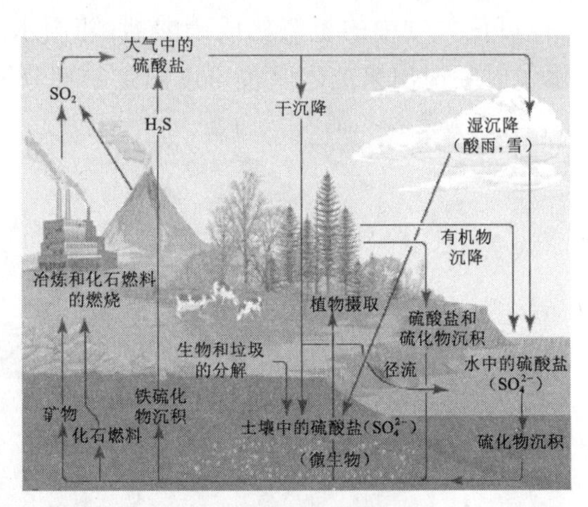

图 1-8　硫循环示意图

（2）能量流动。

生态系统的物质循环是伴随着能量流动进行的。能量流动是单向性的、不可逆的过程，消耗后变成热量而耗散。

地球上一切生物所需的能量来自于太阳。生物将太阳能收集和储存起来，并在利用后将其散逸到空间中，这一过程称为能量流动。这是生态系统中的一个重要机能。绿色植物利用太阳能进行光合作用制造有机物质，把太阳能（光能）转变为化学能储存在这些物质中，这种绿色植物所特有的能量转化过程称为光合作用，是能量流动的起点。

能量流动是通过生物食物链和食物网的方式进行的。当某些动物用植物作为食物时，部分能量用于生命活动，而另一部分能量则在新的有机化合物（如动物的脂肪等）中以另外一种形式的化学能储存起来。当这种动物再被另一种食肉动物捕食后，能量又以类似形式进一步被利用和储存。生产者和消费者死后又被分解者（主要是细菌和真菌）分解，把复杂的分子转变和还原成简单的无机化合物，能量又为分解者所利用和储存。生态系统中的能量流动如图 1-9 所示。

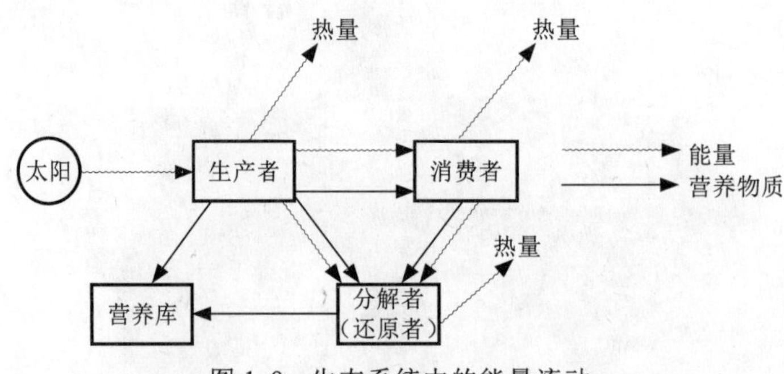

图 1-9　生态系统中的能量流动

（3）信息联系。

生态系统的各组成部分之间及各组成部分的内部存在着各种形式的信息，以这些信息把生态系统联系成一个有机的整体，即生态系统的信息联系。这些信息主要包括营养信息、化学信息、物理信息和行为信息。

营养信息通过营养交换的形式，把信息从一个种群传到另一个种群，或从一个个体传到另一个个体，食物链就是一个营养信息。化学信息是指生物在某些特定条件下，或某个生长发育阶段，分泌出的某些特殊的化学物质，这些分泌物对生物不是提供营养，而是在生物的个体或种群之间起着某种信息传递作用。物理信息是指鸟鸣、兽吼、颜色和光等物理形态的信息。行为信息是指有些动物可以通过自己的各种行为模式向同伴发出识别、威吓、求偶和挑战等信息。

三、生态平衡

任何一个正常的生态系统中，能量流动和物质循环总是在不断进行着，并在生产者、消费者和分解者之间保持着一定的和相对的平衡状态，这种平衡状态称为生态平衡。生态平衡是有条件的、暂时的、相对的，所以生态平衡永远是动态的。对待生态平衡的态度是不仅要遵循生态规律，创造条件来保持良好的动态平衡，而且要促进系统达成新的更高层次的平衡，以满足人类生存和发展的需求。

生态系统之所以能够保持相对的平衡状态，主要是由于生态系统内部具有一定限度的自动调节的能力。当系统的某一部分出现了机能的异常，就可能被其他部分的调节抵消。生态系统的这种自动调节并维持平衡的能力是通过环境中发生物理、化学和生物化学一系列变化而实现的，这个过程称为环境的自净能力。系统的组成成分越多样，能量流动和物质循环的途径越复杂，其自动调节能力就越强。但是，一个生态系统的自动调节能力再强，也是有一定限度的，超出这一限度，生态平衡就会遭到破坏。

生态平衡受破坏的主要标志是结构改变、功能衰退和信息紊乱。生态平衡受到破坏，有自然原因和人为原因。自然原因主要指自然界发生的异常变化，如火山爆发、山崩、海啸、水旱灾害、地震、台风、流行病等，由这类原因引起的生态平衡破坏称为第一环境问题。人为原因主要指人类对自然资源的不合理利用、工农业发展带来的环境污染等，由这类原因引起的生态平衡破坏称为第二环境问题。

目前，人为原因导致的生态平衡破坏是最主要的。人为原因引起的生态平衡破坏，主要表现为以下几个方面。

（1）生物种类成分的改变。例如，有意无意引进了有害物种，造成外来入侵，对局部生态系统造成严重破坏；大量捕猎有益物种，如蛇类、鹰类、黄鼠狼等鼠类的天敌，导致鼠害猖獗，2007年洪水季节洞庭湖暴发大面积鼠害，其主要原因之一就是当地居民喜食蛇、猫头鹰等鼠类的天敌。

（2）环境因素的改变。由于工业化、城市化发展加快，过度开发和大量排放污染物超过了环境的承载能力，使生态系统的环境因素发生了改变，影响甚至破坏整个生态系统的平衡。例如，湖泊的营养化导致藻类爆发，进而造成鱼类死亡。

（3）信息系统的破坏。例如，污染物与动物排放的性激素发生作用，致使性信息传递中断而破坏动物繁殖，从而改变生物种群的数量，导致生态失衡。

人类不是消极的环境保护主义者，为了生存和发展，改造、优化自然生态环境是必然的，问题是必须遵循自然规律，使开发强度与自然环境的承载能力相适应。对环境脆弱、敏感的地区实行保护优先，限制或禁止开发，让超负荷的生态系统休养生息，得到恢复和重建，这是人类维持可持续发展的当务之急。

四、生态学基本原理

生态学基本原理包括物物相关、相生相克、互利共生等八个方面，如图 1-10 所示。

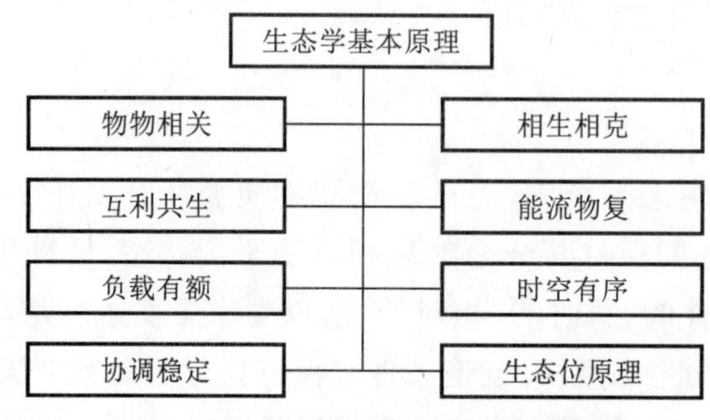

图 1-10 生态学基本原理示意图

1. 物物相关

物物相关是指自然界中各种事物之间存在着相互联系、相互制约、相互依存的关系（可分为相反相存、相辅相存的关系），改变其中的某一部分，必然会对系统内部的其他部分产生影响，甚至影响系统整体。

2. 相生相克

在生态系统中每一生物都占有一定的位置，具有特定的作用。各生物之间既彼此依赖又相互制约、协同进化。被捕食者为捕食者提供食物，同时又为捕食者所控制。反过来捕食者又受制于被捕食者，如果被捕食者数量减少，则捕食者种群数量随之减少，因为食物减少。同样，如果捕食者数量锐减，则被捕食者数量激增，将导致生态失衡。生态系统中的生物彼此间相生相克，从而使整个生态系统成为一个协调的整体。

3. 互利共生

在自然生态系统中，常有两种以上的生物共同栖息在一起，互惠互利。例如，地衣是真菌和藻类的共生体，真菌吸收水分和无机盐供给藻类光合作用所需的原料，并围裹藻类细胞使其不会干死，藻类进行光合作用合成的有机质供给真菌利用。共生的结果一般是所有共生者都大大节约原料、能量和运输，获得多重效益。这个原理对发展循环经济有很好的参考价值。

4. 能流物复

生态系统中能量在不停地流动，物质在不停地循环，但是通常在自然生态系统中，能量只能通过生态系统一次，当它沿着食物链转移时，每经过一个级位或层次，就有一部分能量转化为热量散逸到外界。因此，为了充分利用能量，就必须设计出能量利用率高的系统。物质与能量则不同，它在生态系统中反复地进行循环，其中有些还会通过食物链在生物体内富集。因此，必须控制进入环境中的有毒有害物质并分析进入环境的地点、渠道及其迁移转化规律，以便加以有效地控制。

5. 负载有额

任何生态系统的生物生产力通常都有一个大致的上限，它是由物种自身特点及可供它利用的资源和能量决定的。对每一个生态系统的任何外来干扰超过此上限时，生态系统就会受到损伤，生态平衡就遭到了破坏。因此，人类活动的开发建设强度不能超过生态系统的承载能力，人类活动排放的污染物也不应超过生态环境的自净能力。

6. 时空有序

每一个地方都有特定的自然和社会经济条件，构成独特的区域生态系统，同时这种区域生态系统也随着时间发生变化。所以，区域开发应该遵循“因时制宜、因地制宜”的原则。

7. 协调稳定

只有各部分协调的生态系统才是稳定的。所以，应该正确处理系统中各部分的关系，尤其是人类与环境的关系，主要是经济发展与环境的关系，只有让各部分的关系相互协调，才能维持生态系统的平衡，才能确保人类的生活高效、和谐。

8. 生态位原理

自然生态系统中，生态位是指物种在生物群落中的地位和角色，不仅包括生物所占有的物理空间，而且包括它在群落中的功能作用。所以，生态位不仅决定生物在哪里生活，而且决定它们如何生活。根据生态位原理，每一种生物都有其理想生态位和现实生态位，两者之差就是生态位势。人工生态系统是随人类社会的不断发展而形成的，是人类利用和改造自然的产物。为了构建能满足人类生存和发展的人工生态系统，应该正确运用生态位的原理，从实际出发，在发展中综合考虑经济社会发展水平和环境质量状况，使发展水平与生态系统承受能力相适应，保持与周围地区生态系统之间有较大的生态位势，使人工生态系统高效、和谐地运转。

第三节　全球环境问题

一、温室效应

太阳光中的紫外线、可见光透过大气层被地球表面吸收，地球为了保持热平衡，将吸收的热量又以长波辐射的形式返回大气，被大气中的 CO_2 和 H_2O 等组分吸收，使大气增温。这种逆辐射现象使地球表面温度保持在 15 ℃左右，这就是温室效应产生的原因。正是由于地球具有温室效应现象，才保护着地球上所有的生命。

能使地球大气增温的微量组分，称为温室气体。主要的温室气体有 CO_2，CH_4，

N_2O，CFC（氟氯烷烃，又称为氟利昂）等。这四种微量气体主要吸收长波辐射，使地球的温度进一步上升。其中 CO_2 的危害比重占 69.6%，CH_4 占 12.4%，N_2O 占 15.8%，CFC 占 2.2%，见图 1-11。

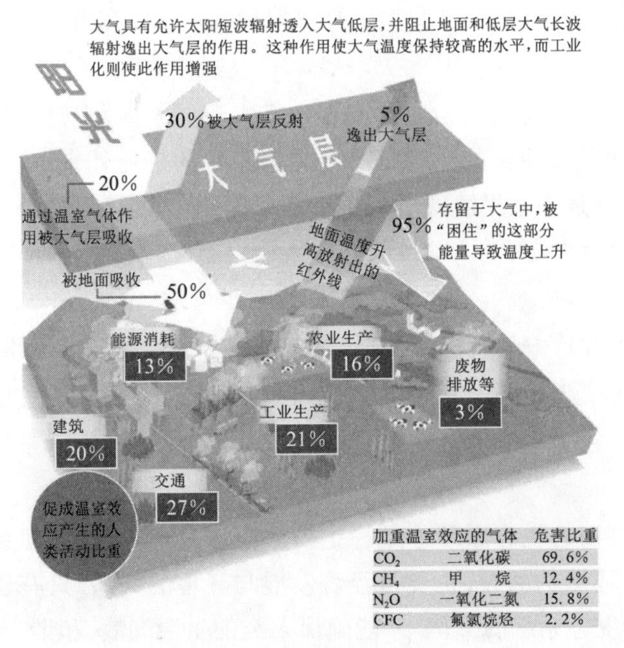

图 1-11　温室效应示意图

进入 20 世纪以来，这些温室气体在大气中的含量都有增加，其中 CO_2 的增加速度是最快的。由于人类大量使用化石燃料，化石燃料燃烧所排放的 CO_2 占排放总量的 70%。尽管绿色植物的光合作用可吸收 CO_2，但森林滥伐毁坏的结果不仅使光合作用吸收 CO_2 量减少，而且树木的焚烧更增加了 CO_2 的排放。据预测，大气中 CO_2 的体积分数至 21 世纪中叶可能达到 600 cm^3/m^3。

CO_2 可让太阳光透射，并大量吸收大气表层和地表的红外热辐射，从而使低层大气温度升高。大气中 CO_2 等温室气体含量的增加，将使地球表面的能量平衡发生改变，在地球表面上空形成一座“玻璃温室”，使地球变暖。

温室效应将使全球气候变暖，并诱发一些严重的生态问题，如台风、飓风及洪水发生的频率增加和强度增大，海平面升高，农作物减产及物种灭绝等。有些预测表明，如果大气中 CO_2 浓度增大 1 倍，全球温度将上升 3～5 ℃，而到 21 世纪中后期，大气中 CO_2 浓度完全可以翻一番。据政府间气候委员会（IPCC）对全球气候变化的判断，21 世纪全球气温每 10 年将上升 0.3 ℃，到 2050 年，全球气温将上升 1 ℃；气温升高将使冰帽融化、陆地面积减少，海平面每年将上升 6 cm，到 2070 年，海平面将上升 65 cm，但不同海域相差较大，许多处于低海拔高度的沿海城市和地区、岛国等将面临不复存在的灭顶之灾。

因此，各国政府对 CO_2 排放问题都高度重视，并制定了相应的政策来减少 CO_2 排放。1992 年联合国“环境与发展”大会通过《联合国气候变化框架公约》，提出到 20 世纪 90 年代末使发达国家温室气体的年排放量控制在 1990 年的水平。1997 年在日本京都召开了缔约国第二次大会，通过了《京都议定书》，规定了 6 种受控温室气体，明确了各发达国家削减温室气体排放量的比例，并且允许发达国家之间采取联合履约的行动，发展中国家温室气体的排放尚不受限制。尽管中国到 2000 年的人均 CO_2 排放量不到 1989 年的世界人均水平（1. 2 t/ 人）的一半，不及工业化发达国家人均水平（3. 3 t/ 人）的六分之一，但中国仍积极地参与了国际社会控制温室气体排放的行动，为全球气候变暖问题的解决做出贡献。

减少 CO_2 排放最有效的措施是提高能源利用效率与节能以及改变能源结构。核能可能是最理想的能源，其次是新能源（包括太阳能与风能）和替代能源（主要指水力发电）。这些能源不仅可以控制 CO_2 的排放，而且是可持续发展长期可以利用的清洁能源。除了这些措施外，还可以通过物理、化学或生物的方法进行 CO_2 的固定，简称固碳，但目前该技术尚未形成系统稳定的成套技术，未达到大规模推广的程度。

二、臭氧层空洞

在大气圈中距地面约 25 km 高空的平流层底部，有一个臭氧浓度相对较高的小圈层，即臭氧层。臭氧层中臭氧体积分数很低，最高体积分数仅为 10 μL/L，质量仅占大气质量的百万分之一，若把其集中起来并校正到标准状态，平均厚度仅为 0. 3 cm。臭氧在大气中分布不均，低纬度较少，高纬度较多。臭氧层中的臭氧含量虽然极微，却具有非常强烈地吸收紫外线的功能，特别是能 99% 地吸收来自太阳对生物有害的紫外线部分，保护了地球上的生物免遭紫外线辐射的伤害。如果没有它的保护，地面上的紫外线辐射就会达到使人致死的程度，整个地球生命就会遭到毁灭，因此臭氧层有“地球保护伞”之称。

自 1958 年对臭氧层进行观察以来，人们发现高空臭氧层中的臭氧浓度有减少的趋势。1970 年后，减少程度加剧，并且全球臭氧层中的臭氧浓度都呈减少趋势，冬季减少率更大于夏季。据监测，1978—1987 年全球臭氧层中的臭氧浓度平均下降了 3. 4% ～3. 6%，1985 年 10 月，英国科学家发现南极上空出现巨大臭氧空洞。据新华社报道，美国宇航局利用地球观测卫星上的“全臭氧测图分光计”测定，2000 年 9 月 3 日在南极上空的臭氧层空洞面积已达 $2\,830 \times 10^4$ km^2，相当于美国领土面积的 3 倍。2011 年春季观测的数据显示，在北极上空 18～20 km 处的臭氧浓度减少逾 80%，首次出现了臭氧层空洞。因此，用“天破了”来形容臭氧层的破坏并不过分，这意味着有更多的紫外线辐射到地面。科学家预言：到 2050 年，即使不考虑在南北极上空的特殊云层，在高纬度地区，臭氧的消耗量也将是 4%～12%。这就意味着停止使用氟氯烃和其他危害臭氧层的物质刻不容缓。

关于臭氧层损耗的原因，目前还存在不同的认识，但比较一致的看法是：人类活动排入大气的氟氯烃与氮氧化物等化学物质与臭氧发生作用，导致了臭氧的损耗。氟氯烃极其稳定，在低空中难以分解，最终升入高空的平流层中。一个氟氯烃分子分解生成的氯离子可以分解近 10^5 个臭氧分子。

由于臭氧层遭到破坏，太阳紫外线对地球辐射增强。强烈的紫外线辐射，可引起白内障和皮肤癌，还能降低人体的抵抗能力，抑制人体免疫系统的功能，诱发许多疾病。研究表明，平流层臭氧浓度每减少 1%，紫外线辐射量将增加 2%，皮肤癌发病率将增加 3%，白内障发病率将增加 0. 2%～1. 6%。因此臭氧层的损耗，已经对人体造成了伤害。另外，臭氧层的损耗还使得农作物减产，光化学烟雾严重，海洋生态平衡受到影响。

大气中臭氧层的损耗，主要是由消耗臭氧层的化学物质引起的，因此应对这些物质的生产量及消费量加以限制，减少或停止向大气排放，这是防止臭氧层损耗的有效措施。1987 年 9 月 16 日在加拿大的蒙特利尔会议上通过了由联合国环境规划署组织制定的《关于消耗臭氧层物质的蒙特利尔议定书》，对 CFC（氟利昂）及哈龙（溴氟烷烃）两类中的 8 种破坏臭氧层的物质（简称受控物质）进行了限控。该议定书于 1989 年 1 月 1 日生效。由于该议定书不够完善，在 1990 年对该议定书进行了修正。修正后，受控物质增加到六类十几种，把四氯化碳、三氯乙烷等都列为受控物质，并规定发达国家于 2000 年后完全停止使用这些物质，发展中国家到 2010 年完全停止使用这些物质。在做了这样的限定后，预计到 2050 年，臭氧层中的臭氧浓度才能达到 20 世纪 60 年代的水平，到 2100 年后，在南极上空的臭氧层空洞才将会消失。1995 年联合国大会指定 9 月 16 日为"国际保护臭氧日"，进一步表明了国际社会对臭氧层损耗问题的关注和对保护臭氧层的共识。中国在 1991 年宣布加入修正后的蒙特利尔议定书。为了履行国际公约，1993 年国务院批准了《中国消耗臭氧层物质逐步淘汰国家方案》，确定了在 2010 年全面淘汰消耗臭氧层的物质的方案和行动计划。

三、酸雨

酸雨又称酸沉降，分为湿沉降与干沉降两大类。前者指的是所有气状污染物或粒状污染物随雨、雪、雾或雹等降落到地面（pH 值小于 5. 6），后者则指在不下雨的日子从空中降下来的落尘所带的酸性物质。由酸沉降引起的环境酸化是 20 世纪最大的环境问题之一。大量的环境监测资料表明，由于大气层中的酸性物质增加，地球大部分地区上空的云水正在变酸，如不加以控制，酸雨区的面积将继续扩大，给人类带来的危害也将与日俱增。

酸雨是工业高度发展而出现的副产物，由于人类大量使用煤、石油、天然气等化石燃料，燃烧后产生的硫氧化物或氮氧化物，在大气中经过复杂的化学反应后形成硫酸或硝酸气溶胶，或为云、雨、雪、雾捕捉吸收，降到地面成为酸雨，见图 1-12。硫酸和硝酸是酸雨的主要成分，约占总酸量的 90% 以上。如果形成酸性物质时没有云、雨，则酸性物质会以重力沉降等形式逐渐降落在地面上，即干沉降，在地面遇水后复合成酸。酸云和酸雾的酸性由于没有得到雨滴的稀释，因此要比酸雨强得多。高山区由于经常有云雾缭绕，因此酸雨区高山上的森林受害最为严重，常成片死亡。

酸雨的危害主要体现在土壤酸化、水体酸化、森林破坏、建筑材料破坏和对人体健康的影响上。

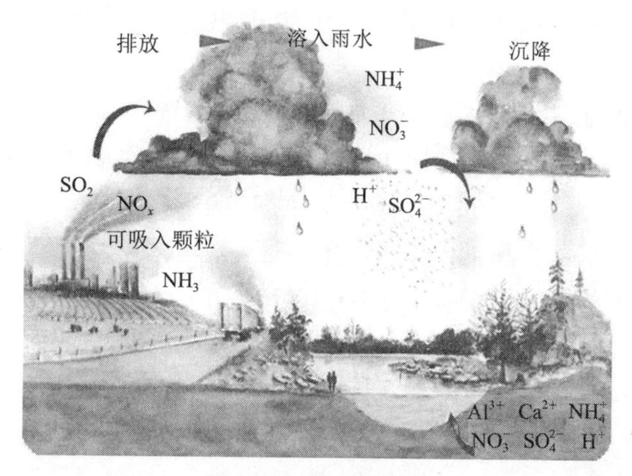

图 1-12　酸雨的形成

（1）土壤酸化会破坏土壤结构，影响植物生长，使一些有毒金属离子溶出至周围水体，这些离子可使人体致病，如水中铝离子浓度的增加，在人体中累积后会引发早衰和老年痴呆症。我国一直在为用地球上 7%的耕地养活全世界 1/5 的人口而奋斗，土壤的 pH 值对于农作物生长是至关重要的。大多数农作物都会在中性（即 pH 值等于 7）或微酸性土壤中茁壮生长，而一旦土壤的 pH 值下降，其所带来的疾病和害虫将阻碍农作物的生长。研究人员发现，从 20 世纪 80 年代早期至 2010 年，我国境内耕作土壤类型的 pH 值下降了 0.13～0.80 个单位。而对于自然土壤，这种规模的 pH 值下降通常需要几十万年的时间。可见，我国土壤酸化的治理已到了刻不容缓的地步。

（2）水体酸化会使水中生物面临灭绝危险。例如，20 世纪末，加拿大的 30 万个湖泊就有近 5 万个因湖水酸化而使生物几乎完全灭绝。

（3）酸雨对森林的破坏在许多国家已普遍存在，许多国家受酸雨影响的森林面积在 20%～30%以上，酸雨“洗礼”后的森林只剩下光秃秃的树干，没有一丝绿色，见图 1-13，从而使得整个森林生态系统出现衰退。

（4）酸雨还会严重损害建筑材料和历史古迹，全世界每年生产的钢铁中，约有 10%是被酸等物质腐蚀掉的。另有无数的建筑古迹被酸雨侵蚀而损坏，图 1-14 是德国的一座石雕像被酸雨损坏前后的对比。

图 1-13　酸雨“洗礼”后的森林

图 1-14　德国一座石雕像被酸雨损坏前后对比

（5）酸雨对人体的直接影响是刺激皮肤，并引起哮喘和各种呼吸道疾病；间接影响是污染水源，或使河流、湖泊中的有毒金属沉淀，这些有毒金属被鱼类摄入后，人类通过饮用水或食用鱼而受害。

目前，全球已形成三大酸雨区。当前酸雨最集中、面积最大的地区是欧洲、北美和中国。在酸雨区，酸雨造成的破坏比比皆是，触目惊心，如在瑞典的 9 万多个湖泊中，已有 2 万多个遭到酸雨危害，4 000 多个成为无色湖。美国和加拿大的许多湖泊成为死水，鱼类、浮游生物甚至水草和藻类均一扫而光。北美酸雨区已发现大片森林死于酸雨，德国、法国、瑞典、丹麦等国家已有多于 700×10^4 hm^2（1 hm^2 = 10^4 m^2）森林正在衰亡，我国四川、广西等省、自治区有多于 10×10^4 hm^2 森林也正在衰亡。世界上许多古建筑和石雕艺术品遭酸雨侵蚀而严重损坏，如我国的乐山大佛、加拿大的议会大厦等。最近发现，我国北京卢沟桥上的石狮和附近的石碑、五塔寺的金刚宝塔等均遭酸雨侵蚀而严重损坏。

我国酸雨区覆盖四川、贵州、广东、湖南、湖北、江西、浙江、江苏和青岛等省、市部分地区，面积达 200×10^4 km^2 以上，其面积扩大之快、降水酸化率之高，是世界罕见的。1984 年我国酸雨区只有 2 个，一个以重庆为中心，一个以四川自贡为中心。1985 年增至 5 个，厦门、福州和青岛都出现了酸雨。1994 年对我国 77 个城市的统计中，降水的 pH 年平均值低于 5. 6 的占到 48. 1%。1995 年的测定表明，我国长江流域已经普遍出现酸雨，有些地方酸雨的强度达到 4. 0～4. 5，超过欧洲和美国曾经达到的程度。

酸雨是一个国际环境问题，单靠一个国家解决不了问题，只有各国共同采取行动，减少向大气中排放酸性污染物，才能控制酸雨污染及其危害。综合控制燃煤污染，是解决 SO_2 排放的最为有效的途径。国际社会提倡实施系列的包括煤炭加工、燃烧、转换和烟气净化各个方面技术在内的清洁煤技术。然而，这种技术代价高昂、流程复杂，许多发展中国家很难达到这个水平。对于像中国这样的发展中国家，先进实用的控制技术十分缺乏，且资金困难，必须采用使用清洁煤、开发新能源以及节能等对策，减少 SO_2 排放量。目前，欧美、日本等在削减 SO_2 排放方面取得了很大进展，但在控制 NO_x 排放方面的成效尚不明显。

四、土地荒漠化

地球陆地表面极薄的一层物质，即土壤层，对于人类和陆生动植物生存极为关键。若没有土壤层，地球上就不可能生长任何树木、谷物，就不可能有森林或动物，也就不可能存在人类。土地荒漠化，就是指土壤层的恶化，由于土壤层上的有机物质下降乃至消失，从而造成其表面沙化或板结，最终成为不毛之地，包括沙漠和戈壁，见图 1-15。

地球陆地上约有三分之一是干旱的荒漠地区，这种地区雨少风多，土壤沙质、缺少有机物质而盐分含量高。据报道，非洲北部撒哈拉沙漠扩展的速度每年达 30～50 km，南部流沙前沿的总长达 3 500 km 以上。目前，全球有 36×10^8 hm^2 干旱土地受到沙漠化的直接危害，占全球干旱土地的 70%。

土地荒漠化由自然因素和人为因素造成。其中自然因素有干旱、地表形成的松散砂质沉积物、大风的吹扬等因素；人为因素有过度放牧、过度开垦、过度樵采和不合理利用水资源等。土地荒漠化的扩展会破坏土地资源，使可供利用的土地面积减少，使土地滋生能力退化，造成农牧生产能力降低和生物生产量下降，成为影响全球生态环境的重大问题。

图 1-15　沙漠化土地

我国也是一个土地荒漠化严重的国家，沙漠与沙漠化的地域已由1949年的66.7×10⁴ km²扩大到1985年的130×10⁴ km²，约占国土总面积的13.6%。根据中国国家林业局于2006年6月17日公布的数据，中国沙漠化土地达到173.97×10⁴ km²，占国土总面积的18%以上，影响全国30个一级行政区（省、自治区、直辖市）。沙化土地每年还以60 km²的速度扩大。

土地荒漠化及其引发的土地沙化被称为“地球溃疡症”，其危害表现在许多方面，已成为严重制约我国经济社会可持续发展的重大环境问题。据统计，我国每年因土地荒漠化造成的直接经济损失达540亿元。新中国成立以来，全国共有1 000×10⁴ hm²的耕地受到不同程度地沙化，造成粮食损失每年高达30×10⁸ kg以上。在风沙危害严重的地区，许多农田因风沙毁种，粮食产量长期低而不稳。

另外，土地荒漠化还引发了沙尘暴，我国北方沙尘暴的发生越来越频繁，且强度大，范围广。1993年5月5日，新疆、甘肃、宁夏先后发生强沙尘暴，造成116人死亡或失踪，264人受伤，损失牲畜几万头，农作物受灾面积33.7×10⁴ hm²，直接经济损失5.4亿元。1998年4月15—21日，自西向东发生了一场席卷我国干旱、半干旱和亚湿润地区的强沙尘暴，途经新疆、甘肃、宁夏、陕西、内蒙古、河北和山西西部；4月16日飘浮在高空的尘土在京津和长江下游以北地区沉降，形成大面积浮尘天气，其中北京、济南等地因浮尘与降雨云系相遇，于是“泥雨”从天而降，宁夏银川因连续下沙子，飞机停飞，人们连呼吸都觉得困难。

我国土地荒漠化的形成，除了因风力作用而造成沙丘前移入侵的自然因素以外，由于过度开垦、过度放牧、过度砍伐、工业交通建设等破坏植被的人为因素引起荒漠化的现象更为普遍。据统计表明，造成我国土地荒漠化的原因中森林过度采伐占32.4%，过度放牧占29.4%，土地过分使用占23.3%，水资源利用不当占6.0%，沙丘移动占5.5%，城市、工矿建设占0.8%。这些数字反映出我国绝大部分的土地荒漠化是由人为因素造成的。

图 1-16 是 2012 年拍摄于内蒙古草原的景象，这些草原曾因过度放牧而承受了草地沙化的沉重代价。而如今，急剧扩张的煤电产业，又在草原上划开了一道道巨大的“黑色伤口”。以往，科学研究认为导致内蒙古草原退化的主要原因是过度放牧和气候变化。但是，随着煤电基地在草原上的大规模扩张，采煤、燃煤发电、煤化工等大规模工业开发也已成为草原荒漠化的主要原因之一。目前，内蒙古草原退化率已经达到了 73.5%。

图 1-16 划上“黑色伤口”的内蒙古草原

土地荒漠化的防治关键是调整生产方向，具体为：易荒漠化的土地应以牧为主，严禁滥垦草原，防止工矿业污染破坏草原，加强草场建设，控制载畜量，禁止过度放牧，以保护草场和其他植被，沙区林业要用于防风固沙，禁止采樵。

五、生态破坏及生物多样性减少

生态破坏(ecology destroy)是指人类不合理地开发、利用造成森林、草原等自然生态环境遭到破坏，从而使人类、动物、植物的生存条件发生恶化的现象，如水土流失、土地荒漠化、土壤盐碱化、生物多样性减少等。

人类的许多活动都向大气、水体、土壤等自然和人工环境排放有害物质，造成环境污染。上述的温室效应、臭氧层空洞、酸雨、土地荒漠化都是环境污染的具体体现。人类健康会受到这些环境污染的直接或间接的影响，更何况其他生物。

环境污染会影响生态系统各个层次的结构和功能，进而导致生态系统退化。环境污染对生物多样性的影响主要有两个方面：一是由于生物对突然发生的污染在适应上存在很大的局限性，故生物多样性会丧失；二是污染会改变生物原有的进化和适应模式，使生物多样性可能会向着污染主导的条件下发展，从而导致其偏离自然或常规轨道。

全世界因森林资源减少和其他环境因素恶化而导致的物种灭绝达到了空前的速度。全世界已经正式辨明并分类的植物、动物、微生物品种有 170 多万种，仍未发现或加以鉴定的生物物种不可记数，可能逾 3 000 万种。它们多数都在热带生存，具有作为食物、纤维、药品、化学品或其他材料来源的重要价值。不过由于人类活动的频繁，人类的足迹差不多已经遍及到世界上的每个角落，尤其是由于生物物种生存环境的不可逆转，这些生物物种正以空前的速度走向灭绝。全世界的湿地和天然林地尤其受到威胁，不仅其中的物种，而且其中物种之间的品系和族系也在消失，因此物种多样性也在减少。这种损失在热带雨林区内最为显著。据估计，倘若一片森林的面积减少10%，即可使继续存在的生物品种下降50%。物种的消亡，破坏了生态平衡，对人类发展是难以挽回、无法估计的损失，因为生物多样性包括数以万计的动物、植物、微生物和其拥有的基因，是人类赖以生存和发展的各种生命资源的总汇，是宝贵的自然财富。

大力发展生态工程，在发展经济的同时注意环境的保护，不能再走先污染后治理的老套路，而应该发展新技术，提高资源利用率，开发新型清洁能源，减少二氧化碳排放量，并且做到因地适宜，将地域、地理特色与经济发展相结合，真正做到生态经济、生态发展，以利于维持生物多样性。

第四节　水污染

一、水环境与水资源

1. 水环境

水是地球上一切生命赖以生存、生活和生产不可缺少的基本物质之一。水是自然资源的重要组成部分，它能通过自己的循环过程不断地复原和更新。地球总储水量约为 1.4×10^{9} km^{3}，其中约97.5%是海水，2.5%是淡水。淡水中的绝大部分是两极的雪山冰川和距地表750 m以下的地下水，能够被人类开发利用的地表水和地下水仅占淡水总量的0.34%。这部分淡水与人类的关系十分密切，具有极其重要的经济和社会价值。虽然淡水在较长时间内可以保持平衡，但在一定时间、空间范围内，它的数量却是有限的，并不像人们所想象的那样可以取之不尽、用之不竭。

水环境（water environment）是指自然界中水的形成、分布和转化所处空间的环境。从环境科学角度看，水环境是指可直接或间接影响人类生存和发展的水体，以及影响其正常功能的各种自然因素和有关的社会因素的总体。

水体是海洋、湖泊、河流、沼泽、水库、地下水的总称，是由水本身及其中存在的悬浮物、溶解物、胶体物、水生生物和底泥等组成的完整的生态系统。在环境污染研究中，区分“水”和“水体”的概念十分重要。很多污染物在水中的迁移转化是与整个水体密切联系在一起的，仅仅从“水”着眼往往会得出错误的结论，对污染预防与治理产生误导。

水体具有一定程度的自净功能。从广义上讲，水体自净是指受污染的水体，经过水中物理、化学与生物作用，使污染物降解、浓度降低，并恢复到污染前的水平；从狭义上讲，水体自净是指水体中的微生物氧化分解有机物而使水体得以净化的过程。然而，水体的自净能力是有限的，如果排入水体的污染物数量超过某一界限时，将造成水体的永久性污染，这一界限称为水体的自净容量或水环境容量。影响水体自净的因素很多，其中主要因素有：受纳水体的地理、水文条件，微生物的种类与数量，水温，复氧能力，水体和污染物的组成，污染物浓度等。

2. 水资源

水资源(water resources)从广义来说是指水圈水量的总体；从狭义来说是指可供利用的大气降水、地表水和地下水的总称。

水资源是世界上分布最广、数量最多的资源，也是世界上开发利用最多的资源。地球上水资源时空分布很不均匀，各地的降水量和径流量差异很大，加之全世界人口数量急剧上升、全球气候变化以及水体污染等原因，使全球水资源日趋紧张。2009 年 3 月 12 日，联合国教科文组织发布的《世界水资源开发报告》指出，在过去 50 年里，淡水的需求量增加到了原来的 3 倍。目前，全球有 8.84 亿人没有安全的饮用水源，每年有多于 5×10^{12} m^3 水体被污染，全球气候变化导致极端水旱灾害事件呈突发、频发、并发、重发的趋势。

我国人口多、水资源时空分布不均，人均供水能力仅为世界平均水平的 2/3，在世界上 153 个有水统计的国家里，我国人均水资源量排在第 121 位，也是联合国认定的 13 个缺水国家之一。另外，我国七大水系、湖泊、水库、部分地区地下水均受到不同程度的污染。七大水系(长江、黄河、珠江、淮河、海河、辽河和松花江)中，海河水系和辽河水系的污染最为严重，黄河水系则面临污染和断流的双重压力。淡水湖泊和城市湖泊均为中度污染，其污染类型主要是富营养化，以滇池最为严重，其次是巢湖、南四湖、洪泽湖、太湖、洞庭湖、镜泊湖等。

水环境质量承载水资源的核心使用价值，没有良好的水环境质量，水资源就会大大削弱甚至失去使用价值。例如，南水北调(东线)必须先治污后调水，治污是调水的前置条件。水资源量又决定水环境容量，科学调度水资源(包括调水冲污)可以保持和扩大水环境容量。我国政府十分重视水资源的可持续利用，除了抓紧治理水体污染源，加快城市废水处理设施建设外，还提出“坚持开源节流并重，把节水放在突出位置”的战略思想，这是解决我国水资源紧缺的基本方针。

二、水污染性质与分类

据《中华人民共和国水污染防治法》第八章附则规定，水污染是指水体因某种物质的介入而导致其化学、物理、生物或者放射性等方面特性的改变，从而影响水的有效利用，危害人体健康或者破坏生态环境，造成水质恶化的现象。

水污染最典型的体现是水体富营养化。水体富营养化(eutrophication)是指在人类活动的影响下，生物所需的氮、磷等营养物质大量进入湖泊、河口、海湾等缓流水体，导致某些特征性藻类(主要是蓝藻、绿藻等)异常增殖，致使水体透明度下降、溶解氧降低、水质变坏、鱼类及其他生物大量死亡的现象。当藻类残体腐烂分解时会消耗更多的溶解氧，溶解氧耗尽后，有机物又通过水中厌氧生物的分解引起腐败现象，产生甲烷、硫化氢、硫醇等有毒恶臭物，使水体发臭变质。目前判断水体富营养化一般采用的指标是：氮质量浓度超过 0.2 mg/L，磷质量浓度大于 0.01 mg/L，BOD 大于 10 mg/L，pH 值为 7～9 的淡水中细菌总数超过 10×10^4 个/mL，叶绿素 a 质量浓度大于 10 μg/L。

1. **水体污染源**

从人与自然的关系的角度，水体污染源可分为天然污染源与人为污染源。天然污染源是指自然界向水体释放有害物质或对水体造成有害影响的场所。例如，在含有萤石(CaF_2)、氟磷灰石[$Ca_5(PO_4)_3F$]等的矿区，可能引起地下水或地表水中氟含量增高，造成水体的氟污染。人为污染源是指由人类活动形成的污染源，人类活动包括社会再生产全过程、科学实验和生活活动。

从水体内外的角度，水体污染源可分为外源和内源。外源污染是指由于人类活动或自然因素的影响，外来物质(物种)和能量进入水体后，使水体的水质和水体中的漂浮物、悬浮物、沉积物的物理、化学、生物学性质或生物群落组成和质量发生变化，从而降低水体的使用价值和使用功能的过程。外来物质(物种)和能量包括：① 陆地生产、生活等活动，也包括水上船舶、养殖等活动产生的污染物；② 水土流失、地表径流夹带的泥沙和土壤及地表污染物等；③ 降水携带的污染物；④ 来自上游的漂浮物和污染物；⑤ 外来有害生物；⑥ 外来能量包括放射性和热、光、声、电磁辐射等物理污染。内源是指水体内在的污染源，以湖泊为例，主要是指湖泊的自然本体污染，湖内生物新陈代谢产生的污染物等。外源也可以转化为内源，外源污染输入湖泊后可以转化进入底泥，进入水生生物体内等。与外源污染不同的是，湖泊的内源污染的显现往往需要一段时间。图 1-17 反映了导致湖泊富营养化的污染源。

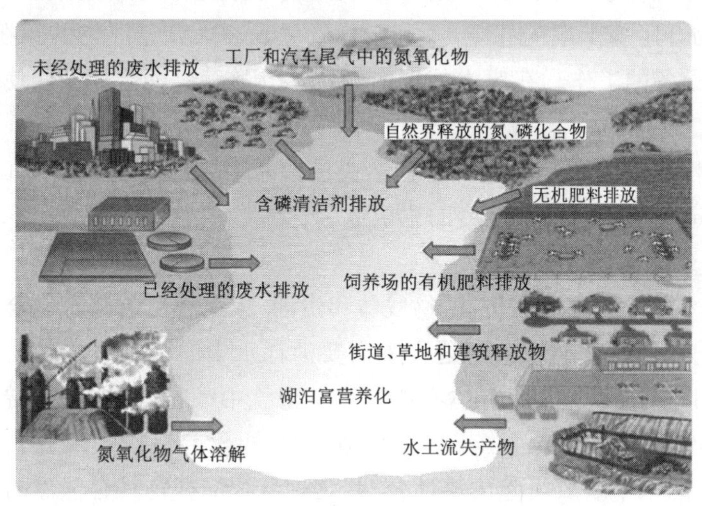

图 1-17 湖泊富营养化的污染源

从排放污染物的空间分布方式的角度，水体污染源可分为点源和面源。点源是指以点状形式排放而对水体造成污染的发生源。一般工业污染源和生活污染源产生的工业废水和城市生活污水，以排放口排放，为点源污染。面源是指以面积形式分布和排放污染物而造成水体污染的发生源，如坡面径流带来的污染物和农业灌溉水。

在水体污染源中，降水是一个不可忽视的污染来源：一是降水可将大气中的污染物包括天然的和人为的污染物带到地表，如火山灰、酸雨等；二是降水可通过地表径流(包括冰雪消融)将地表污染物带入水体。

淡水污染主要来自生活污水、工业废水和含有农业污染物的地面径流，另外，固体废弃物的渗漏和空气污染物的沉降也会造成对淡水水体的交叉污染。海洋污染的主要来源有城市生活污水和农业径流、空气污染、船舶、倾倒垃圾等。每年都有数十亿 t 的淤泥、污水、工业垃圾和化工废弃物直接流入海洋；河流每年也将近百亿 t 的淤泥和废弃物带入沿海水域。因此造成世界许多沿海水域，特别是一些封闭和半封闭的海湾和港湾出现富营养化，过量的氮、磷等营养物质导致藻类和其他水生植物迅速生长，有可能发生由有毒藻类构成的赤潮。赤潮往往很快蔓延，造成鱼类死亡、贝类中毒，给沿海养殖业带来毁灭性影响。

2. **水体污染物**

凡使水体的水质、生物质、底泥质量恶化的各种物质均称为水体污染物。根据对环境污染危害的情况不同，水体污染物主要有以下几类。

（1）固体污染物。

固体物质在水中有三种存在形态：溶解态、胶体态和悬浮态。在水质分析中，常用一定孔径的滤膜过滤的方法将固体微粒分为两部分：被滤膜截留的部分为悬浮物（SS），透过滤膜的部分为溶解性固体（DS），两者合称总固体（TS）。这时，一部分胶体包括在悬浮物内，另一部分包括在溶解性固体内。

悬浮物在水体中沉积后，会淤塞河道，危害水体底栖生物的繁殖，影响渔业生产。灌溉时，悬浮物会阻塞土壤的孔隙，不利于作物生长。大量悬浮物的存在，还会干扰废水处理和回收设备的工作。在废水处理中，通常采用筛滤、沉淀等方法使悬浮物与废水分离而除去。

水中溶解性固体主要是盐类。含盐量高的废水对农业和渔业有不良影响，而其中的胶体成分是造成废水浑浊和色度的主要原因。

（2）耗氧（或需氧）有机污染物。

耗氧有机污染物主要是指动、植物残体和生活、工业产生的碳水化合物、脂肪、蛋白质等易分解的有机物，它们在分解过程中需要消耗水中的溶解氧。若需分解的有机物太多，氧化作用进行得太快，而水体不能及时从空气中吸收充足的氧来补充消耗时，水中的溶解氧就有可能降为零。当出现这种情况时，不仅会造成水中耗氧生物（如鱼类）的死亡，而且会因水中缺氧引起厌氧性分解。这种分解的产物具有强烈的、毒性的恶臭，典型的厌氧性分解产物有氨、甲烷、硫化氢和二氧化碳等，从而造成水色变黑，底泥泛起。

由于废水中有机污染物的组成较复杂，但根据水中有机污染物主要是消耗水中溶解氧这一特点，可采用生化需氧量（BOD）、化学需氧量（COD）和总需氧量（TOD）等指标来反映水中耗氧有机污染物的含量。

（3）有毒污染物。

废水中能对生物引起毒性反应的物质称为有毒污染物。废水中的有毒污染物可分为无机毒物、有机毒物和放射性污染物三类。

无机毒物包括金属和非金属两类。金属毒物主要为重金属(汞、铬、镉、镍、锌、铜、锰、钛、钒等)及轻金属铍。重要的非金属毒物有砷、硒、氰化物、氟化物、硫化物、亚硝酸盐等。重金属不能被生物降解,其毒性以离子态存在时最为严重,故常称其为重金属离子毒物。它能被生物体富集于体内,有时还可被生物转化为毒性更大的物质(如无机汞被转化为烷基汞),是危害特别大的一类污染物。

有机毒物品种繁多,且随着现代科技的发展其品种数迅速增加。典型的有机毒物有有机农药、多氯联苯、稠环芳香烃、芳香胺类、杂环化合物、酚类、腈类等。许多有机毒物具有"三致"(致畸、致突变、致癌)效应和蓄积作用。

放射性污染物是指各种放射性核素污染物,即由核工业、核动力、核武器生产和试验以及医疗、机械、科研等单位在放射性同位素应用时排放的含放射性物质的粉尘、废水和废弃物,其中常见的放射性元素有镭(Ra)、铀(U)、钴(Co)、钋(Po)、氘(D)、氩(Ar)、氪(Kr)、氙(Xe)、锶(Sr)、钷(Pm)、铯(Cs)等。

另外,随着石油工业的发展,油类物质对水体的污染越来越严重,石油污染已成为水体污染的重要类型之一。特别是在河口、近海水域,石油污染更为严重。目前,通过各种途径排入海洋的石油数量每年达几百万吨至上千万吨。每滴石油在水面上能够形成0.25 m^2 的油膜,1 t 石油可覆盖 500×10^4 m^2 的水面,见图 1-18。油膜的存在对海洋、水域造成的危害是明显的:① 使空气与水面隔绝,影响空气中氧的溶入,进而影响鱼类的生存和水体的自净;② 阻碍水的蒸发,影响空气和海洋的热交换,进而影响局部地区的水文气象条件;③ 对海洋生物影响最大,油膜能黏住大量的鱼卵和幼鱼,使其致畸或死亡,还会使成鱼产生石油臭味,降低食用价值。

图 1-18　海洋上的油膜

3. *污水分类*

按污水来源,污水可分为生活污水、生产废水和降水。生产废水按产业层次又可分为农业废水、工业废水和第三产业废水。

按污水中所含主要污染物的性质,可将含无机污染物为主的污水称为无机废水,含有机污染物为主的污水称为有机废水。例如,电镀和矿物加工工程中产生的废水是无机废水,食品或石油加工过程中产生的废水是有机废水。

按污水中所含污染物的主要成分,污水可分为酸性废水、碱性废水、含酚废水、含镉废水、含铬废水、含锌废水、含汞废水、含氟废水、含有机磷废水、含放射性废水、含致病微生物废水等。

按污水处理的难易程度和危害性,污水可分为:① 易处理、危害性小的废水,如热排水、冷却水;② 易生物降解、无明显毒性的废水,如含有碳水化合物、蛋白质、脂肪等有机物的生活污水和工业废水,可在微生物作用下最后分解成简单的无机物、二氧化碳和水；③ 难生物降解且有毒性的废水，如含汞、镉、铝、铜、铅、锌等重金属的废水，含有机氯、有机磷、多氯联苯、芳香族氨基化合物等的废水。

4. 水质指标

水质即水的品质，是指水与其中所含杂质共同表现出来的物理学、化学和生物学的综合特性。在环境工程中，常用水质指标来衡量水质的好坏，也就是表征水体受到污染的程度。反映水质的重要参数有物理性水质指标、化学性水质指标和生物性水质指标三大类。

（1）物理性水质指标。

物理性水质指标包括温度、色度、臭和味、固体物质。当温度过高时，水体受到热污染，不仅使水中溶解氧减少，而且加速耗氧反应，最终导致水体缺氧或水质恶化。色度属于感官性指标，纯净天然水应是无色透明的。要得到有色污水的色度，只需将其用蒸馏水稀释，并与参比水样对照，一直稀释到两水样色差一样，此时污水的稀释倍数即为其色度。臭和味也属于感官性指标，纯净天然水应无臭无味，当水体受到污染后会产生异样气味。固体物质是指水中所有残渣的总和，包括溶解性固体和悬浮物。

（2）化学性水质指标。

化学性水质指标包括表示有机物的指标和无机物的指标。

表示有机物的指标可以是用氧表示的指标，也可以是用碳表示的指标，单位均为 mg/L。由于测定水体中有机碳的设备比较昂贵，目前国内采用的主要还是用氧表示的指标，包括生化需氧量（bio-chemical oxygen demand，BOD）、化学需氧量（chemical oxygen demand，COD）、总需氧量（total oxygen demand，TOD）和溶解氧（dissolved oxygen，DO）。

在水体中有氧的条件下，微生物氧化分解单位体积水中有机污染物所消耗的溶解氧称为生化需氧量，用单位体积废水中有机污染物经微生物分解所需氧的量（mg/L）表示。BOD 越高，表示水中耗氧有机污染物越多。由于在一定温度下有机污染物被氧化和合成的比值随微生物和有机污染物的种类而异，因此用 BOD 来间接表示有机污染物的含量，仅可做相对的比较。有机污染物生化分解耗氧的过程很长（20 ℃下需 100 d 以上），通常分为两个阶段进行：第一阶段称为碳化阶段，废水中绝大多数有机污染物被转化为无机的 CO_2, H_2O 和 NH_3；第二阶段称为硝化阶段，主要是氨依次被转化为亚硝酸盐和硝酸盐。测定第一阶段的生化需氧量需在 20 ℃控制下历时 20 d，显然时间太长，难以实际应用。目前大多数国家都采用 5 d（20 ℃）作为测定的标准时间，所测结果称为 5 日生化需氧量，以 BOD_5 表示。据实验研究，生活污水的 BOD_5 与第一阶段 BOD 的比值约为 0.7，而各种工业废水的水质差异很大，两者之间的比值各不相同。但就某一特定废水而言，两者常有一个稳定的比值。

在一定严格的条件下，用化学氧化剂［如重铬酸钾（$K_2Cr_2O_7$）、高锰酸钾（$KMnO_4$）等］氧化水中有机污染物时所需的溶解氧量称为化学需氧量。同样，COD 越高，表示水中有机污染物越多。以重铬酸钾为氧化剂时，水中有机污染物几乎可以全部被氧化，这时所测得的耗氧量称为化学需氧量，有时也称为COD_{Cr}。此法可以精确地测定有机污染物总量，但测定比较复杂。用高锰酸钾作氧化剂时所测得的耗氧量常称为含氧量（或高锰酸钾指数），以 OC 表示。此法比较快速，但不能代表全部有机污染物的含量，高锰酸钾较难氧化含氮有机物。

在 COD 的测定条件下，有机污染物中的吡啶、苯、氨、硫等物质不能被氧化，故对很多有机物来说，所测定的 COD 一般仅为理论值的 95%左右。近年来，发展了一种总需氧量的测定方法。总需氧量表示在高温下燃烧化合物所耗去的氧量，用 TOD 表示，单位为 mg/L（以氧计）。总需氧量可用仪器测定，在几分钟内便可完成，且可自动化、连续化测定。TOD 能反映出几乎全部有机污染物燃烧后生成 CO_2, H_2O, NO, SO_2 等所需的氧量，它比 BOD 和 COD 更接近于理论需氧量。

溶解氧是指溶解于水中的分子氧(mg/L)。水体中 DO 含量的多少也可反映出水体受污染的程度。DO 含量越少，表明水体受污染的程度越严重。清洁河水中的 DO 质量浓度一般在 5 mg/L 左右。当水中 DO 质量浓度低至 3～4 mg/L 时，许多鱼类呼吸发生困难，难以生存。

表示无机物的指标有植物营养元素、pH 值、毒物含量等。

废水中的 N 和 P 为植物营养元素。过多的 N 和 P 进入天然水体易导致富营养化。就废水对水体富营养化作用来说，P 的作用远大于 N。

pH 值可以反映水体的酸碱性，天然水体的 pH 值一般为 6～9。测定和控制废水的 pH 值，对维护废水处理设施的正常运行、防止废水处理和输送设备的腐蚀、保护水生生物的生长和水体自净功能都有重要的意义。

毒物含量是废水排放、水体监测和废水处理中的重要水质指标。国际公认的六大毒物是非金属的氰化物、砷化物和重金属中的汞、镉、铬、铅。

(3) 生物性水质指标。

生物性水质指标反映水体受细菌污染的程度，但不能说明污染的来源，必须结合大肠菌群来判断水体污染的来源和安全程度。大肠菌群是最基本的粪便污染指示菌群。大肠菌群的值可表明水体被粪便污染的程度，间接表明有肠道病菌(伤寒、痢疾、霍乱等)存在的可能性。

第五节 大气污染

一、大气

大气是维持生命活动必需的物质之一。一个成年人每天呼吸大约 2 万次，吸入的空气量为 10～15 m^3，在 60～90 m^3 肺泡表面上进行气体交换，吸入 O_2、排出 CO_2 以维持正常生理活动。生命的新陈代谢一时一刻也离不开空气，人 1 个月不吃饭，5 d 不饮水，尚能生存，而 5 min 不呼吸就会死亡。

1. 大气圈

空气来源于包围在地球周围的大气层，地理学上把在地球引力作用下而随地球旋转的大气层称为大气圈。大气圈的厚度为2 000～3 000 km，按温度垂直变化的特点，大气圈大体上可划分为五层：对流层、平流层、中间层、暖层和散逸层，见图1-19。

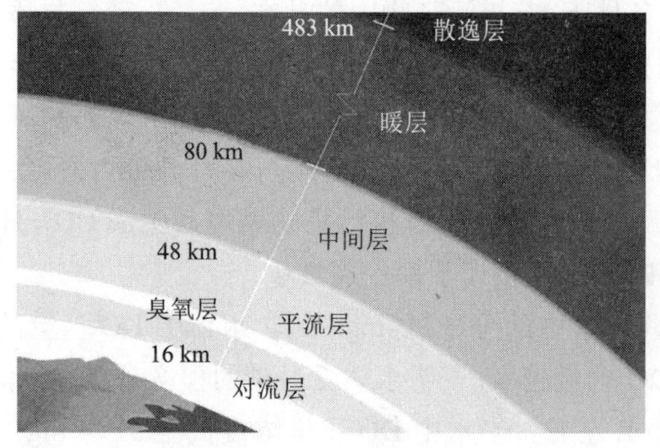

图1-19　大气垂直分层

（1）对流层是大气圈的最下一层，平均厚度约为16 km。对流层虽然很薄，但空气密度最大，总质量约占大气质量的3/4。在这一层里除了有纯净的干空气外，还几乎集中了大气中的全部水分。云、雾、雨、雪、霜、雷电等自然现象都发生在这一层，它是天气变化最复杂的层次，空气污染也主要发生在这一层，特别是离地面1～2 km的近地层。对流层的温度和湿度的水平分布不平均，从而使空气发生大规模的水平运动，对空气污染的扩散和传输起着重要的作用。

（2）从对流层顶部到距地面约48 km的这一层称为平流层。平流层内空气比较干燥，几乎没有水汽。平流层垂直对流运动很小，也没有云、雨等天气现象，大气透明度好，是超音速飞机飞行的理想场所。在平流层底部距地面22～25 km附近，有一个臭氧浓度相对较高的小圈层，称为臭氧层。臭氧层能吸收绝大部分太阳紫外线辐射，使平流层加热并阻挡强紫外线辐射到达地面，对地面生物具有保护作用。

（3）中间层距地面48～80 km，由于该层中没有臭氧这一类可直接吸收太阳辐射能量的组分，因此其气温随高度增加而下降，上部气温可降至－83 ℃。这种温度分布下高上低的特点，使得中间层空气出现强烈的垂直对流运动。

（4）暖层（或热成层、电离层）距地面80～483 km。其空气稀薄，仅占大气总质量的0.05%。在太阳紫外线和宇宙射线的作用下，空气分子变为离子和自由电子，空气处于高度电离状态，具有电导性，所以该层又称为电离层，能反射无线电波，对远距离通信极为重要。

（5）距地面483 km以外的大气称为散逸层（外层）。散逸层空气极为稀薄，几乎全部电离。而且散逸层气温高，分子运动速度快，有的高速粒子能克服地球引力作用而逃逸到太空中。散逸层是相当厚的过渡层，其厚度为2 000～3 000 km。

2. 大气组成

大气（或空气）不是单一的物质，而是多种气体的混合物。大气是由恒定、可变和不定三种类型组分所组成的。大气中的氧气、氮气及微量惰性气体的含量基本保持不变，是恒定组分，氮气、氧气两种气体共占大气总体积的 99%。

大气中 CO_2、水蒸气的含量随地区、季节、气象以及人类活动等因素的影响而有所变化，是可变组分。一般情况下，水蒸气的含量为 0.4%（体积分数），CO_2 含量近年来已达 0.036%（体积分数）。含有上述恒定组分及可变组分的大气，被认为是洁净空气。洁净空气的组成比例见表 1-1。

表 1-1　洁净空气的组成

气体名称	含量（体积分数）/ %	气体名称	含量（体积分数）/ %
氮气（N_2）	78.09	甲烷（CH_4）	$(1.0\sim1.2)\times10^{-4}$
氧气（O_2）	20.95	氪气（Kr）	1.0×10^{-4}
氩气（Ar）	0.93	氢气（H_2）	0.5×10^{-4}
二氧化碳（CO_2）	0.02～0.04	氙气（Xe）	0.08×10^{-4}
氖气（Ne）	18×10^{-4}	二氧化氮（NO_2）	0.02×10^{-4}
氦气（He）	5.24×10^{-4}	臭氧（O_3）	0.01×10^{-4}

由自然界的火山爆发、森林火灾、海啸、地震等暂时性灾害所产生的尘埃、硫、硫化氢、硫氧化物、碳氧化物及恶臭气体，是不定组分。此外，由人类的生产、生活活动所产生的废气也是大气中的不定组分。

二、大气污染及污染物来源

1. 大气污染

大气污染是指当进入大气层的污染物浓度超过环境所能允许的极限时，会改变正常大气的组成，破坏其物理、化学和生态平衡体系，使大气质量恶化，从而危害人类生活、生产和健康，损害自然资源，给正常的工农业带来不良后果的大气状况。

大气污染范围从小到大划分为四种：当地污染，如某一火力发电厂的排放污染；局部污染，如某工业区或某一城市的空气污染；广域污染，如比一个城市更大的区域的酸雨侵害；全球污染，如大气中 CO_2 浓度升高对气候的影响。

大气污染的三个过程是：污染物排放、大气运动的作用和对受体的影响。因此，大气污染的程度与污染物的性质、污染物的排放、气象条件和地理条件等有关。

2. 大气污染源

大气污染的来源极为广泛。由自然灾害造成的污染多为暂时的、局部的，而由人类活动造成的污染常常是持续性的、大范围的。由人为因素造成的污染源，按发生的类型可分为以下四个方面。

（1）工业污染源。

工业污染源是指火力发电厂、钢铁厂、化工厂及水泥厂等工矿企业，它们在燃料燃烧和生产过程中所排放的煤烟、粉尘及无机或有机物等会造成大气污染。这类污染源因生产的产品和工艺流程的不同，所排放的污染物种类和数量有很大差别，但其共同点是排放源较集中，且浓度较高，对局部地区的大气质量影响较大。各类工矿企业排放的空气污染物见表 1-2。

表 1-2　各类工矿企业排放的空气污染物

化学工业		冶金工业		其　他	
工　厂	排放的污染物	工　厂	排放的污染物	工　厂	排放的污染物
合成氨厂	CO，NH_3	钢铁厂	CO_x，SO_x，氧化铁，硅酸盐，氟化物	鱼食品加工厂	H_2S，$(CH_3)_3N$
氯气生产厂	Cl_2，Hg	炼铝厂（粗炼）	HF，Al_2O_3，C 粒	制砖厂	HF，SO_2
硫酸厂	SO_x，氮氧化物	炼铝厂（精炼）	O_3，氟化物	水泥厂	Cr，粉尘
硝酸厂	氮氧化物	炼铜厂	CO，SO_x，氮氧化物，Cd	沥青生产厂	油雾，石棉，CO，苯并芘
炼油厂	H_2S，Se，烃，氟化物	炼镁厂	BaO，氟化物		
油漆厂	醛，酮，酚，萜				
合成橡胶厂	羟、羰基化合物				

化学污染物质，如重金属、氰化物、氯化氢、硫酸气溶胶、氯气等，对人体都是毒害较大的物质，特别是苯并芘、三氯甲烷等“三致”（致癌、致畸、致突变）物质。工业废气的危害范围一般视其性质和排放量而定，通常在工厂周围一定距离之内。

（2）生活污染源。

生活污染源是指家庭炉灶、取暖设备等，它们燃烧化石燃料产生污染物质。特别是在以煤为生活燃料的城市，由于居民密集，燃煤质量差、数量多、燃烧不完全，排放出大量的烟尘和一些有害的气体物质，其数量相当可观，危害甚至超过工业污染。生活污染源的另外一个来源是城市垃圾，垃圾在堆放过程中由于厌氧分解排出的二次污染物和垃圾焚烧过程中产生的废气都将会污染空气。

（3）交通运输污染源。

交通运输污染源是指汽车、助动车、拖拉机、火车、轮船和飞机等交通工具，它们所排放的污染物，主要有碳氢化物、一氧化碳、氮氧化物、含铅污染物、苯并芘等。碳氢化物和氮氧化物在阳光作用下发生化学反应，产生甲醛、臭氧、过氧化苯甲酞硝基酯、丙烯醛等二次污染物，对人体危害更大，称为光化学烟雾，其最早于 1946 年出现在美国洛杉矶。由于交通运输污染源是流动的，有时也称为流动污染源。

（4）农业污染源。

农业机械运行时排放的尾气，农田施用化学农药、化肥、有机肥时产生的直接逸散到空气中的有害物质，或从土壤中经分解后向空气排放的有毒、有害及恶臭气态污染物等，均为农业污染源。

3. 大气污染物

目前已经认定的大气污染物约有 100 种。不同时期、不同地区的大气污染物有所不同。在工业率先发达的国家，早期是燃烧造成的煤烟型污染，后来随着汽车猛增，氮氧化物等和由它们形成的光化学烟雾成为主要污染物，目前进入了这两种污染形式结合在一起的、危害更大的复合型污染。

大气污染物种类很多。按污染物存在的形态可分为气溶胶态污染物与气态污染物；按形成过程可分为一次污染物与二次污染物。若大气污染物是从污染源直接排出的原始物质，进入大气后其形态没有发生变化，则称为一次污染物；若由污染源排出的一次污染物与空气中原有成分，或几种一次污染物之间发生一系列的变化或光化学反应，形成了与原污染物性质不同的新污染物，则所形成的新污染物称为二次污染物，如硫酸烟雾、光化学烟雾和雾霾等。

(1) 气溶胶态污染物。

气溶胶是指固体粒子、液体粒子或它们在气体介质中的悬浮体。气溶胶态污染物包括尘粒、粉尘、可吸入颗粒物、烟尘和雾尘。

尘粒一般是指粒径大于 75 μm 的颗粒物。这类颗粒物由于粒径较大，在气体分散介质中具有一定的沉降速度，易沉降到地面。

粉尘是指在固体物料的输送、粉碎、分级、研磨、装卸等机械过程中产生的固体颗粒物，或由于岩石、土壤的风化等自然过程中产生的固体颗粒物悬浮于大气中，其粒径一般为 10～75 μm。因其能靠重力作用在短时间内沉降到地面，故又称降尘。

可吸入颗粒物包括 PM10 和 PM2. 5，粒径为 2. 5～10 μm 的固体颗粒物(PM10)能长期在空气中飘浮，又称飘尘；粒径小于 2. 5 μm 的固体颗粒物(PM2. 5)，又称微细颗粒、可入肺颗粒，它吸附力强，在空气中停留时间长，是形成灰霾天气的主要原因之一。PM10 和 PM2. 5 的比表面积较大，通常能富集各种重金属元素(如 Pb, Hg, As, Cd, Cr 等)和多环芳烃、VOCs 等有机污染物，这些多为致癌物质和基因毒性诱变物质，危害极大。国内外研究表明，PM10 对人类健康有明显的直接毒害作用，可对人体呼吸系统、心脏及血液系统、免疫系统和内分泌系统等造成广泛的损伤；PM2. 5 能进入人体肺泡甚至血液系统，直接导致心血管疾病和改变肺功能及结构，改变免疫结构，增加重病及慢性病患者的死亡率。

烟尘是指在燃料燃烧、高温熔融和化学反应等过程中形成的固体粒子的气溶胶，或因升华、焙烧、氧化等过程产生的气态物质冷凝物，也包括燃料不完全燃烧所形成的黑烟以及由于蒸气的凝结所形成的烟雾。烟尘粒子的粒径很小，一般小于 1 μm。

雾尘是指小液体粒子悬浮于空气中的悬浮体的总称。这种小液体粒子一般是在蒸气的凝结，液体的喷雾、雾化以及化学反应过程中形成的，其粒径小于 100 μm。水雾、酸雾、碱雾、油雾等都属于雾尘。

在环境空气质量管理和控制中的总量悬浮颗粒物(TSP)是指空气中粒径小于 100 μm 的所有固体颗粒。

(2) 气态污染物。

以气态形式进入空气的污染物称为气态污染物。气态污染物的种类极多，对我国空气环境危害较大的气态污染物是含硫化合物、氮氧化物、碳氧化物、碳氢化物及卤素化合物，如表 1-3 所示。

表 1-3　主要气态污染物

物质	性　质	来　源	备　注
SO_2	无色、臭味，易溶于水，生成亚硫酸(H_2SO_3)	煤、石油燃烧，火山喷发	危害最广
SO_3	易溶于水生成 H_2SO_4	煤燃烧，或由 SO_2 转化	强腐蚀性
H_2S	蛋臭味，空气中转化为 SO_3	化工厂，污水，火山，沼泽	
NO	无　色	高温燃烧，土壤中的细菌作用	
NO_2	橘红色		光化学烟雾的主要成分
N_2O	性质稳定	土壤中的生物作用，燃烧	
CO	无色、无臭、有毒	燃料不完全燃烧，森林火灾，生物腐烂	
CO_2	无色、无臭、有毒	完全燃烧，生物呼吸，火山	
C_xH_y	参与光化学反应	石油燃烧、挥发，化工厂，生物作用	
HF	无色、臭味	电解铝，化肥，化工厂	强腐蚀性

SO_2 是世界范围内大气污染的主要气态污染物，是衡量空气污染程度的重要指标之一。空气中的 SO_2 主要来自燃烧，其中火力发电厂是最大的 SO_2 排放源。我国空气中 87% 的 SO_2 来自煤的燃烧。SO_2 等硫化物在重金属飘尘、水蒸气、氮氧化物存在时，会发生化学反应而生成硫酸或硫酸盐悬浮微粒，形成硫酸烟雾。SO_2 是一种无色有臭味的窒息性气体，会损害呼吸器官、腐蚀材料，而且硫酸烟雾的毒性比 SO_2 要大 10 倍。同时，硫氧化物还是形成酸雨和酸沉降的主要物质之一。

H_2S 主要由有机物腐败而产生。另外，牛皮纸浆厂、炼焦厂、炼油厂等也是 H_2S 的来源，这些人为产生的 H_2S 每年约 300×10^4 t。采用焚烧方法消除 H_2S 实际上是把它转化为 SO_2 排入大气，现已改用回收法。H_2S 在空气中只存留几小时，很快会氧化成 SO_2。

氮氧化物(NO_x)种类很多，会造成空气污染的主要有一氧化氮(NO)和二氧化氮(NO_2)，另外还有氧化亚氮(N_2O)、三氧化二氮(N_2O_3)等，NO_2 还是形成光化学烟雾的主要物质。空气中的 NO_x 几乎一半以上是由人为污染造成的，它们大部分来自化石燃料的燃烧。在大城市中，燃油机动车排出的尾气中含有大量的 NO_x，成为主要的空气污染物。我国约 56% 的 NO_x 来自燃煤排放。

NO_2 对人体呼吸系统有损害，会刺激眼睛，浓度达到一定值时会引起致命的肺气肿。同时它还是形成酸雨的主要物质之一，也是形成空气中光化学烟雾的主要物质和消耗臭氧的一个重要因素。

空气中的 CO 是由煤和石油不完全燃烧以及汽车等移动污染源所产生的。我国排放的 CO 中有 70% 来自煤的燃烧。CO 为无色无味的窒息性气体，当体积分数在 1 200 μL/L 以上时作用 1 h 就能使人神经麻痹，甚至有生命危险，通常称为“煤气中毒”。

碳氢化物是指有机废气。空气中的碳氢化物主要来自石油燃料的不完全燃烧和石油类物质的蒸发。车辆是主要的排放源，其不完全燃烧排气、化油器和油箱蒸发都排出碳氢化物。另外，工矿企业(如石化工业、油漆厂等)都会把碳氢化物散入空气。化石燃料在低温(约 1 000 ℃)下缺氧燃烧时会产生多种致癌的碳氢化物，油炸食品、抽烟所产生的苯并芘是一种强致癌物质。城市空气中的碳氢化物还是形成光化学烟雾的主要成分，因此它已日益受到人们的关注。

(3) 二次污染物。

空气中的氮氧化物、碳氢化物等一次污染物在太阳紫外线的作用下发生光化学反应，生成浅蓝色的烟雾型混合物，称为光化学烟雾。光化学烟雾粒径细小，可归入 PM2. 5。它能刺激人眼和上呼吸道，诱发各种炎症，导致哮喘发作，还会伤害植物，使叶片出现褐色斑点而病变坏死。由于光化学烟雾中含有 PAN 及 O_3 等强氧化剂，还能使橡胶制品老化、染料褪色、织物强度降低等。

形成光化学烟雾的主要原因是空气中 NO_2 的光化学作用。NO_2 在太阳紫外线照射下吸收波长为 290～430 nm 的光后分解生成活性很强的新生态氧原子[O]，该原子与空气中的氧分子结合生成臭氧，再与烯烃作用生成过氧酰基亚硝酸盐、硝酸盐、醛类等。

光化学烟雾一般发生在空气相对湿度较低、气温为 24～32 ℃的夏季晴天，与空气中 NO, CO, 碳氢化物等污染物的存在密不可分。所以，以石油为动力燃料的工厂、汽车等污染源的存在是光化学烟雾形成的前提条件。因其最早出现在美国洛杉矶，所以也称为洛杉矶烟雾。20 世纪 70 年代，我国兰州西固石油化工区首次出现光化学烟雾。

硫酸烟雾是空气中 SO_2 在相对湿度比较高、气温比较低并有颗粒气溶胶存在时发生化学反应而产生的。空气中的气溶胶凝聚空气里的水分，并吸收 SO_2 和氧气，在颗粒气溶胶表面发生 SO_2 的催化氧化反应，生成亚硫酸和硫酸。生成的亚硫酸在颗粒气溶胶中的 Fe 及 Mn 等催化作用下继续被氧化生成雾状硫酸粒子。

硫酸烟雾是强氧化剂，对人和动植物有极大的危害。英国从 19 世纪到 20 世纪中叶曾多次发生这类烟雾事件，最严重的一次发生在 1962 年 12 月 5 日的伦敦，历时 5 d，死亡 4 000 多人，所以硫酸烟雾也称为伦敦型烟雾。

第六节 固体废弃物污染

一、固体废弃物的概念及危害

固体废弃物是指无直接用途的、可以永久丢弃的、可移动的物质。《控制危险废物越境转移及其处置巴塞尔公约》规定，固体废物是指处置的或打算予以处置的，或按照国家法律规定必须加以处置的物质或物品。2004 年修订后的《中华人民共和国固体废物污染环境防治法》中规定，固体废物是指在生产、生活和其他活动中产生的丧失原有利用价值或者虽未丧失利用价值但被抛弃或者放弃的固态、半固态和置于容器中的气态的物品、物质，以及法律、行政法规规定纳入固体废物管理的物品、物质。

固体废弃物污染是当今世界各国所共同面临的一个重大环境问题，特别是危险废弃物。由于其对环境造成严重的污染，1983 年联合国环境规划署将其与酸雨、气候变化和臭氧层破坏作为全球性四大环境问题。目前，我国累计堆积固体废弃物已达

60×10^8 t，占地 5.5×10^8 m^2。图 1-20 为我国某垃圾填埋场的景象。由于长期缺乏科学的管理体系和配套的处理技术，大量固体废弃物未经处理直接排入环境，造成严重的环境污染。

图 1-20　堆积成山的垃圾

1. **固体废弃物的特点**

固体废弃物的呆滞性大、扩散性小，对环境的影响主要通过空气、水体和土壤进行。固体废弃物既是空气、水体和土壤污染的“终态”，又是这些环境污染的“源头”。例如，一些有害气体或飘尘，通过治理最终富集成为废渣；一些有害溶质和悬浮物，通过治理最终被分离出来成为污泥或残渣；一些含重金属的可燃固体废弃物，通过焚烧处理，有害重金属浓集于灰烬中。这些“终态”物质中的有害成分，在长期的自然因素作用下，又会转入空气、水体和土壤，成为空气、水体和土壤环境污染的“源头”。正是由于固体废弃物具有这种污染“源头”和“终态”的特征，使得对固体废弃物的控制成为世界各国关注的热点。

然而，从充分利用自然资源的观点来看，所有被称为废弃物的物质，都是有价值的自然资源，应该通过各种方法和途径使之得到充分利用。今天被称为废弃物的物质，只是由于受到技术或经济等条件的限制，暂时还无法加以充分利用。可见，某一过程中所排出的废弃物往往可以成为另一过程的原料；今天被视为无用的废弃物，将来也可能成为有价值的自然资源。所以废弃物也有“放在错误地点的原料”之称。近代许多国家已把固体废弃物视为“二次资源”或“再生资源”，把利用废弃物代替天然资源作为可持续发展战略中的一个重要组成部分。

但是世界工业化和城市化程度越高，所产生的废弃物越难以回到大自然。例如，废弃的计算机、电池、轮胎等属于高质量垃圾，因为有毒、伤害环境，而无法为大自然所接纳。又如，核废料，大自然对其坚决抵制，人们只好小心翼翼地把核废料装在封闭的金属陶瓷器皿里，深埋地下，因为它还有放射性，没有绝对安全的处置方法。

所以要大力推进清洁生产，在产品设计的源头便要考虑从产品的原料到最终处理的整个生命周期对人类健康和环境的影响，力争做到原生废弃物零增长。

2. **固体废弃物的危害**

固体废弃物对环境的危害往往是多方面、多要素的，具体讲有下列几个方面。

(1) 侵占土地，破坏地貌和植被。

固体废弃物不加利用时，需占地堆放。堆积量越大，占地也就越多。我国历年无序堆放的垃圾总量多达 60×10^8 t，占用土地多于 5×10^8 m^2，其中 5% 为危险废弃物。随着我国工农业生产的发展和城乡居民生活水平的提高，城市垃圾占地的矛盾日益突出。全国已有 2/3 的城市陷入垃圾包围之中。固体废弃物的堆放侵占了大量土地，造成极大的经济损失，并且严重破坏地貌、植被和自然景观。

(2) 污染土壤。

废弃物任意堆放或没有适当的防渗措施的填埋会严重污染处置地的土壤。因为固体废弃物中的有害组分很容易经过风化、雨雪淋溶、地表径流的侵蚀而产生高温和有毒液体并渗入土壤，能杀害土壤中的微生物，破坏微生物与周围环境构成的生态系统，导致草木不生。未经过处理或未经严格处理的生活垃圾直接用于农田时，由于垃圾中含有大量玻璃、金属、碎砖瓦、碎塑料薄膜等杂质，会破坏土壤的团粒结构和理化性质，致使土壤保水保肥能力降低，后果严重。

（3）污染水体。

固体废弃物不但含有病原微生物，而且在堆放腐败过程中会产生大量的酸性和碱性有机污染物，并会将废弃物中的重金属溶解出来，是有机物、重金属和病原微生物"三位一体"的污染源。任意堆放或简易填埋的固体废弃物，其内含的水量和淋入的雨水所产生的渗滤液流入周围地表水体和渗入土壤，会造成地表水和地下水的严重污染。固体废弃物若直接排入河流、湖泊或海洋，又会造成更大的水体污染，不仅减少水体面积，而且会妨害水生生物的生存和水资源的利用。

（4）污染空气。

在大量垃圾堆放的场区，一些有机固体废弃物在适宜的温度和湿度下会被微生物分解，释放出有害气体，造成堆放区臭气冲天、老鼠成灾、蚊蝇孳生；固体废弃物本身有时在处理（如焚烧）时会散发毒气和臭气，如煤矸石的自燃，曾在各地煤矿多次发生，散发出大量的 SO_2, CO_2, NH_3 等气体，造成严重的空气污染。由固体废弃物进入空气的放射尘，一旦侵入人体，还会由于形成内辐射而引起各种疾病。

（5）影响环境卫生。

城市的生活垃圾、粪便等由于清运不及时堆存起来，会严重影响人们居住环境的卫生状况，对人们的健康构成潜在的威胁。

二、固体废弃物来源及分类

固体废弃物主要来源于人类的生产和消费活动。人们在资源开发和产品制造过程中必然产生废弃物，任何产品经过使用和消费后都会变成废弃物。

固体废弃物的分类方法很多，见图 1-21。在固体废弃物中对环境影响最大的是工业固体废弃物和城市生活垃圾。从固体废弃物管理的需要出发，将其可分为工业固体废弃物、城市生活垃圾和危险固体废弃物。

（1）工业固体废弃物。

工业固体废弃物是指在工业生产、加工过程中产生的废渣、粉尘、碎屑、污泥，以及在采矿过程中产生的废石、尾矿等。

（2）城市生活垃圾。

城市生活垃圾是指在居民生活、商业活动、市政建设与维护、机关办公等过程中产生的固体废弃物，包括生活垃圾、城建渣土、商业固体废弃物、粪便等。

（3）危险固体废弃物。

危险固体废弃物除了包含放射性废弃物以外，还包含具有毒性、易燃性、反应性、腐蚀性、爆炸性、传染性等可能对人类生活环境产生危害的固体废弃物。这类固体废弃物的数量占一般固体废弃物量的1.5%～2.0%，其中大约一半为化学工业固体废弃物。

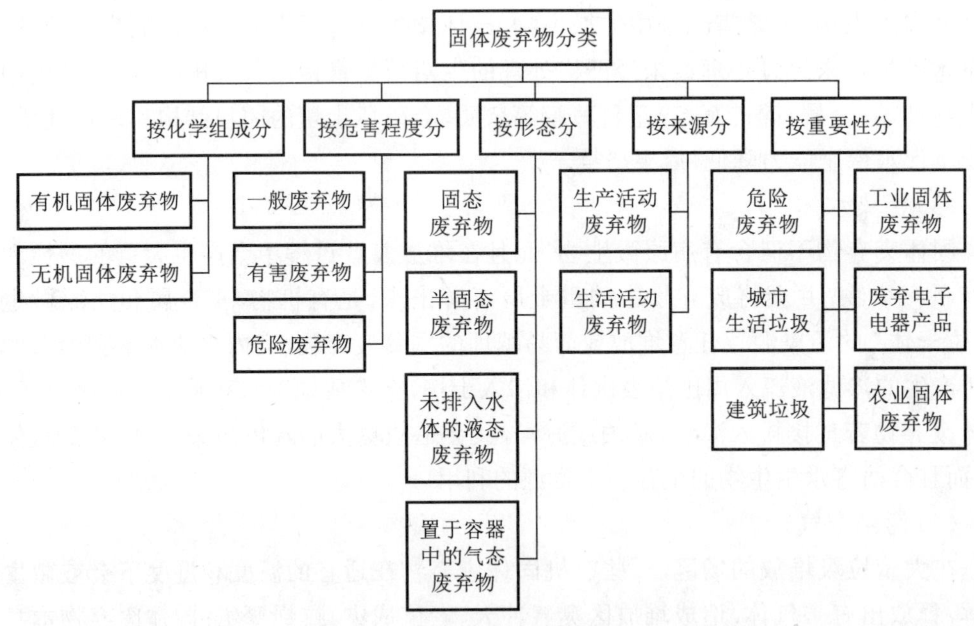

图1-21　固体废弃物的分类

固体废弃物源于人类的生产、生活和其他活动，见图1-22。这里的“生产”是指社会再生产（生产—分配—交换—消费—再生产）的全过程，因为生产、储运、消费都会产生固体废弃物；这里的“生产”包括（大）农业、工业和服务业三个产业，因为所有产业都会产生固体废弃物。

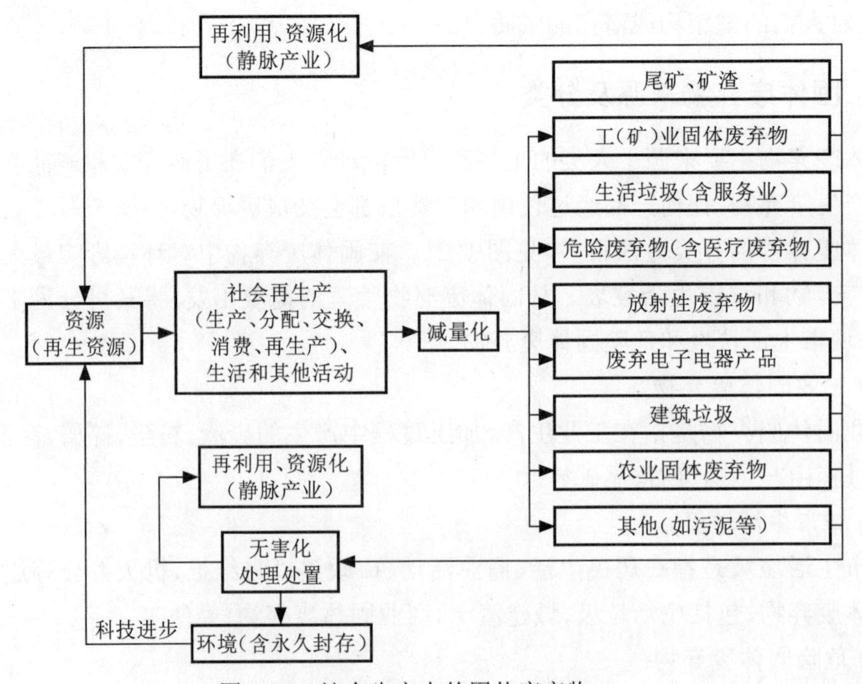

图1-22　社会生产中的固体废弃物

随着社会经济的快速发展，除了废弃电子电器产品增多、城市垃圾围城之外，我国固体废弃物的来源和处置还出现了几个“增多”，进一步加大了固体废弃物利用和处理处置的难度。

（1）废弃场地增多。

随着经济发展和城镇建设速度加快，各地“退二进三”（退出第二产业，建设第三产业），在产业结构和城市布局调整中许多企业或生产经营单位搬出城镇中心，原有土地使用性质发生改变。有些工业企业尤其是产生危险废弃物的工业企业（包括遗留在地下管道中的危险废弃物）和产生危险废弃物的实验室或其他生产经营单位搬迁前使土壤受到严重污染，构成环境危害和安全隐患。对那些受到危险废弃物和有害废弃物污染的土壤必须进行处理和处置。

（2）建筑垃圾增多。

目前，我国是世界上每年新建建筑数量最多的国家，每年 $20\times10^8\ m^2$ 的新建面积相当于消耗了全世界 40% 的水泥和钢材，而建筑物的平均寿命只有 35 年（英国的建筑平均寿命达到了 132 年，美国的建筑平均寿命达到了 74 年）。如此短寿的建筑每年产生数以亿吨计的建筑垃圾，给环境带来巨大的威胁。为改变这种状况，我国已提出将建筑平均寿命延长至 100 年的目标。

（3）农业固体废弃物增多。

随着农村社会经济的发展和生活水平的提高，农村消费结构和消费方式发生深刻变化，生活垃圾的成分也随之发生变化，有些不再适宜堆肥，如畜禽规模养殖过程中产生的畜禽粪便及其他固体废弃物已经不能被环境接纳，需要利用和处置。随着农村能源结构的变化，大量农作物秸秆成为废弃物。另外，由于农村大量使用农用化学品，农药及有毒、有害农用化学制品的容器和包装物增多，这些均具有危险废弃物的性质。农业固体废弃物处理必须提上议事日程。

（4）水处理产生的污泥增多。

随着节能减排的深入，城镇污水处理厂越来越多，在发达地区已经普及到乡镇乃至村庄，同时污水处理厂产生的污泥也在不断增加。所以，对污水处理产生的污泥需要进行综合利用和无害化处置。对于工矿企业和科研机构等单位污水处理产生的污泥，其中属于危险废弃物的，应遵循有关法律规定进行收集、储存、运输、利用和处置。

第七节 其他物理环境污染

一、辐射污染

1. 放射性污染

作用于人类的放射性源可分为天然放射性源和人工放射性源。天然放射性源是指自然界中天然存在的辐射源，这种辐射从人类诞生起就已存在，人类早已适应。人工放射性源是指由生产、研究和使用放射性物质的单位所排放出的放射性废弃物和核武器试验所产生的放射性物质，是对环境造成放射性污染的主要来源。

（1）核爆炸的沉降物。

核武器试验是全球性放射性污染的主要来源。核爆炸的一瞬间能产生穿透性很强的核辐射，主要是中子和γ射线。爆炸后还会留下很多继续发射α，β和γ射线的放射性污染物，通常称为放射性沉降物。排入大气中的放射性污染物与大气中的飘尘相结合，甚至可到达平流层并随大气环流流动，经很长时间（可达数年）才落回对流层。放射性沉降物播散的范围很大，往往可以沉降到整个地球表面。这些放射性物质不仅对人体危害较大，而且半衰期相当长。

（2）核工业过程的排放物。

核工业中的核污染涉及核燃料的循环过程，包括核燃料的制备与加工工程、核反应堆的运行过程和辐射后的燃料后处理过程。正常运行时核电站对环境排放的气态和液态放射性废弃物很少，固体放射性废弃物又被严格地封装在巨大的钢罐中，不易渗入生物链。在放射性废弃物的处理设施不断完善的情况下，正常运行时对环境不会造成严重污染。严重的污染往往是由事故造成的，如 1979 年 3 月美国三里岛核电站事故和 1986 年 4 月前苏联切尔诺贝利核电站事故。

（3）医疗照射的射线。

随着现代医学的发展，辐照作为诊断、治疗的手段越来越得到广泛应用。辐照方式除外照射外，还发展了内照射，如诊治肺癌等疾病就采用内照射方式，使射线集中照射病灶。但这同时也增加了操作人员和病人受到的辐照。因此，医用射线已成为主要的人工放射性源之一。

放射性污染物所造成的危害，在有些情况下并不立即显现出来，而是经过一段潜伏期后才显现出来。放射性对人体的危害程度主要取决于所受辐射剂量的大小。一次或短期内受到大剂量照射时，会产生放射损伤的急性效应，使人出现恶心、呕吐、脱发、食欲减退、腹泻、喉炎、体温升高、睡眠障碍等神经系统和消化系统的症状，严重时会造成死亡。例如，在数千拉德（rad, $1\ \text{rad} = 10^{-2}\ \text{Gy}$）高剂量照射下，可以在几分钟或几小时内将人致死，受到 600 rad 以上的照射时，在两周内的死亡率可达 100%，受照射量为 300～500 rad 时，在四周内死亡率为 50%。在急性放射病恢复以后，经一段时间或在低剂量照射后的数月、数年甚至数代后还会产生辐射损伤的远期效应，如致癌、白血病、白内障、寿命缩短、影响生长发育等，甚至对遗传基因产生影响，使后代身上出现某种程度的遗传性疾病。

2. 电磁辐射污染

影响人类生活的电磁辐射污染源可分为天然电磁污染源和人为电磁污染源两种。

天然电磁污染源是由某些自然现象引起的，如雷电、火山喷发、地震、太阳黑子活动引起的磁暴、新星爆发、宇宙射线等。

人为电磁污染源来自人类开发和利用以电为能源的活动，如广播、电视、移动通信、寻呼通信、卫星通信、微波通信、雷达、工医科射频设备、电气化交通、家用电器以及汽车点火系统等，在营运和使用过程中会向周围环境发射电磁辐射。另外，送变电设备、电线也会在其周围环境中产生工频电场和磁场。目前，环境中的电磁辐射主要来自人为辐射，天然辐射水平较之人为辐射的贡献已可忽略不计。

电磁辐射所造成的环境污染，主要通过三个途径进行传播，见图 1-23。当电子设备或电气装置在工作时，相当于一个多向发射天线不断地向空间辐射电磁能量。当射频设备与其他设备共用一个电源时，或它们之间有电气连接时，通过电磁耦合，电磁便能通过导线传播。当空间辐射和导线传播所造成的电磁辐射污染同时存在时称为复合污染。

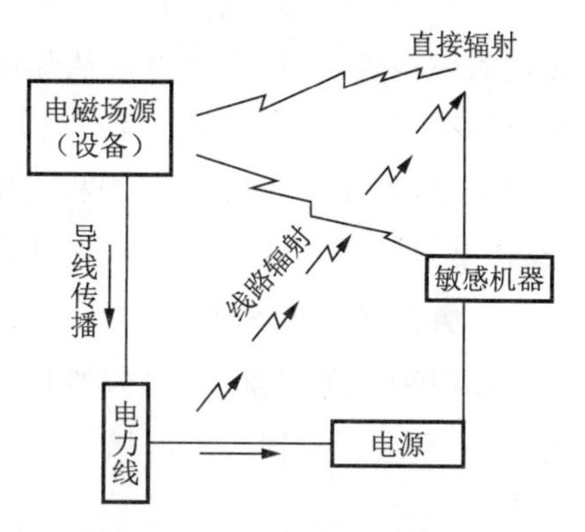

图 1-23　电磁辐射传播途径

电磁辐射污染是一种能量污染，看不见、摸不着，但却实实在在存在着。它不仅直接危害人类健康，而且不断地“滋生”电磁辐射干扰事端，进而威胁人类生命。例如，移动电话的工作频率会干扰飞机与地面的通信信号和飞机仪器的正常工作，引起飞机导航系统偏向，对飞行安全带来隐患，因此在飞机上要关闭所有的移动电话、计算机和游戏机。

当生物体暴露在电磁场中时，大部分电磁能量可穿透肌体，少部分能量被肌体吸收。由于生物肌体内有导电体液，能与电磁场相互作用，产生电磁场生物效应。电磁场的生物效应可分为热效应和非热效应。热效应是由高频电磁波直接对生物肌体细胞产生加热作用引起的。电磁波穿透生物表层直接对内部组织“加热”，而生物体内部组织散热又较困难，所以往往肌体表面看似正常，而内部组织已严重“烧伤”。不同的人或同一人的不同器官，对热效应的承受能力不一样。老人、儿童、孕妇属于敏感人群，心脏、眼睛和生殖系统属于敏感器官。非热效应是指经电磁辐射长期作用而导致人体某些体征的改变。例如，出现中枢神经系统机能障碍的症状，头疼头晕、失眠多梦、记忆力衰退等。非热效应还会影响心血管系统，影响人体的循环系统、免疫功能、生殖和代谢功能，严重的甚至会诱发癌症。

电磁辐射对人体的危害程度与电磁波波长有关。按对人体危害程度由大到小排列，依次是微波、超短波、短波、中波、长波。波长越短，危害越大。德国 Essen 大学的科学家在 2001 年 1 月声称，经常使用手机的人患上眼癌的可能性是较少使用手机的人的 3 倍。这是科学家第一次发表手机辐射可致癌的正式声明。微波还会破坏脑细胞，使大脑皮质细胞活动能力减弱。所以科学家呼吁尽量减少手机的使用率。

关于工频电场和磁场对人体健康的影响，已有许多调查报告，但仍存在许多争议。到目前为止，还没有科学证据证明由供电线路和变电设备产生的工频电磁场对人体有危害性。但流行病学调查表明，由于电热毯是胚胎或胎儿可能受到的一种电磁场强度最大、作用时间最长的辐射源，孕早期（妊娠 10 周以内）使用电热毯已成为引起流产的危险因素之一。

二、噪声污染

凡是影响人们正常学习、工作和休息的声音，即人们在某些场合不需要的声音，都统称为噪声。例如，机器的轰鸣声，各种交通工具的马达声、鸣笛声，人的嘈杂声及各种突发的声响等，均称为噪声。从噪声的特性来看，它是一种声音强弱和频率变化无一定规律的声音，大多数机械设备发出的噪声都存在这种特性。从对人的生理危害和心理影响来看，凡是对人体有不同程度的伤害作用的声音以及会干扰或妨碍人们正常活动（包括学习、工作、谈话、通信、休息和娱乐等活动）的声音均可认为是噪声。

1. 噪声污染的特点

噪声污染是局部的、多发性的，除飞机噪声等特殊情况外，一般声源距受害者的距离很近，不会影响很大的区域。例如，汽车噪声对城市街道和公路干线两侧的污染最为严重。

噪声污染属于物理性污染，没有污染物，也没有后效作用，即噪声不会残留在环境中。一旦声源停止发声，噪声也就消失。

与其他污染相比，噪声的再利用问题很难解决。目前所能做到的是利用机械噪声进行故障诊断。例如，通过对各种运动机械产生噪声水平和频谱的测量和分析，评价机械机构完善程度和制造质量。

2. 噪声的来源

噪声主要来自交通、工业生产、建筑施工和社会生活。

（1）交通噪声。

交通噪声是由飞机、火车、汽车等交通工具在行驶中产生的，对环境冲击最强。城市噪声中约有2/3以上由交通运输产生。城市机动车噪声产生的原因除了机动车本身构造上的问题外，道路宽度、道路坡度、道路质量、车速、车种、交通量等都是产生噪声的因素。

（2）工业噪声。

工业噪声是指工业企业在生产活动中使用固定的生产设备或辅助设备所产生的噪声，其不仅直接对生产工人带来危害，而且对附近居民影响也很大。普查结果表明，我国有些工厂的生产噪声都在90 dB左右，有的甚至超过100 dB，如空压机（115 dB）、印刷机（97 dB）、纺织机（105 dB）、电锯（100 dB）等。我国约有20%的工人暴露在听觉受损的强噪声中，有近亿人受到噪声的严重干扰。

（3）建筑施工噪声。

建筑施工噪声主要是指各种建筑机械工作时产生的噪声。这类噪声虽是临时的、间歇性的，但由于在居民区施工，对人们的生理和心理损害很大。例如，打桩机、空压机等大型建筑设备在运转时噪声均高达100 dB以上。

（4）社会生活噪声。

社会生活噪声主要由商业、娱乐歌舞厅、体育及游行和庆祝活动等产生。家庭生活中家用电器（如收录机、洗衣机、电视机、电冰箱等）引起的噪声以及繁华街道上人群的喧哗声等是影响城市声环境最广泛的噪声来源。据环境监测表明，我国有近 2/3 的城市居民在噪声超标的环境中生活和工作。

3. 噪声污染的危害

噪声直接的生理效应是引起听觉疲劳直至耳聋。在噪声长期作用下，听觉器官的听觉灵敏度显著降低，称为听觉疲劳，经过休息后可以恢复。若听觉疲劳进一步发展便是听力损失，分为轻度耳聋、中度耳聋以及完全丧失听觉能力。例如，人耳突然暴露在高强度噪声（140～160 dB）下，常会引起鼓膜破裂，双耳可能完全失聪。

噪声间接的生理效应是诱发一些疾病。噪声会使大脑皮质的兴奋和压抑失去平衡，引起头晕、头疼、耳鸣、多梦、失眠、心慌、记忆力减退、注意力不集中等症状，临床上称为神经衰弱症；噪声也会对心血管系统造成损害，引起心跳加快、血管痉挛、血压升高等症状；噪声还会使人的唾液、胃液分泌量减少，胃酸降低，引起肠胃功能紊乱，从而使人易患胃溃疡和十二指肠溃疡。

噪声的心理效应反映在噪声干扰人们的交谈、休息和睡眠，从而使人们产生烦扰，降低工作效率，对那些要求注意力高度集中的复杂作业和从事脑力劳动的人们，影响更大。另外，由于噪声分散了人们的注意力，容易引起工伤事故，尤其是在噪声强度超过危险警报信号和行车信号时（噪声的掩蔽效应），更容易导致事故发生。

噪声对语言通信的影响很大，轻则降低通信效率，影响通信过程，重则损伤人们的语言听力。强噪声会损坏建筑物，干扰自动化机器设备和仪器。实践证明，当噪声强度超过 135 dB 时会对电子元器件和仪器设备产生影响；当噪声强度达到 140 dB 时，对建筑物的轻型结构有破坏作用；当噪声强度达到 160～170 dB 时会使窗玻璃破碎。这是由于在特强噪声作用下，机械结构或固体材料在声频交变负载的反复作用下会产生“声疲劳”以致出现裂痕或断裂。在航天航空事业中，“声疲劳”还可能会造成飞机及导弹失事等严重事故。

三、光污染

人类活动造成的过量光辐射对生活、生产环境形成不良影响的现象称为光污染。光污染是伴随着社会和经济的进步带来的一种新污染，它对人体健康的影响不容忽视。

科学上认为，光污染主要体现在波长为 100 nm～1 mm 的光辐射污染，即紫外光（UV）污染、可见光污染和红外光（IR）污染。

1. 紫外光污染

自然界中的紫外线来自太阳辐射，人工紫外线是由电弧和气体放电产生的。其中波长为 250～320 nm 的紫外线对人体具有伤害作用，轻则引起红斑反应，重则表现为角膜损伤、皮肤癌、眼部烧灼等。当紫外线作用于排入空气的污染物 NO_x 和碳氧化物等时，还会发生光化学反应形成具有毒性的光化学烟雾。

2. 可见光污染

可见光污染包括强光污染、灯光污染、激光污染等。

电焊时产生的强烈眩光，在无防护情况下会对人眼造成伤害；汽车头灯的强烈灯光，会使人视物极度不清，易造成事故；长期工作在强光条件下，视觉会受损；光源闪烁，如闪动的信号灯、电视中快速切换的画面会使人眼感到疲劳，还会引起偏头疼以及心跳过速等。

城市夜间灯光不加控制，会使夜空亮度增加，影响天文观测；路灯控制不当或工地聚光灯照进住宅，会影响居民休息。另外，人们每天使用的人工光源——灯，也会损伤眼睛。研究表明，普通白炽灯红外光谱多，易使眼睛中晶状体内晶液浑浊，导致白内障；日光灯紫外光成分多，易引起角膜炎，加上日光灯是低频闪光源，容易造成屈光不正常，引起近视。

激光具有指向性好、能量集中、颜色纯正的特点，在科学研究各领域得到广泛应用。当激光通过人眼晶状体聚焦达到眼底时，其光强度可增大数百至数万倍，对眼睛产生较大伤害。大功率的激光能危害人体深层组织和神经系统。

随着城市建设的发展，建筑物的大面积玻璃幕墙造成了一种新的光污染，见图1-24。它的危害表现为在阳光或强烈灯光照射下的反光会扰乱驾驶员或行人的视觉，成为交通事故的隐患；同时玻璃幕墙会将阳光反射进附近居民房内，造成光污染和热污染。

图 1-24　建筑物玻璃幕墙造成的一种新的光污染

3. **红外光污染**

红外光辐射又称热辐射。自然界中以太阳的红外辐射最强。红外光穿透大气和云雾的能力比可见光强，因此在军事、科研、工业、卫生等方面的应用日益广泛。另外，在电焊、弧光灯、氧乙炔焊操作中也辐射红外线。红外线会通过高温灼伤人的皮肤，还会透过眼睛角膜对视网膜造成伤害，长期的红外照射会引发白内障。

此外，核爆炸、电弧等发出的强光辐射也是一种严重的光污染。

思考题与习题

1-1　什么是环境、环境科学、环境保护？

1-2　生态系统的营养结构的组成和功能是什么？

1-3　为什么生态系统中能量只能流动而不能循环？这与能量守恒定律矛盾吗？

1-4　温室气体有哪些？如何控制温室效应的继续加重？

1-5　什么是臭氧层？臭氧层面临的环境问题是什么？是什么原因导致的？

1-6　水体污染源及污染物有哪些？水质指标包括哪些？

1-7　简述大气圈的结构。与人类关系最密切的是哪一层？为什么？

1-8　大气污染源及污染物有哪些？

1-9　什么是固体废弃物？固体废弃物的来源有哪些？产生的危害主要体现在什么方面？

1-10　辐射污染包括哪些方面？有什么危害？

1-11　噪声污染有哪些特征和危害？

第二章 海洋环境污染及生态破坏

海洋给人类提供了丰富的海洋食品（鱼、虾、海带等）、海盐、矿物资源（石油、铀、银、金、铜等），并承担着调节气候、提供能源等功能。然而，海洋污染日趋严重，海洋污染事件时常发生，如何有效保护海洋环境是可持续开发利用海洋的前提。海洋环境污染是指污染物进入海洋，超过了海洋的自净能力而引发的环境破坏。海洋生态破坏是指在各种人为因素和自然因素的影响下，海洋生态环境遭到破坏。这里主要针对人为因素造成的海洋生态破坏。海洋环境污染和海洋生态破坏之间有紧密的联系，环境污染会导致生态破坏，生态破坏反过来也会加剧环境污染。本章重点介绍海洋环境污染及生态破坏的典型问题，包括海水污染、赤潮与绿潮、海洋石油开发带来的污染、陆源污染、海洋大气污染、海洋垃圾、放射性污染、海水入侵、土壤盐渍化与海岸侵蚀、外来物种入侵和生态破坏等。

第一节 海洋环境的范畴

一、海洋

海洋是指地球上广大连续的海和洋的总水域，约占地球表面积的70%。其中，南半球80%以上被海洋覆盖，北半球约61%被海洋覆盖。海洋的空间总体积达1 370×10^6 km^3，比陆地和淡水中生命存在的空间大300倍。

洋，是海洋的中心部分，是海洋的主体。世界大洋的总面积约占海洋面积的89%。大洋水深一般在3 000 m以上，最深处可达10^4 m以上。大洋离陆地遥远，不受陆地的影响，水色蔚蓝，透明度大，水中杂质少，水温和盐度变化不大。每个大洋都有自己独特的洋流和潮汐系统。世界上共有四大洋，即太平洋、大西洋、印度洋和北冰洋，见图2-1。

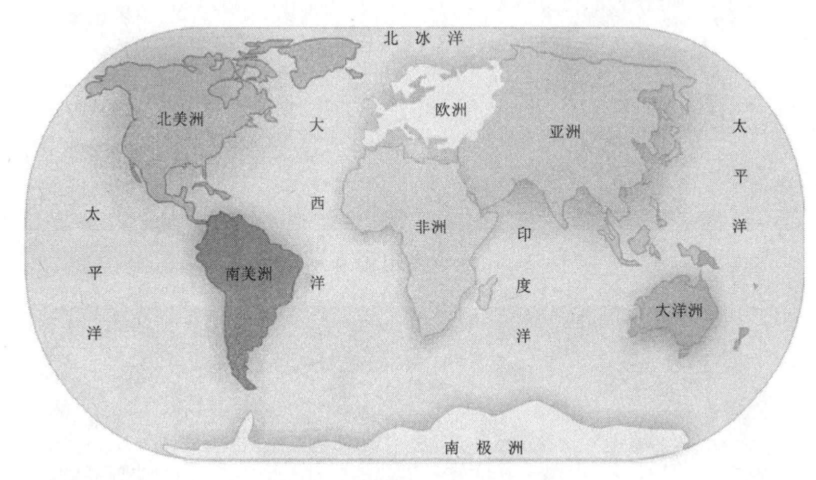

图 2-1　四大洋

海，在洋的边缘，是大洋的附属部分。海的面积约占海洋面积的 11%，海的水深比较浅，平均深度从几米到 2～3 km。海临近陆地，受陆地、河流、气候和季节的影响，海水的温度、盐度、颜色和透明度都有明显的变化。夏季，海水变暖，冬季海水温度降低。在大河入海的地方，或多雨的季节，海水颜色会变淡。由于受陆地影响，河流夹带着泥沙入海，近岸海水混浊不清，海水的透明度差。海没有自己独立的潮汐与海流。根据被大陆孤立的程度和周围环境的不同，海可分为地中海、边缘海和内海。地中海又称陆间海，是指位于几个大陆间的海，如南、北美洲间的加勒比海等。边缘海是指位于大陆边缘，一面以大陆为界，另一面以岛屿与大洋分开的海，如我国的黄海、东海和南海等。内海是指伸入陆地内部，海水水文特征受陆地影响显著的海，如我国的渤海。

二、海洋环境

鉴于海洋空间之大，海洋环境是人类生存最大和最重要的环境。尽管人类不直接生活在海洋中，但海洋却是人类消费和生产所不可缺少的物质和能量的源泉，广泛地、深刻地直接影响着或通过改变其他的环境（如大气环境）间接影响着人类的生存和发展。

随着科学和技术的发展，人类开发海洋资源的规模越来越大，对海洋的依赖程度越来越高，同时海洋对人类的影响也日益增大。在古代，人类只能在沿海捕鱼、制盐和航行，主要是向海洋索取食物。到现代，人类不仅在近海捕鱼，而且发展了远洋渔业；不仅捕捞鱼类，而且发展了各种海产养殖业；不仅在沿岸制盐，而且发展了海洋采矿事业，如在海上开采石油。此外，还开发了海水中各种可用的能源，如利用潮汐发电等，图 2-2 即为潮汐发电原理示意图。海洋现在已成为人类生产活动非常频繁的区域。20 世纪中叶以来，海洋事业发展极为迅速，现在已有近百个国家在海上进行石油和天然气的钻探和开采；全球每年通过海洋运输的石油超过 20×10^{8} t；每年从海洋捕获的鱼、贝近 10^{8} t，图 2-3 为世界主要渔场的分布。但随着海洋事业的发展，海洋环境亦受到人类活动的影响和污染。

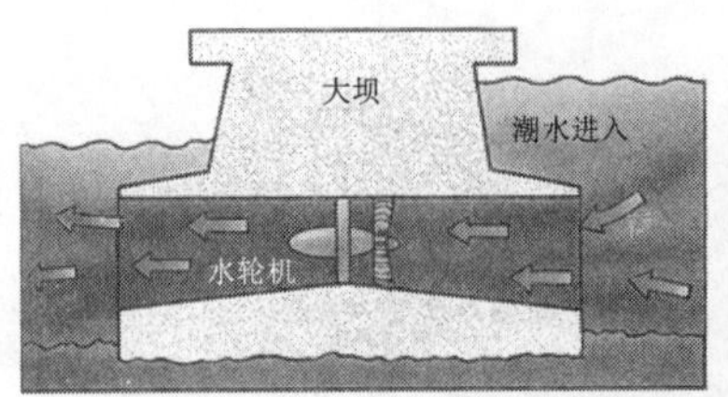

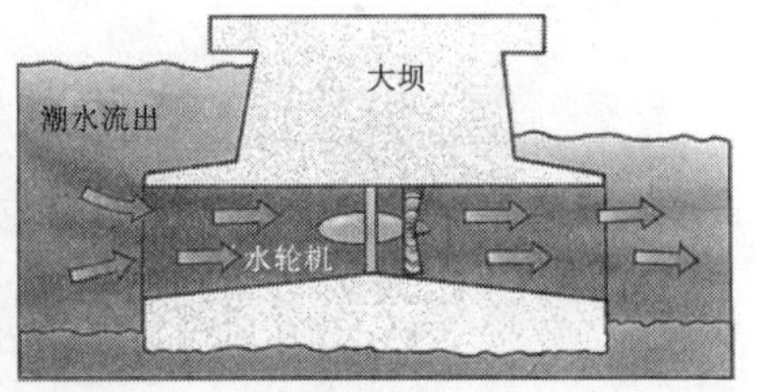

图 2-2　潮汐发电原理示意图

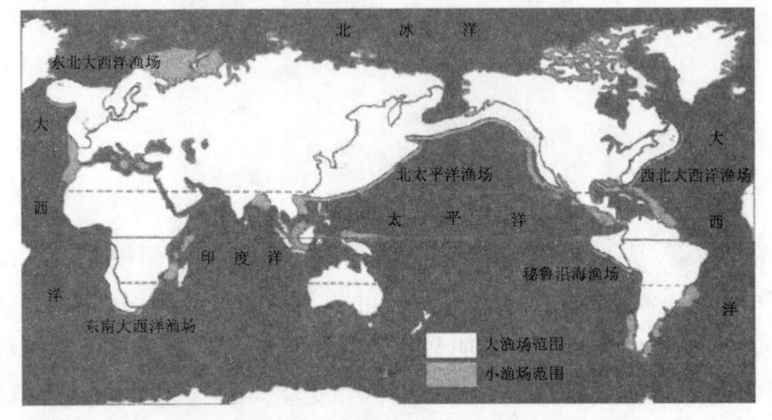

图 2-3　世界主要渔场分布

海洋环境包括海水、溶解和悬浮于海水中的物质、海底沉积物、海洋生物和海面上空的大气。按照海洋环境的区域性，可将其分为河口环境、海湾环境、近海环境、外海环境和大洋环境；按照海洋环境的要素，可将其分为大气环境、海水环境、地质环境和生物环境；按照海洋环境的性质，可将其分为物理环境（水动力环境）、化学环境和生物环境。另外，按照人类活动的强度，可将其分为滨岸环境、近海环境和大洋环境。虽然滨岸地带只占海洋的极小部分，但在这一地带人类活动异常活跃，人与环境的关系十分复杂，因而造成的环境问题也最多、最明显。人类在近海的活动主要是捕捞、航运和矿业开采，其环境地位也很重要。而大洋环境受人类的影响较小，其自然属性明显。总的来说，海洋环境在时间上随着人类社会的发展而发展，在空间上随着人类活动领域的扩张而扩大，海洋中已很难找到不受人类活动影响的"纯"环境。

人类环境是一个多级阶梯系统，海洋环境也是如此，具体包括三种梯度：

第一种梯度：从赤道到两极的纬度梯度。这种梯度表现为从赤道到两极的太阳辐射强度逐渐减弱，海水温度逐渐降低，季节差异逐渐增大，每日的光照时间也有所不同。这些条件的变化，直接影响了海洋生物的生长、发育、分布和栖息。

第二种梯度：从海面到深海海底的梯度。这种梯度表现为光线逐渐减少，在 200 m 以下只有微弱的光，最后到无光的世界；温度逐渐减低，底层温度较低且稳定；压力逐渐增大；有机食物逐渐减少。这些条件的变化，使得底层的海洋生物在数量、种类以及它们的身体结构上都与表层居住的海洋生物有很大的不同。

第三种梯度：从沿岸到开阔大洋的梯度。这种梯度表现为海水深度逐渐增加，营养物质逐渐减少，海水和淡水的混合作用逐渐减少，盐度和温度的变化逐渐减弱。这些条件的变化，使得生活在沿岸的海洋生物在种类和数量上与生活在大洋的海洋生物有很大的差异。

海洋与海面上空的大气之间的相互作用是一种十分复杂的现象，主要反映在它们之间的各种物质（包括水分、二氧化碳以及其他气体和微粒）、能量和动量的交换，以及由此产生的海洋与大气热状况及运动之间的相互影响、制约和适应的关系。海洋与大气之间相互作用的机制概括起来就是：到达地球表面的太阳辐射有一半以上被海洋所吸收，在释放给大气之前，它先被海洋贮存起来，并被海流携带到各处重新分布；大气一方面从海洋获得能量，改变其运动状态，另一方面又通过风场把动能传给海洋，驱动海流，使海洋热量再分配。这种热能转变为动能，再由动能转变为热能的过程，构成了复杂的海洋与大气之间的相互作用。

除了海面上空的大气环境外，海洋环境空间分布还包括水层部分和海底部分。水层部分又可分为浅海区和大洋区，海底部分又可分为海岸和海底，如图 2-4 所示。

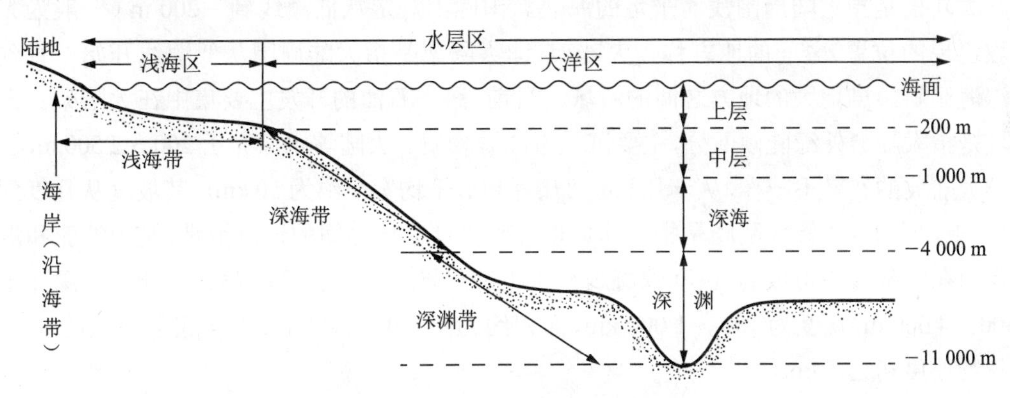

图 2-4 海洋环境的主要区分

（1）水层部分。

浅海区是指大陆架上的水体，平均深度一般不超过 200 m，宽度变化很大，平均为 80 km。浅海区受大陆影响显著，水文、物理、化学等要素复杂多变。

大洋区是指大陆边缘以外的水体，其物理、化学环境条件较为稳定。大洋区不同深度的环境条件有很大不同，按垂直方向可分为四层：① 上层是指从海面至 150～200 m 深的水层，这里不仅光照强度随深度增加而呈指数下降，而且有的海区温度也有明显的昼夜和季节差异；② 中层是指从上层的下限至 800～1 000 m 深的水层，这里光线极为微弱或几乎没有光线透入，温度梯度不明显，且没有明显的季节变化，常出现含氧量最小值；③ 深海是指 1 000～4 000 m 深的水层，这里除了生物发光以外，几乎是黑暗的环境，水温低而恒定，水压很大；④ 深渊是指超过 4 000 m 的深水层，这里是又黑又寒、水压最大、食物最少的世界。

（2）海底部分。

海底部分是海洋与岩石圈之间沟通的窗口，是海洋与海底进行物质和能量交换的场所。根据海底地形的基本特征，从海岸到大洋中心，依次可将海底地形分为大陆边缘、大洋盆地和大洋中脊三个单元，见图 2-5。

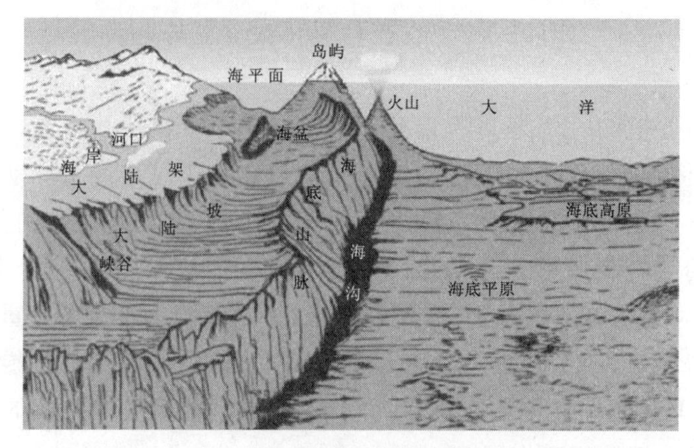

图 2-5　不平坦的海底地形

大陆边缘是指大陆表面与大洋底面之间的过渡带，一般由大陆架、大陆坡、大陆隆组成。大陆架是指大陆周围浅而平坦的海底。国际上规定从低潮线到 −200 m（一般为大陆坡出现的位置）之间的地方称为大陆架，即大陆架是指大陆周围从低潮线开始一直到向深海倾斜急剧增大的地方之间的海域。目前，海洋石油的开发主要集中在大陆架。大陆坡是指大陆架外缘陡倾部分，主要沉积着陆源物质。大陆坡水深介于 200～2 500 m，各大洋大陆坡的宽度不一样，从十几 km 到几百 km，平均宽度约为 50 km。其坡度从几度到 20° 以上，平均为 4°。大陆隆是指大陆坡以外到大洋盆地之间的过渡地带，是由浊流和滑塌作用在大陆坡麓形成的沉积（深海扇），水下冲积堆也属大陆隆范畴。大陆隆水深介于 2 500～4 000 m，宽度为 100～1 000 km，面积约为 $1\ 900 \times 10^4\ km^2$，占洋底总面积的 6%，沉积物厚度可达 5 km。

大洋盆地分布在大陆边缘和大洋中脊之间，其形状受制于大洋中脊的分布格局。大洋盆地是海洋的主体，约占海洋总面积的 45%。其中主要部分是水深在 4 000～5 000 m 的开阔水域，称为深海盆地。深海盆地中最平坦的部分称为深海平原。大洋盆地底部的深海平原是地球上最平坦的区域，其坡度极小，一般小于 1/1 000，有的甚至小于 1/10 000。深海平原中可见到范围不大的、地形比较突出的孤立高地，称为海山。其中有一类极为突出的海山，呈锥状，比周围海底高 1 000 m 以上，隐没于水下或露出海面，称为海峰。大洋盆地中还有一些比较开阔的隆起区，高度差不大，没有火山活动，是构造比较宁静的地区，称为海底高地或海底高原。有些无地震活动的长条隆起区，称为海岭。

大洋中脊是指大洋底部的山脉或隆起，高出洋底 1 000～3 000 m，宽度约为 1 000 km，平均水深为 2 500 m。它们是海底扩张的中心，约占海洋总面积的 32. 7%。大洋中脊顶部的水深为 2 000～3 000 m，也有高的地方，露出水面而成为岛屿，如大西洋的冰岛等。大陆漂移学说认为，大洋中脊是生成新洋壳的地方，即热地幔物质不断从大洋中脊顶部涌出并不断形成新洋壳，这些新洋壳再不断向两侧推移，见图 2-6。因此，大洋中脊上存在火山和地震活动。

海洋生物也属于海洋环境的范畴。海洋中生物种类很多，在动物界里，从单细胞的原生动物到最高等的哺乳类，几乎所有门类都有代表，现有的 62 个动物纲中，有 31 个纲生活在海洋;在植物界里,海洋中的种类远少于陆地,占主要地位的是各种藻类,也有少数种子植物。海洋中生物分布的范围很广,从赤道到两极水域,从海水表面到超过 10^4 m 的深层,从水潮间带的海岸到超深渊带的海沟底,到处都有生物存在。但生物存在种类最多、数量最大的地区是沿岸带和大陆架浅海区。海洋生物根据它们的栖息场所和活动方式,可归纳为三个基本生态类型,即浮游生物、底栖生物和游泳生物。

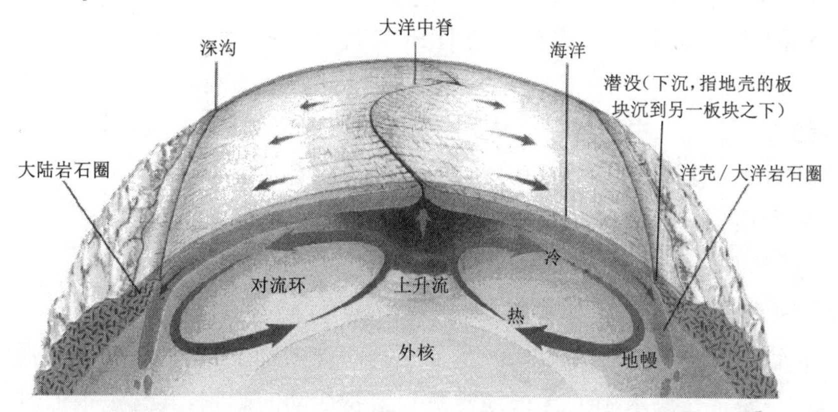

图 2-6　大洋中脊

海洋是地球生命系统的重要组成部分,海洋环境在全球环境中处于十分重要和突出的地位。海洋每年给人类提供食物的能力相当于全球陆地全部耕地的 1 000 倍。如果海洋生态平衡不被破坏,那海洋每年可以提供 30×10^8 t 水产品,至少可以养活 300 亿人口。因此,保护海洋生物的多样性,维持海洋生态的健康与完整,对保护全球生态环境具有举足轻重的意义。

海洋处在地球的最低处,陆地上的各种物质,包括各种污染物,最终都将归属海洋。由于海洋对进入其中的物质具有巨大的稀释、扩散、氧化、还原及生物降解能力(即海洋的自净能力),故可以容纳一定量的污染物而不造成海洋环境的损害和破坏。因此,海洋是全球环境最大的净化器。但海洋的自净能力也是有一定限度的,无节制地向海洋倾倒废水、废弃物,将造成海洋环境的污染和损害。

海洋环境的以上特点,决定了海洋环境污染损害后治理和恢复的困难性。

三、海水环境

海水是名副其实的液体矿藏,平均 1 km^3 的海水中有 $3\ 570\times10^4$ t 的矿物质。目前世界上已知的 100 多种元素中,80%可以在海水中找到。海水还是陆地上淡水的来源和气候的调节器,世界海洋每年蒸发的淡水有 450×10^4 km^3,其中 90%通过降雨返回海洋,10%变为雨雪落在大地上,然后顺河流又返回海洋。

海水是一种非常复杂的多组分水溶液。海水中各种元素都以一定的物理化学形态存在。在海水中铜的存在形式较为复杂,大部分是以有机络合物的形式存在的。在自由离子中仅有一小部分以二价正离子形式存在,大部分都是以负离子络合物的形式存在的。所以,自由铜离子仅占全部溶解铜的一小部分。海水中有含量极为丰富的钠,其化学形态非常简单,几乎全部以钠离子(Na^+)形式存在。海水中的溶解有机物十分复杂,主要是一种称为海洋腐殖质的物质,它的性质与土壤中植被分解生成的腐殖酸和富敏酸类似。海洋腐殖质的分子结构还没有完全确定,但是它能与金属形成强络合物。

海水中的成分可以划分为五类:

(1) 主要成分(大量、常量元素):指海水中质量分数大于 1 mg/kg 的成分。属于此类的阳离子有 Na^+, K^+, Ca^{2+}, Mg^{2+} 和 Sr^{2+} 五种,阴离子有 Cl^-, SO_4^{2-}, Br^-, HCO_3^-, CO_3^{2-} 和 F^- 六种,还有以分子形式存在的 H_3BO_3,其总和占海水盐分的 99.9%,所以称为主要成分。

由于这些成分在海水中的含量较大,各成分的浓度比例近似恒定,生物活动和总盐度变化对其影响都不大,所以又称为保守元素。

海水中 Si 的质量分数有时也大于 1 mg/kg,但是由于其浓度受生物活动影响较大,性质不稳定,属于非保守元素,因此主要成分暂不包括 Si。

(2) 溶于海水的气体成分:如氧气、氮气及惰性气体等。

(3) 营养元素(营养盐、生源要素):主要指与海洋植物生长有关的要素,通常指 N, P 及 Si 等。这些要素在海水中的含量经常受到植物活动的影响,其含量很低时,会限制植物的正常生长,所以这些要素对生物有重要意义。

(4) 微量元素:在海水中含量很低,但又不属于营养元素者。

(5) 海水中的有机物质:如氨基酸、腐殖质、叶绿素等。

海水中溶解有各种盐分,海水盐分的成因是一个复杂的问题,与地球的起源、海洋的形成及演变过程有关。一般认为盐分主要来源于地壳岩石风化产物及火山喷出物。另外,全球的河流每年向海洋输送 5.5×10^{15} g 溶解盐,这也是海水盐分来源之一。从其来源来看,海水中似乎应该含有地球上的所有元素,但是,由于分析水平所限,目前已经测定的仅有 80 多种。

海水本身具有较强的自净能力,但随着污水、废渣、废油和化学物质等源源不断地流入大海,海水成分发生了明显的变化,向着不利于海洋生物生存和海水变质的方向发展。虽然人类可以严格控制含油污水的排放,但巨型油轮泄漏或沉没、海洋油井泄漏或井喷造成的真正意义上的石油灾难,往往很难保证零发生。另外,人类向海洋倾倒化学和放射性废弃物的做法已持续多年。这些储存容器总有一天会腐蚀掉,有害物质早晚会进入海水中。人类对深层水与表层水的循环情况还了解不多,其过程或许比人类之前想象得还要快。因此,有害物质极可能会扩散到生物活动的表层水中去。

目前,许多海域的局部海洋环境已经遭受不可逆转的破坏,生态系统也被打破,很多稀有海洋生物物种濒临灭绝。面对这样的环境现状,人类需要反思并及时采取举措来改善或恢复海洋环境。因为除了海洋和人类生活密切相关外,随着淡水环境的恶化,海水淡化极可能是人类解决水荒的最后途径。倘若人类生存的“最后水源地”也遭到严重的破坏,人类将无法生存,势必导致灭亡。

四、海洋生态环境

1. 海洋生态学概念

海洋生态学是一门研究海洋生物及其与海洋环境间相互关系的科学。它是生态学的一个分支，也是海洋生物学的主要组成部分。通过研究海洋生物在海洋环境中的繁殖、生长、分布和数量变化以及生物与环境之间的相互作用，阐明海洋生物学的规律，为海洋生物资源的开发、利用、管理和增养殖，保护海洋环境和生态平衡等提供科学依据。

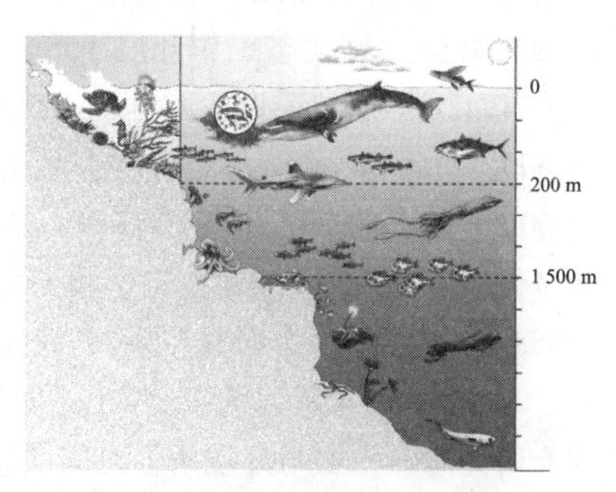

图 2-7　海洋生物的垂直分布

1777 年，丹麦学者米勒开始用显微镜观察微小的海洋浮游生物。19 世纪初，欧洲各国的生物学家已开始通过结合沿岸和浅海环境来研究海洋生物的组成和分布规律。法国奥杜安和米尔恩-艾德华兹于 1832 年提出了浅海生物的分布图式。英国福布斯在大量采集数据和研究的基础上，提出了海洋生物垂直分布的分带现象，划分了 4 个深度带（见图 2-7）——滨海带（littoral zone）、海带带（laminarian zone）、珊瑚藻带（coralline algae zone）和深海珊瑚带（deep-sea coral zone），并将欧洲海域划分成几个生物地理省。他指出生物种类随海洋深度的增加呈减少的趋势，但受当时科技水平的限制，错误地认为 550 m 以下的海域不会有生物生存。

福布斯和戈德温-奥斯汀合著的《欧洲海的自然历史》（1859 年）是海洋生态学的第一部论著。此后，各国学者开始广泛地进行深海生物调查。最有代表性的是英国汤姆逊领导的“挑战者”号考察船进行的环球海洋考察（1872—1876 年），此次考察发现了大量深海动物（包括在 6 250 m 深处发现的 10 种动物）和新的生物种属，综合研究了生物与海洋环境的关系。1877 年和 1883 年默比乌斯两次研究了牡蛎生物群落，提出了广温性生物、狭温性生物、广盐性生物和生物群落（biocoenosis）等生态学的重要概念，并限定 community 与 biocoenosis 有相同的意义（生物群落）。1887 年，德国亨森首先使用了“浮游生物”（plankton）一词；1891 年，德国哈克尔首先提出“底栖生物”（benthos）和“游泳生物”（nekton）两个名词。浮游生物、底栖生物和游泳生物是海洋生物的三个主要生态类群，如图 2-8 所示。图 2-8 中的水母属于浮游生物，

图 2-8　海洋生物

海绵、寄居蟹、珊瑚等属于底栖生物，蝴蝶鱼、小丑鱼等鱼类属于游泳生物。与此同时，在意大利的那不勒斯（那波利）、法国的罗斯科夫、英国的普利茅斯等地建立起了海洋生物研究机构。18 世纪末至 19 世纪末是海洋生态学研究的初始阶段。

海洋生物生态的定量研究是从 19 世纪末、20 世纪初开始的。德国亨森和丹麦彼得松分别对浮游生物和底栖生物的数量分布变化、群落组成进行了研究；在游泳生物方面，则主要研究了经济鱼类的种群生态（包括数量变动和分布洄游等）。用标志放流法研究鱼类的栖息洄游也是由彼得松于 20 世纪初首创的。20 世纪 20～30 年代，欧洲各国对海洋生物生态工作开展了广泛的研究。挪威斯韦尔德鲁普等撰写的专著《海洋》（1942 年）总结了以往海洋生态研究的成果。20 世纪 50 年代，丹麦“铠甲虾”号和前苏联“勇士”号调查船进行的深海调查取得大量的深海资料，证明在深达 6 000 m 到 10 000 m 以上的水层、洋底和深海沟都有生物存在，使深海生态的研究进了一步。美国赫奇佩斯等主编的《海洋生态学和古生态学论文集》（1957 年）和穆尔的《海洋生态学》（1958 年）总结了过去研究结果，为海洋生态学发展第二阶段的主要著作。

20 世纪 60 年代以来，海洋生态学研究得到了迅速和全面的发展。其特点表现为：综合研究海洋生物与环境条件之间的相互关系，包括人类各项活动对海洋环境、生物组合和资源的影响，即人为变化的效应，预测环境条件、生物资源以及整个生态系统的演变趋势和进程；研究人工控制下经济生物的大量繁殖、发展，阐明生物的生理生态机制；大规模的综合生态调查与实验生态观察相互结合，尤其是迅速发展起来的海洋生态系统研究，将自然生态的观察和实验生态的研究紧密结合，着重研究海洋生态系统的结构和功能，海洋生态系统中生物与非生物环境之间物质循环和食物链内的能量流动，各级海洋生物生产力的变化、资源的预报和增殖，以及人工控制下的现场实验生态。

2. 海洋生态学基本内容

海洋生态学的研究对象是生物的个体、种群、群落以及整个海洋生态系统。它研究各类海洋生物的繁殖生长、栖息营养、数量分布及其与有机、无机环境因子之间的相互关系，海洋生物群落的自然组合的特点和规律，不同生态类群（浮游生物、游泳生物、底栖生物等）的组成、分布、数量变化及其与海洋环境的关系等，包括个体生态学、种群生态学、群落生态学和生态系统生态学。

个体生态学以生物个体为研究对象，探讨生物与环境之间的关系，特别是生物体对环境的适应。它通过控制条件下的实验研究，检验生物体对各种海洋环境因子的需求、耐受和适应范围，实验的结果可与自然观察相对照。其研究内容和方式属于实验海洋生物学范围。其研究对象有常见的经济种和有些类群的代表种，如软体动物的贻贝、牡蛎，甲壳类的哲水蚤、卤虫，各种虾、龙虾、蟹，棘皮动物的海胆，多毛类的小头虫等。

种群生态学研究动植物种的群体所具有的特性，包括种群的年龄组成、性别比例、数量变动、成活率、死亡率、生长和种群调节、空间分布、迁移、洄游，及其与海洋环境因子的关系，也包括种群内不同个体和各种群间的相互关系。这些研究与经济动植物的资源开发、利用和管理，以及有害生物的控制和防除密切相关。其研究对象目前主要是游泳生物、游泳性底栖生物和某些浮游生物，并且对一些供渔业捕捞生产的经济种研究较多。中国近海经济种类的种群生态研究自20世纪50年代开始全面展开，已对重要渔业经济种大黄鱼、带鱼、对虾和中国毛虾等做了系统的研究，发布的一些种的资源和渔情预报在生产上已见效益。

群落生态学研究在一定生态环境内栖息的多种海洋动植物的组合特点，它们之间及其与环境间的相互关系。群落中的每个种群都是其中的成员，各成员间保持着相对稳定的数量关系，并存在密切的生物学联系。群落是一个生态单元，能量在群落中得到消耗，物质在群落内得到循环。群落生态研究在底栖生物方面进行得较多，特别是在海岸带和浅海底栖生物方面，其中包括平底生物群落、热带海域的珊瑚礁生物群落和红树林生物群落。而浮游生物和游泳生物由于种类组合不稳定，群落生态研究做得较少。

1913年，海洋生物群落生态学的创始人彼得松将丹麦斯卡格拉克海域的底栖生物划分为8个群落，并以优势种和特征种的种名给群落命名。彼得松的工作影响很大，直到20世纪50年代，多数底栖生物学家仍然依据他用优势种区分海洋生物群落的方法，广泛地研究生物群落。

群落结构和功能的研究，是把群落作为一个独立的生态系统进行研究，主要是分析系统的组成及其内部能量流动和物质循环的规律，分析、预测主要成员的数量变动与环境因子变量参数及其相互关系，并提出数学模式。

生态系统生态学研究生物群落及其与栖息环境相互作用所构成的生态系统。它是海洋生物群落研究的深入和发展，是从20世纪60年代中后期发展起来的。海洋生态系统的空间范围常超出一个群落的生态环境，包括一个相对独立的水体，如内湾、河口、边缘海、远洋区，甚至整个海洋。生态系统生态学主要研究这个系统的结构和功能，能量流动和物质循环，及其各个环节的转换效率、数量变动与环境因子的关系。

当前，对海洋生态系统的研究主要运用现代系统科学的原理和分析技术，综合研究和深入分析海洋生态系统的特点，建立生态系统的数学模式，以预测、预报人为变化对海洋环境和资源的影响，并为资源的开发、利用、发展和环境的管理、整治等提供科学依据。

五、海洋环境问题

海洋环境问题可分为自然环境问题和人为环境问题。自然环境问题是指由诸如地震、海啸、风暴潮、巨浪等自然灾害引起的环境问题。这里主要针对由人类活动引发的海洋环境问题。

海洋的人为环境问题可以分为两大类：一类是由于人类的生产、生活将各种物质和能量过量引入海洋所造成的海洋环境污染；另一类是由于人类对海洋资源的不适当开发导致的海洋生态破坏。

如图2-9所示，海洋环境的污染主要来自于近岸的陆地，包括各种工业废水、生活污水和各种废弃物的排放。陆源污染物通过地下水或地表水径流流入海洋，或通过大气干、湿沉降落入海洋。这里面的有机农药、有毒工业废水、重金属粉尘等都会对海洋环境造成很难逆转的破坏。

例如，我国为了在有限的耕地上养活愈来愈多的人口，广泛使用农药与化肥，而农药与化肥中的一部分被地下与地表水携带入海，造成对海洋的污染。与发达国家的部分近岸水体相比，我国河流的N/P比值可达到10^2～10^3。大量的营养物质输入海洋，使得近岸水体处于富营养化状态并引发赤潮，见图2-10。20世纪70年代，我国有关赤潮的报道每年为2～3次，赤潮生物也只有几种，而90年代初期则上升到每年40～50次，赤潮生物涉及硅藻、甲藻甚至浮游动物的几十个种类，造成的经济损失每年高达几十亿元，给近岸的养殖与捕捞带来很大的危害。特别是一些赤潮生物种类可产生毒素并沿食物链(网)传递与富集，最终危害人类的健康。

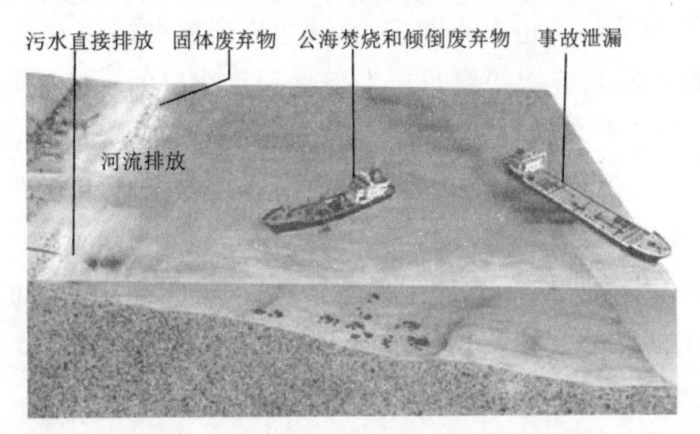

图2-9 海洋环境污染的主要来源

图2-10 赤潮

再如日本，其工业的迅速发展使得含有各种化学毒物的工业废水大量增加，每年排放入海量达130×10^8 t以上，致使几乎所有的近岸海域，如东京湾、伊势湾、濑户内海、洞海湾等都遭到严重污染。日本列岛实际上变成了被污浊海水包围的“公害列岛”，成为世界上海洋污染最严重的国家之一。1953—1970年，日本九州岛水俣湾发生的汞污染事件，就是因为工厂在生产有机产品的过程中，排出含有汞的废弃物。这些有害物质流入海洋后，逐渐在鱼和贝类体内富集。最后，导致100多人严重中毒，并先后死亡。

同样，世界各国尤其是沿海国家的经济发展都不同程度地以海洋环境污染为代价，即使是发达国家也是如此。例如，美国每年向海洋排放的工业废弃物占全世界的1/5，仅废水就达200×10^8 t以上，其中含有浓度很高的氰化物、酚、砷、铅、铬以及放射性物质等有毒有害物质，造成近海严重污染，导致沿岸49×10^4 hm^2海滩上的贝类不能食用，使海洋生物受害事件急剧增加。图2-11为海水污染后鱼类出现大面积死亡的现象。

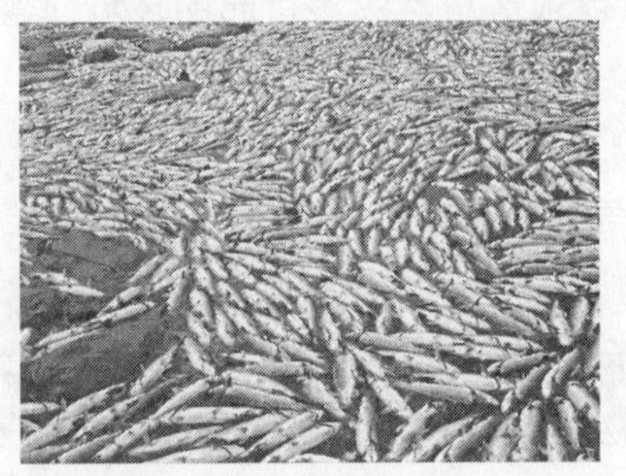

图2-11 海洋鱼类的大片死亡

另外，人类生活、生产产生的固体废弃物除了在岸边堆放、填埋外，大部分被运到公海进行焚烧和倾倒，对海洋环境也造成了一定程度的破坏，尤其是公海的海洋生物和生态系统受到了最直接的破坏。图 2-12 为海岸堆放的垃圾，这些垃圾的有毒化学组分将不可避免地排放到海洋中，造成近海的环境污染。

图 2-12　岸边堆放的垃圾

海洋矿产资源开发引起的重金属或油气的泄漏，对海洋环境更是造成了急性损害。随着油气战略资源向深海开发的转移，海洋漏油事件屡见不止，如图 2-13 所示。例如，1969 年 1 月，美国圣巴巴拉湾发生一起海上石油平台井喷事件，造成大量原油喷出入海，持续时间达 12 d，油膜沿海岸延伸 20 n mile（1 n mile = 1. 852 km）以上，不仅使生物资源遭到毁灭性破坏，而且清除油污及赔偿损失的花费高达 500 万美元。又如，2010 年 5 月，美国墨西哥湾原油泄漏事件更是对海洋造成了有史以来最大的一次急性破坏。失事钻井平台底部油井自 2010 年 4 月 24 日起漏油不止，起初每天漏油达 5 000 桶，5 月 27 号的调查显示，海底油井漏油量从每天 5 000 桶上升到 25 000～30 000 桶，一直到 7 月 15 日，即泄漏后 3 个月后，漏点才被成功封堵。这次事件造成的环境、经济损失已不能用金钱衡量，且海洋环境甚至全球环境都会在长时间内受到连带影响。

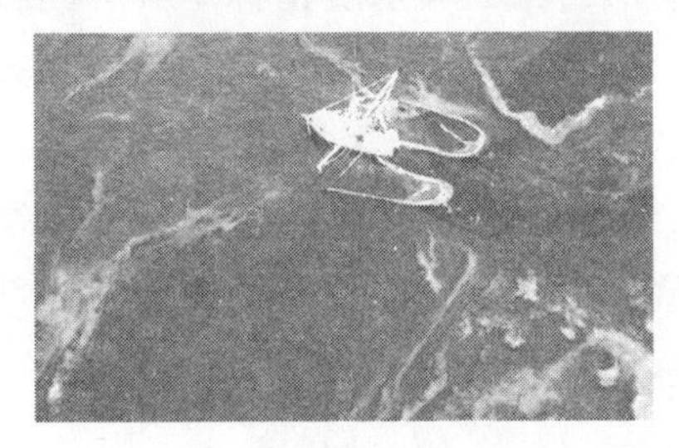

图 2-13　海上石油开发过程中油品的泄漏

除上述海洋环境问题外，海岸工程的建设（包括人工岛、港口、航道、围海造田等）、渔业养殖、海洋生物的过度捕捞等都不同程度地破坏了海洋环境和海洋生态系统。

第二节　海水污染

一、海水水质

1. 我国海水水质分类

海水水质是海水水体质量的简称，是指海水在环境作用下所表现出来的综合特征，即水体的物理（如色度、悬浮物质等）、化学（无机物和有机物的含量）和生物（大肠菌群等）的特性及其组成的状况。由于海水体积大，又能很好地混合，故局部条件对海洋整体影响较小，但不同海区、不同深度的水质有所差异。为评价海水水体的质量状况，各国相关环境部门规定了海水水质参数和水质标准。

我国于 1998 年 7 月 1 日实施的《海水水质标准》(GB 3097—1997 附录 8)按照海域的不同使用功能和保护目标，将海水水质分为四类，相应的项目标准限值也分为四类，不同功能类别分别执行相应类别的标准值。

该标准规定了物理、化学和生物三类指标共 35 个项目，国家海洋局根据这些项目的监测数据评估海水水质。

2. 我国海水水质标准

为贯彻《中华人民共和国环境保护法》和《中华人民共和国海洋环境保护法》，防止和控制海水污染，保护海洋生物资源和其他海洋资源，有利于海洋资源的可持续利用，维护海洋生态平衡，保障人体健康，国家环境保护总局(现称环境保护部)于 1997 年 12 月 3 日批准《海水水质标准》(GB 3097—1997)，并于 1998 年 7 月 1 日开始实施。

该标准适用于中华人民共和国管辖的海域。该标准按照海域的不同使用功能和保护目标，将海水水质分为四类：第一类适用于海洋渔业水域，海上自然保护区和珍稀濒危海洋生物保护区；第二类适用于水产养殖区，海水浴场，人体直接接触海水的海上运动或娱乐区，以及与人类食用直接相关的工业用水区；第三类适用于一般工业用水区，滨海风景旅游区；第四类适用于海洋港口水域，海洋开发作业区。每一类海域执行相应的水质标准。

在《海水水质标准》(GB 3097—1997)中，共有 35 项水质指标。其中，表观指标有漂浮物质、色、臭、味；物理指标有悬浮物质、水温；生物指标有大肠菌群、粪大肠菌群、病原体；化学指标有 pH、溶解氧、化学需氧量、生化需氧量、无机氮、非离子氨、活性磷酸盐、重金属(汞、镉、铅、六价铬、总铬、砷、铜、锌、硒、镍)、氰化物、硫化物、挥发性酚、石油类、六六六、滴滴涕、马拉硫磷、甲基对硫磷、苯并(α)芘、阴离子表面活性剂；放射性指标有放射性核素。除了对漂浮物质、色、臭、味做了定性规定外，其余指标均有明确的数值限定。

3. 我国目前海水的水质情况

2013 年夏季，海水中无机氮、活性磷酸盐、石油类和化学需氧量等要素的监测结果显示，我国管辖海域海水水质状况总体较好，但近岸海域海水污染依然严重。

2013 年，我国符合第一类海水水质标准的海域面积约占管辖海域面积的 95%，符合第二类、第三类和第四类海水水质标准的海域面积分别为 47 160、36 490 和 15 630 km^2，劣于第四类海水水质标准的海域面积为 44 340 km^2，较 2012 年减少了 23 540 km^2。渤海、黄海和东海劣于第四类海水水质标准的海域面积分别减少了 4 590、13 030 和 9 150 km^2，但南海劣于第四类海水水质标准的海域面积却增加了 3 230 km^2。劣于第四类海水水质标准的区域主要分布在黄海北部、辽东湾、渤海湾、莱州湾、江苏盐城、长江口、杭州湾、珠江口的部分近岸海域。与 2012 年相比，烟台近岸、汕头近岸、珠江口以西沿岸、湛江港、钦州湾的部分海域污染有所加重。近岸海域主要污染要素为无机氮、活性磷酸盐和石油类。

图 2-14 为 2001—2013 年夏季我国管辖海域未达到第一类海水水质标准的各类海域面积。由此可以看出，我国海域的海水水质不容乐观。

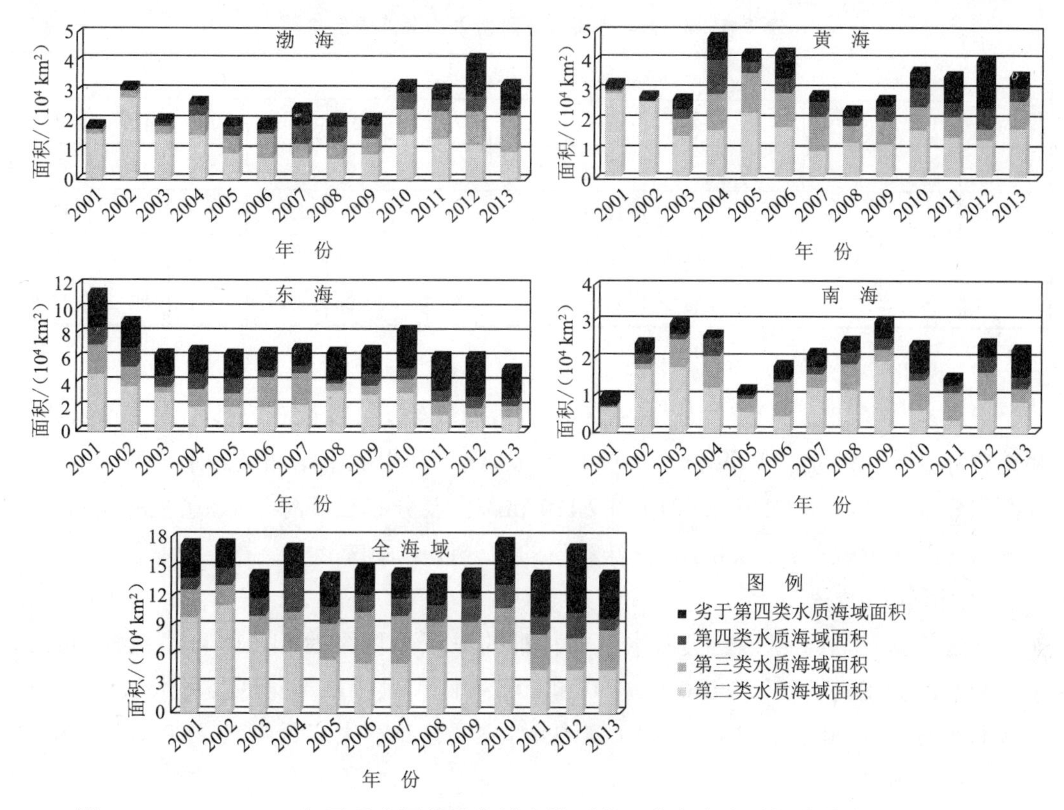

图 2-14　2001—2013 年夏季我国管辖海域未达到第一类海水水质标准的各类海域面积

下面从四个方面来阐述一下我国目前海水的水质情况。

（1）海洋表层水温。

2013 年我国管辖海域各月海洋表层水温实测数据分析结果显示，渤海、黄海和东海月均海洋表层水温 2 月最低，8 月最高，季节变化显著；南海月均海洋表层水温 1 月最低，6 月最高，季节差异不大。渤海、黄海和东海年均海洋表层水温分别为 12. 4 、16. 6 和 22. 1 ℃，均低于 2012 年；南海年均海洋表层水温为 27. 8 ℃，与 2012 年基本持平。图 2-15 为 2013 年我国各海域月均海洋表层水温变化趋势，表 2-1 为 2013 年各海域各月份平均海洋表层水温。

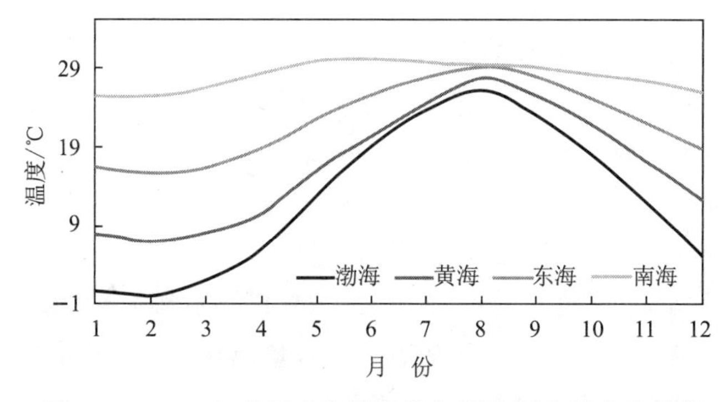

图 2-15　2013 年我国各海域月均海洋表层水温变化趋势

表 2-1　2013 年各海域各月份平均海洋表层水温

海　域	月均海洋表层水温 / ℃											
	1月	2月	3月	4月	5月	6月	7月	8月	9月	10月	11月	12月
渤　海	0.6	0.2	2.0	5.9	12.9	19.0	23.6	26.0	23.0	18.0	11.9	5.3
黄　海	7.9	7.1	8.2	10.4	16.0	20.3	24.5	27.7	25.4	21.8	17.1	12.4
东　海	16.3	15.5	16.3	18.6	22.4	25.6	27.7	28.9	27.8	25.0	22.2	18.9
南　海	25.1	25.4	26.4	28.2	29.8	30.1	29.6	29.2	29.1	28.1	27.2	25.9

（2）无机氮。

无机氮含量超第一类海水水质标准的海域面积约为 131 850 km^2，渤海、黄海、东海和南海分别为 32 630、33 440、48 380 和 17 400 km^2，其中劣于第四类海水水质标准的海域面积分别为 8 490、3 240、24 210 和 7 110 km^2，主要分布在黄海北部、辽东湾、渤海湾、莱州湾、江苏盐城、长江口、杭州湾、珠江口的部分近岸海域。

（3）活性磷酸盐。

活性磷酸盐含量超第一类海水水质标准的海域面积约为 61 610 km^2，渤海、黄海、东海和南海分别为 5 790、3 840、41 450 和 10 530 km^2，其中劣于第四类海水水质标准的海域面积分别为 90、260、10 220 和 1 210 km^2，主要分布在大连近岸、长江口、杭州湾、珠江口的局部海域。

（4）石油类。

石油类含量超第一、二类海水水质标准的海域面积约为 17 150 km^2，渤海、黄海、东海和南海分别为 8 230、3 630、590 和 4 700 km^2，主要分布在大连近岸、辽东湾、渤海湾、莱州湾、珠江口的局部海域。

二、海水富营养化

富营养化是水体衰老的一种现象，它既可以发生在湖泊、水库，也可以发生在河口和近海水域。水体的富营养化发生在湖泊中称为水华，发生在海域中称为赤潮。天然富营养化本来是一种十分缓慢的过程，但随着有机物质和营养盐的过量进入，大大加快了水体富营养化的进程。目前，富营养化已成为困扰许多国家的水环境污染问题之一。富营养化不仅会使水体丧失应有的功能，而且会使生态环境向不利的方面演变。

富营养化的机理是：① 水体中含有的过量氮、磷等植物营养元素逐渐被氧化分解，成为水中微生物和藻类所需的营养物质，使得藻类迅速生长；② 越来越多的藻类繁殖、死亡、腐败，引起水中氧气大量减少，使水质恶化，导致鱼、虾等水生生物死亡。海水富营养化的来源主要有生活污水（如食物残渣、排泄物、洗涤剂）、农田化肥、农村家畜饲养、工业污水（如食品工业、酿造工业、造纸工业、化肥工业等）以及海水养殖。

海洋出现富营养化的主要原因是随着人口数量迅速增加，城市规模不断扩大，生活污水越来越多且处理水平低；过度的海水养殖和农业面源污染增加。

富营养化会造成海水透明度降低，使阳光难以穿透水层，从而影响水生植物的光合作用和氧气的释放;表层水面植物的光合作用又可能造成溶解氧的过饱和状态,这些都会造成鱼类大量死亡。不仅如此,有些藻类还能分泌有毒物质,这些有害物质通过海产品危及人体健康。我国富营养化比较严重的海域主要分布在辽东湾、渤海湾、长江口、杭州湾、江苏近岸、珠江口。

对于海域的富营养化,可以依据表 2-2 做出判别。

表 2-2 海域的营养等级划分及其特征

特征	腐败水域	过营养水域		富营养水域	贫营养水域
		数米以深水域	数米以浅水域		
水质、透明度/m	1.5 以下	3 以下		3～10	10 以上
水色	带黑色	带有黄色、黄绿色、赤褐色		有短期局部带色情况	不带色
化学需氧量/(10^{-6} mg·L^{-1})	10 以上	3～10		1～3	1 以下
生物需氧量/(10^{-6} mg·L^{-1})	10 以上	3～10		1～3	1 以下
无机态氮化合物/(μg·L^{-1})	100 以上	10～100		2～10	2 以下
溶解氧	到表层附近呈低氧或缺氧状态(0%～30%)	表层呈过饱和状态,底层呈缺(低)氧状态(0%～30%)	表层呈过饱和状态(100%～200%)	表层和中层呈过饱和状态,数米以下底层呈不饱和状态(30%～80%)	表层、中层、底层均呈饱和状态(30%～80%)
叶绿素/(mg·m^{-2})	—	100～200		1～10	<1
微生物细菌/(个·mL^{-1})	10^5 以上	10^3～10^5		10^2～10^4	10^2 以下
浮游植物/(个·mL^{-1})	10^5 以下,种类少,数量多	10^3～10^5,种类少		10～10^3,种类多	10 以下,种类多
原生动物		数量稍多		数量少	数量少
浮游动物(甲壳类)				数量多,种类少	数量少,种类多

2013 年夏季,呈富营养化状态的我国海域面积约为 6.5×10^4 km^2,较 2012 年减少 3.3×10^4 km^2,其中重度、中度和轻度富营养化海域面积分别为 18 000、16 810 和 29 980 km^2。重度富营养化海域主要分布在辽东湾、长江口、杭州湾、珠江口的近岸区域。这里的富营养化状态依据富营养化指数(E)的计算结果来确定。该指数的计算公式为 E= 化学需氧量×无机氮含量×活性磷酸盐含量×10^6/4 500,其中当 $E\geqslant1$ 时为富营养化,当 $1\leqslant E\leqslant3$ 时为轻度富营养化,当 $3<E\leqslant9$ 时为中度富营养化,当 $E>9$ 时为重度富营养化。

三、海水养殖污染

海水养殖业的兴起以及养殖产量的大幅提高,为国民经济的发展和人们生活水平的提高做出了巨大的贡献。与此同时，养殖活动所产生的大量污染物，再加上周边地区的工农业废水、生活污水的输入以及溢油、排污管泄漏等突发事件的发生，对养殖水域的生态环境产生了极大地影响，使环境负荷量不断加重，导致水质富营养化加剧，赤潮频发，严重威胁着海水养殖业的持续发展，降低了水产品的安全食用系数。

海水养殖影响水体浊度、pH 值、溶解氧及营养盐，使底泥环境污染恶化。其原因主要有：养殖生物产生的大量排泄物和残饵的长期累积超过环境的承受力；放养密度不合理；育苗废水直接外排，使局部水域海水中氮、磷元素含量增加，透明度下降，加重了水体富营养化。

（1）对水体浊度和 pH 值的影响。长期进行大规模网箱投饵养殖，由于受各种沉淀物、油基碎屑等的影响，会使水体的 pH 值略有下降，也会使水体的透明度有所下降。

（2）对水体溶解氧的影响。水体中溶解氧的含量变化反映了海域水环境的质量状况，是评价水质的重要指标之一。由于大量有机物的氧化分解，水深 4～5 m 以下的溶解氧被消耗殆尽，在厌氧细菌的作用下进行厌氧分解，并发生脱氧过程，同时产生硫化氢等有害气体，使水生生态环境恶化。

（3）对水体营养盐的影响。海水鱼、虾高密度养殖需要投喂大量的饵料，其中一部分残饵及粪便等排泄物分解后的产物(N，P)，成为水体富营养化的污染源。这些废物增加了水体富营养物的总浓度，导致水体形成一定程度的富营养化。

2011 年，国家海洋局对全国 67 个海水增养殖区开展了监测。监测数据显示，海水增养殖区环境质量状况基本满足增养殖活动要求。其中，增养殖区海水中化学需氧量、酸碱度、溶解氧和粪大肠菌群等监测指标符合功能区第二类海水水质标准要求的站次比例均在 92% 以上。部分增养殖区海水中无机氮和活性磷酸盐含量较高，水体富营养化程度较重。其中，东海增养殖区海水中无机氮和活性磷酸盐含量较高，其次为渤海和南海，黄海最低；在主要养殖周期内，秋季增养殖区海水中无机氮和活性磷酸盐含量较高，夏季次之，春季最低。2006—2011 年的监测结果表明：

（1）增养殖区海水中无机氮、粪大肠菌群以及化学需氧量的超标率未见明显年际变化趋势，而活性磷酸盐和石油类含量超标率呈逐年升高趋势。

（2）增养殖区沉积物中石油类、有机碳、硫化物、汞、铅和砷等监测指标符合功能区第一类海洋沉积物质量标准要求的站次比例均在 91% 以上；部分增养殖区沉积物中铬、铜和粪大肠菌群等含量较高。增养殖区沉积物中石油类、有机碳、硫化物、汞和铜等含量的超标率未见明显年际变化趋势，而粪大肠菌群、铅和砷含量的超标率呈逐年降低趋势。

（3）增养殖区贝类体内石油烃、总汞、铜、砷和铬等监测指标符合功能区第一类海洋生物质量标准要求的站次比例均在 72% 以上；麻痹性贝毒和六六六含量均未出现超标现象；部分增养殖区贝类体内铅、镉和粪大肠菌群等含量较高。增养殖区贝类体内各污染物残留水平未见明显的年际变化趋势。

2011 年的增养殖区综合环境质量状况评价结果显示，等级为“优良”、“较好”、“及格”和“较差”的增养殖区数量分别为 38 个、20 个、8 个和 1 个，增养殖区环境质量状况基本满足增养殖活动要求。2006—2011 年的监测与评价结果表明，综合环境质量等级为“优良”的增养殖区所占比例呈增加趋势，等级为“及格”的增养殖区所占比例呈降低趋势，见图 2-16。

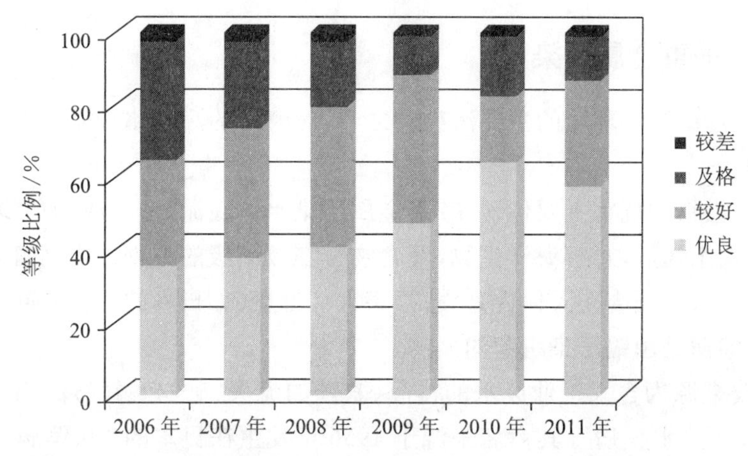

图 2-16　2006—2011 年我国海水增养殖区综合环境质量等级比例

四、热废水对海水的污染

一般认为，长期将超过周围海水正常水温 4 ℃以上（有人认为是 7～8 ℃）的热水排到海洋里就会产生热污染。

热废水来源于工业冷却水，其中尤以电力工业为主，其次还有冶金、化工、石油、造纸和机械工业。一般以煤或石油为燃料的热电厂，只有 1/3 的热量变为电能，其余则排入大气或被冷却水带走。原子能发电站中几乎全部的废水进入冷却水，约占总热能的 3/4。每生产 1 kW•h 电大约排出 1 200 kcal（1 kcal = 4 185. 9 J）的热量。1980 年仅美国发电排出的废热每天就有 2.5×10^{8} kcal，足以把 $3\,200\times10^{4}$ m^{3} 的水升温 5. 5 ℃。原子能发电站的月发电能力一般为$(200\sim1\,400)\times10^{4}$ kW，以月发电能力为 200×10^{4} kW 的核电站计算，每天排出的废热可使 $1\,100\times10^{4}$ m^{3} 的水温度升高 5. 5 ℃。而一座月发电能力为 30×10^{4} kW 的常规电站 1 h 要排出 61×10^{4} m^{3} 的水量，其水温要比抽取时平均高出 9 ℃。

热废水对海洋的影响主要是使海水的温度升高。从生物学的角度来看，水温是对海洋生态系统平衡和各类海洋生物活动起决定性作用的因素。它对生物受精卵的成熟、胚胎的发育、生物体的新陈代谢、洄游等都有显著的影响。在自然条件下，海洋水温的变化幅度要比陆地环境和淡水小得多，因此海洋生物对温度变化的忍受程度更差。海洋受到热污染后，原来的生态系统会被破坏，海洋生物的生理机能也会遭到损害。

海水温度异常升高的另一种危害，就是减少了溶解在水中的氧气。由于海水中氧气的多少取决于海水的温度，温度升高，溶解氧减少。热废水的注入无疑提高了海水的温度，也势必减少了溶解在水中的氧气量。当水温升高到一定程度时，海洋生物就会缺氧，窒息而死。而生物死亡后尸体的分解又会进一步促使水中的氧气消耗。这样循环往复，久而久之，最终导致局部水质恶化。

总的来说，热带海域比温带和寒带海域受热污染的危害大得多，封闭和半封闭的浅水海湾比开阔海区受热污染的影响更明显。因此在热带或浅水海湾沿岸建设发电厂应更加慎重。

五、海水的重金属污染

重金属是污染海洋环境的主要污染物之一，对海洋的污染比较明显的重金属有汞、镉、铅、铜、锌。

重金属污染物的危害主要体现在：重金属污染水体底泥，使其成为危险的二次污染源；重金属污染水体后，毒害海洋生物，经食物链在较高级的生物体内高富集，即人们在食用海产品后，重金属会在人体内富集，损害人体健康（如日本的“水俣病”是由含汞废水引起的，骨痛病是由镉污染引起的）。

汞的主要来源为含汞工业废水的排海、农药的流失、矿物燃料（煤、石油等）。汞污染的特征危害是“水俣病”，其命名来源于1956年发生在日本的“水俣病”事件。1956年，在日本水俣湾，新日本氮肥公司将含有汞化合物的废水排入大海，镇上的居民食用了被污染的海产品后，成年人肢体发生病变、大脑受损，妇女生下畸形婴儿。发病者中渔民明显高于农民，发病时会突然出现头疼、耳鸣、昏迷、抽搐、神志不清、手舞足蹈及行动障碍、呆滞流涎、耳聋失明、精神失常。严重者数日内死亡，轻者症状终生不退，可随时发作，只能以药物缓解痛苦。根据日本政府的一项统计，当年有2 955人患上了“水俣病”，其中有1 784人死亡。

镉的主要来源为含镉工业废水的排海、镉矿渣倾倒入海。镉污染的特征危害是骨痛病，主要表现为骨骼疼痛、骨质疏松以及内脏损伤。

铅的主要来源为冶金和化学工业产生的废水和废气、汽油燃烧（四乙基铅是汽油防爆剂）由大气最终进入海洋、铅制剂杀虫剂和灭菌剂以及含铅矿渣的倾倒。铅易在人体内累积（沉淀于骨骼、肝、脑、肾等），当血铅质量浓度超过80 μg/L时，就会引起中毒。另外，铅还是致癌物质。

铜的主要来源为冶金和工业废水、煤燃烧产生含铜废气入海、岩石自然风化入海。当铜的质量浓度大于0.13 mg/L时，就会出现“绿牡蛎”现象。若铜锌协同作用时，对海洋生物的毒性将大大加强。

第三节 赤潮与绿潮

一、赤潮

赤潮发生的机理至今还没有完全研究清楚，不过普遍认为与海洋污染密切相关。携带各种有机物和无机营养盐的工业污水和城市生活污水大量排放入海，导致海区富营养化，是诱发赤潮的基本原因。如果海水中还有一定数量的铁、钴等微量元素，再遇到合适的气温、盐度、光照等自然条件时赤潮就很容易发生。海水养殖自身污染，也是导致近岸海域发生赤潮的重要原因之一。图 2-17 和图 2-18 分别为 2009—2013 年我国海域赤潮发生次数和 2009—2013 年我国海域赤潮频次与面积的月份分布。

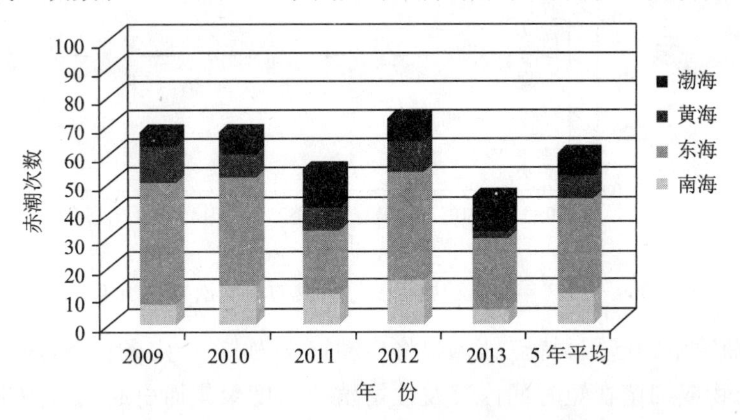

图 2-17　2009—2013 年我国海域赤潮发生次数

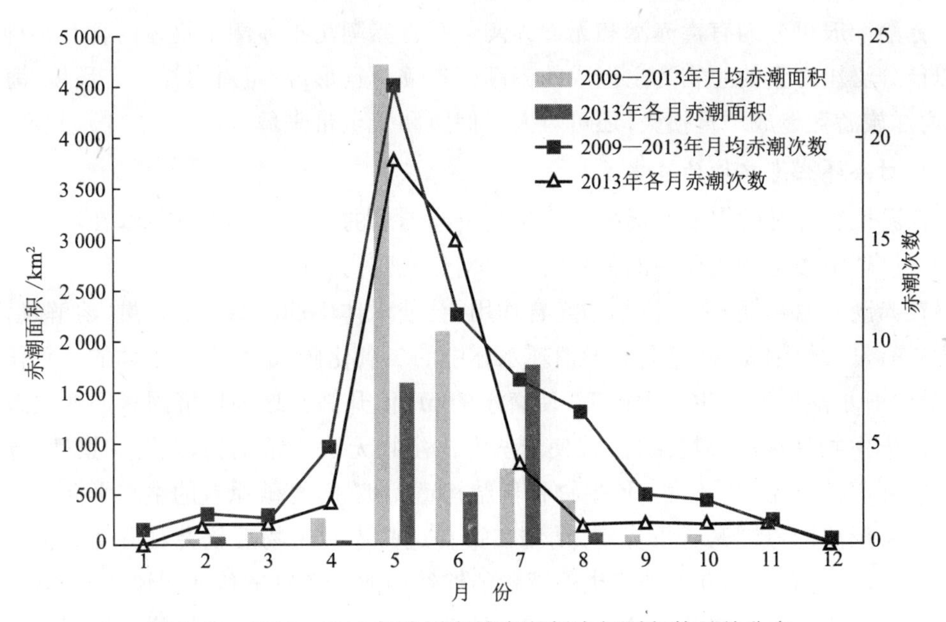

图 2-18　2009—2013 年我国海域赤潮频次与面积的月份分布

从两图可以看出，2013 年，我国全年共发生赤潮 46 次，累计面积为 4 070 km^2。其中东海赤潮发生次数最多，为 25 次；渤海赤潮累计面积最大，为 1 880 km^2。赤潮高发期集中在 5—6 月，占全年赤潮发现次数的 74%。2013 年我国赤潮发生次数和累计面积为近 5 年来最少。

2013 年引发赤潮的优势藻种共 13 种，与 2012 年相比减少 5 种。其中东海原甲藻作为第一优势种引发赤潮的次数最多，为 16 次；夜光藻次之，为 13 次；中肋骨条藻 6 次；米氏凯伦藻 2 次；赤潮异弯藻、短角弯角藻、丹麦细柱藻、大洋角管藻、红色中缢虫、双胞旋沟藻、球形棕囊藻、微小原甲藻和抑食金球藻各 1 次。2013 年有毒有害的甲藻和鞭毛藻等引发的赤潮比例略高于近 5 年平均值，见图 2-19。

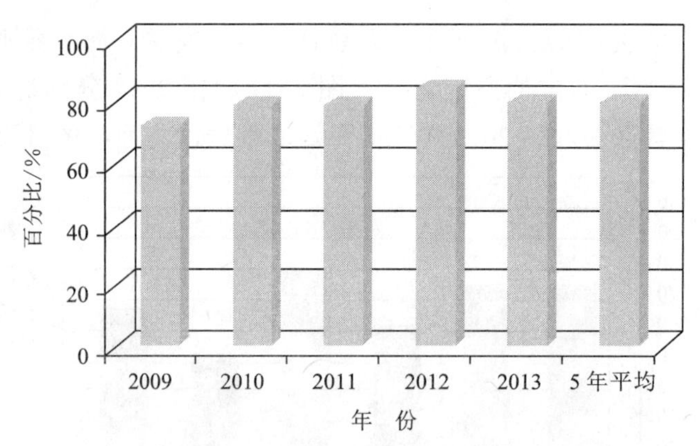

图 2-19　2009—2013 年甲藻和鞭毛藻等引发的赤潮次数占当年总次数比例

根据赤潮发生的起因、特点、影响，将赤潮定义为：在一定条件下，海水中某些浮游植物、原生动物或细菌在短时间内突发性增殖或高度聚集而引起的一种生态异常并造成危害的现象。

赤潮一般可分为有毒赤潮和无毒赤潮。有毒赤潮是指赤潮生物体内含有某种毒素或以能分泌出毒素的生物为主形成的赤潮。赤潮一旦形成，可对海洋生态环境、海洋渔业、海洋旅游业造成严重损失，还可对人类健康和安全带来危害。

1. *对海洋生态环境的危害*

浮游植物异常的爆发性增殖或聚集是引起赤潮的最主要原因，因此，在海洋生态系统的生产环节中生物与环境的关系将发生剧烈的变化。

在赤潮发生初期，由于植物的光合作用，会使水体中的叶绿素 a 含量、溶解氧含量、化学需氧量大幅偏高，同时会大量消耗水体中的二氧化碳，破坏海域水体的二氧化碳平衡，导致海水酸碱度发生较大改变，使海水的 pH 值升高。这种环境因素的变化改变了适合海洋生物生存的环境条件，致使一些海洋生物无法正常生长、发育和繁殖，导致一些生物逃避甚至死亡，必然会使生物种群结构遭受破坏，打破原有的生态平衡。

如果形成的赤潮是有毒赤潮，动物在摄食这些赤潮生物后就会对自身的生命造成严重威胁，有些有毒赤潮藻类产生的毒素能够经由海洋食物链传递到较高营养级，导致高营养级海洋生物中毒或死亡，如石房蛤毒素、短裸甲藻毒素、软骨藻酸等都曾造成海洋哺乳类或鸟类中毒事件。

许多赤潮藻类是以群体形式生活的，大量赤潮藻类漂浮在海面上，在其数量达到一定密度之后，会降低光线透过率，影响海底植物的光合作用，同时也会影响海洋动物的呼吸作用，导致水下生物大量死亡。有些赤潮藻类还会向体外分泌黏液状物质使水体变得黏稠，会堵塞某些动物的鳃瓣，使其呼吸和觅食功能受到损坏，导致窒息死亡。

总之，赤潮对海洋生态系统的破坏是非常严重的，尤其是在我国少数封闭性较强的内湾，一旦出现赤潮，一环扣一环的正常生态系统要想得到维持是不可能的，其原有的结构和功能必将受到破坏，可能出现的是一个从水体的富营养化发展到赤潮，又到赤潮生物的死亡分解将营养盐释放给水体的恶性循环。

2. 对海洋渔业的危害

最引人关注的方面是赤潮对海洋渔业的危害。赤潮能使内湾养殖业的养殖对象“全军覆没”；外海捕捞业也可能因赤潮而导致一无所获。当然，并不是每次赤潮都能带来如此大的危害，但赤潮每年都会造成或多或少的经济损失。例如，2009 年 5 月 17 日，福建省莆田市南日岛周边海域发生了大面积赤潮，持续了 8 d，面积为 10 km^2，赤潮优势种为夜光藻，赤潮区水体呈红色条状分布。因此次赤潮持续时间长、污染范围广，加上适逢天文小潮，海水对流缓慢，导致当地海上养殖经济鱼类以及成品鲍鱼大面积死亡，造成海洋水产养殖损失 0.6 亿元。

赤潮对海洋渔业的危害主要是通过以下途径产生的：

（1）赤潮生物的大量繁殖打破了海洋原有的生态平衡，造成海洋浮游植物、浮游动物与底栖生物之间的相互依存关系异常或者破裂，这就大大破坏了主要经济渔业种类的饵料基础，破坏了海洋生物食物链，造成渔业产量锐减。形成赤潮的某些浮游植物是海洋次级生产者的良好饲料，但在经济海藻养殖区，往往与海带、紫菜等争夺营养，使经济海藻类变色甚至腐烂，自身失去商业价值。

（2）有些赤潮藻类会分泌或产生黏液，这些黏液吸附在海洋动物鳃上、呼吸道黏膜上都会使动物呼吸困难，窒息死亡；有些赤潮藻类具有长刺结构，其吸附在鱼类或其他动物鳃上，会使它们的鳃受到机械损伤从而影响呼吸机能，导致海洋生物窒息死亡；有些赤潮藻类可以产生溶血性毒素等有害物质，使鳃细胞的呼吸组织受到破坏，抑制海洋生物的呼吸，同样会导致海洋生物的窒息死亡。

（3）赤潮藻类爆发性异常增殖还会造成海水 pH 值升高、黏稠度增大、含氧量下降、水体光照强度下降，赤潮藻类密集分布在水面，使水体中的含氧量下降，影响海洋动物的呼吸，导致水下大量生物死亡。

（4）在赤潮后期，赤潮生物大量死亡，尸体在分解过程中会带来海洋环境的变化：在好氧条件下，尸体分解会大量消耗水体中的氧气，使水体中的溶解氧含量急剧下降，造成区域性海洋环境严重缺氧，导致鱼类或其他动物窒息死亡；在厌氧条件下，尸体分解又会产生大量的氨、硫化氢、甲烷等有害化学物质，致使鱼、虾、贝类及海带、紫菜等海洋农作物大量死亡。另外，有些赤潮生物的体内或代谢产物中含有生物毒素，这种生物毒素能直接威胁到鱼、虾、贝类等生物的生存。

3. 对海洋旅游业的影响

海洋旅游业是海洋产业的重要组成部分，而海洋旅游业的基础条件是滨海风光。赤潮灾害的发生会导致海水变色，大量海洋生物死亡，从而散发出阵阵臭气，与此同时赤潮生物尸体及大量死去的海洋生物被冲上海滩，严重破坏了旅游区的秀丽风光，使其观赏价值大大下降。此外，赤潮还会对旅游业的水上项目产生严重影响。如果人们在发生赤潮的水域游泳，赤潮水体与皮肤接触后，可能出现皮肤瘙痒、刺痛；如果赤潮水体溅入人眼中，会感到疼痛难忍；有毒赤潮毒素的雾气能引起呼吸道发炎，从而妨碍人们在海上的休闲活动，导致海洋旅游业收益大打折扣。同时，赤潮发生海域的水产品能富集赤潮毒素，若被人们不慎食用，会对身体健康产生威胁。

4. 对人类健康的危害

当形成赤潮的生物中有有毒赤潮生物时，其危害不再局限于海洋渔业方面，还可使海洋生物大量死亡，甚至危害人们的生命健康。

有些赤潮生物含垢纳污，如亚历山大藻、漆沟藻、裸甲藻、海洋褐胞藻和尖刺拟菱形藻等，能分泌赤潮毒素。鱼、虾、贝类处于有毒赤潮区域内摄食这些有毒生物后，虽不能被毒死，但生物毒素可在体内积累，其含量大大超过食用时人体可接受的水平。这些鱼、虾、贝类如果不慎被人们食用，就会引起人体中毒，严重时可导致死亡。在世界沿海地区每年都有因误食含有赤潮毒素的鱼、虾、贝类而引起人体中毒或死亡的事件。

赤潮毒素是一类由有毒赤潮生物产生的天然有机化合物，其对人体的危害大多是通过人们食用含有这些毒素的贝类海产品而表现出来的，因此，通常将这类毒素称为贝毒。

赤潮生物毒素种类繁多，结构复杂，根据人体的中毒症状可分为麻痹性贝毒、神经性贝毒、腹泻性贝毒、西加鱼毒和记忆缺失性贝毒等。

二、绿潮

绿潮是在特定的环境条件下，由海水中某些大型绿藻(如浒苔)爆发性增殖或高度聚集而引起水体变色的一种有害生态现象，也被视为和赤潮一样的海洋灾害。绿潮可导致海洋灾害，当海流将大量绿潮藻类卷到海岸时，绿潮藻体腐败产生有害气体，破坏海岸景观，对潮间带生态系统也可能造成损害。2008—2012 年，我国黄海海域连续 5 年在夏季发生绿潮灾害。

由于人类向海洋中排放大量含氮和磷的污染物而造成的海水富营养化，不仅是许多赤潮发生的重要原因，也是许多绿潮爆发的重要原因。海藻在铁量增加、阳光照射和其他所有条件同时出现的情况下，便会疯狂生长繁殖，进而形成藻潮。

发生绿潮的生物主要是浒苔和石莼。浒苔藻体呈鲜绿色或淡绿色，管状，膜质，由单层细胞组成，藻体长可达 1～2 m，直径可达 2～3 mm。浒苔为底栖生物，主要生长在沿海高中潮带的岩礁上，自然分布于俄罗斯远东海岸、日本群岛、马来群岛、美洲太平洋和大西洋沿岸、欧洲沿岸等地。其在我国南、北方各海区均有分布，属东海海域优势种。

2013 年 3—8 月在我国黄海沿岸海域发生浒苔绿潮。2013 年 3 月下旬，在江苏如东沿岸海域发现零星漂浮浒苔；4—6 月，漂浮浒苔逐渐北移，最北扩展至山东成山头东南海域，最大覆盖面积为 790 km^2，最大分布面积为 29 733 km^2；到 7 月，漂浮浒苔分布范围逐渐减小，至 8 月中旬，浒苔绿潮基本消失。2013 年，在黄海沿岸海域发生的浒苔绿潮规模为近 3 年来最大，图 2-20 为 2009—2013 年我国沿岸海域绿潮最大分布面积和最大覆盖面积。

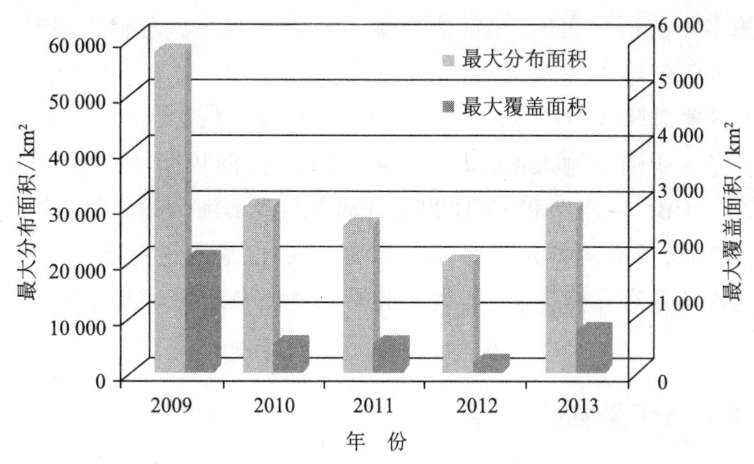

图 2-20 2009—2013 年我国沿岸海域绿潮最大分布面积和最大覆盖面积

第四节 海洋大气污染

一、海洋大气污染物

近 20 年来的研究成果表明，大气也是许多自然物质和污染物质从大陆输送到海洋的重要途径。经过远距离输送而到达世界大洋的大气物质是那里陆源物质最主要的来源，而观测和模拟证明了沿岸区域的大气输送也在陆源入海物质中占有相当比重。物质平衡模式的估算结果指出，在某些沿海区域，经由大气输入的若干痕量物质的总量几乎相当于河流的输入量，有的甚至更多。这些物质中的含氮、含磷化合物及铁等营养物质在某种程度上能促进海洋生产力，而重金属和一些有毒有机物对海洋生态系统和海洋环境却产生了不良的影响。输入近海水体中生物可利用氮的 20%～40% 或更多来源于大气沉降。氮和磷的输入可成为海洋初级生产的营养物质，但一次大量的输入则有可能导致赤潮的爆发。对于大气输入作为其来源之一的持续性生物富集污染物，如多环芳烃、多氯联苯、杀虫剂和重金属等，它们的化学性质稳定，在环境中能持久地残留并不易受环境中各种因素的作用而降解，可对海洋生态系统的健康产生损害，同时这些物质随着在生物体内的富集以及在食物链中的浓缩、传递，将最终对人类健康产生影响。

大气物质是以气体和气溶胶两种形态，通过干、湿沉降过程进入海洋的。这一过程受控于海洋大气的边界层特征，交换物质的物理、化学特性及其在不同介质中的浓度梯度，海洋表层的流、浪特征等。研究指出，从全球尺度来看，大气输入量通常等于或大于河流向海洋的输入量，对于大多数物质，北半球海洋的大气输入量明显大于南半球。在不同海区，通过大气入海的物质的量是不同的，其在同类物质入海总量中占有的比例也不同。在远离人类活动影响的大洋，大气物质入海占有绝对的比重，而在受工业污染比较严重的近岸海域，大气沉降也是那里陆源物质的重要来源。

就全球范围来看，溶解性氮的大气对海洋总输入量与河流流入量大致相当。在美国切萨皮克湾多年的研究表明，氮的大气输入量占该海区氮总输入量的25%；在欧洲波罗的海氮的大气沉降入海量占该海区氮总输入量的21%；在欧洲北海地区氮的大气输入量占该海区氮总输入量的30%左右。海水中的溶解性微量元素，如Pb，Cd和Zn，全球大气输入量大于河流输入量；Cu，Ni，As和Fe等，两种途径的输入量大致相等；合成有机物HCH，PCBs，滴滴涕和HCB的大气输入量高于河流输入量。

近海往往是氮、磷等营养元素比较丰富的海域，也是大气物质输入量较大的地区。无论是营养元素还是有毒污染物，其大气的输入往往表现为对海洋生态环境的负面影响。

二、海洋大气污染物的沉降

1. 海洋大气污染物的干沉降

2010年，国家海洋局在珠海大万山、舟山嵊山、青岛小麦岛、大连老虎滩、旅顺、蓬莱、东营、塘沽、秦皇岛、盘锦、营口仙人岛、北隍城等监测站开展了海洋大气污染物的干沉降监测。监测结果显示，气溶胶中无机氮和重金属铅含量（本小节含量均指质量浓度）最高值均出现在秦皇岛监测站，分别为72.9 μg/m³和739.9 ng/m³；最低值均出现在珠海大万山监测站，分别为5.7 μg/m³和24.9 ng/m³，见图2-21和图2-22。气溶胶中重金属铜含量最高值出现在舟山嵊山监测站，为527.0 ng/m³；最低值出现在盘锦监测站，为10.9 ng/m³，见图2-22。

而2011年，国家海洋局在大连老虎滩、大连大黑石、营口仙人岛、葫芦岛、秦皇岛、塘沽、东营、蓬莱、青岛小麦岛、舟山嵊山和珠海大万山等监测站开展的海洋大气污染物干沉降监测报告显示，气溶胶中硝酸盐和铵盐含量最高值均出现在蓬莱监测站，分别为23.0 μg/m³和5.9 μg/m³；最低值均出现在大连大黑石监测站，分别为4.8 μg/m³和2.4 μg/m³，见图2-23。气溶胶中重金属铜含量最高值出现在舟山嵊山监测站，最低值出现在珠海大万山监测站，分别为244.7 ng/m³和13.0 ng/m³；铅含量最高值出现在葫芦岛监测站，最低值出现在营口仙人岛监测站，分别为178.6 ng/m³和26.7 ng/m³，见图2-24。

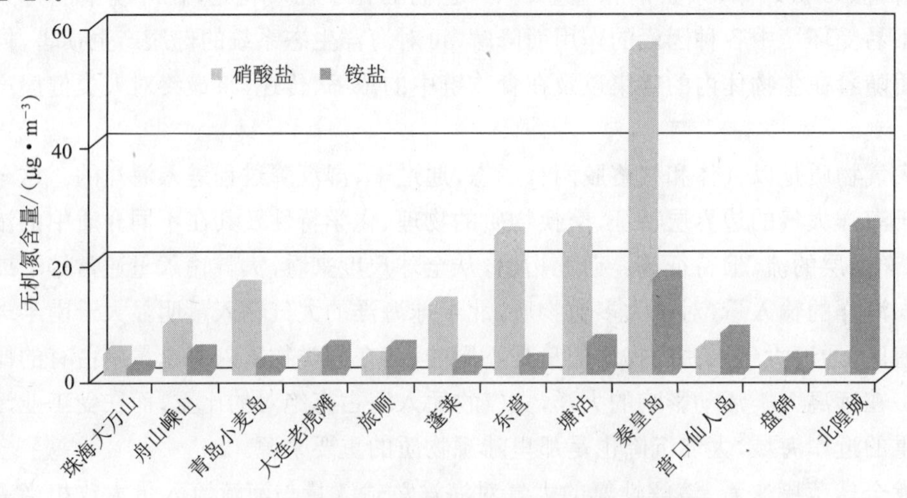

图2-21　2010年各监测站气溶胶中无机氮的含量

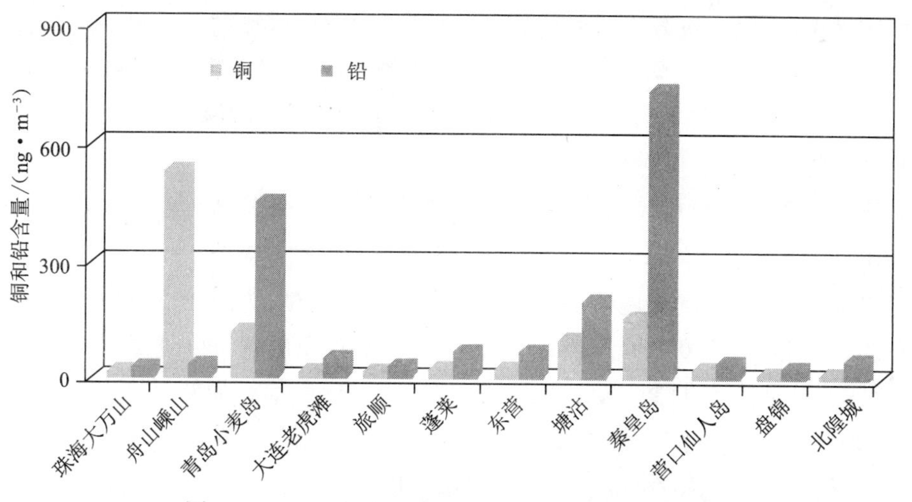

图 2-22　2010 年各监测站气溶胶中铜和铅的含量

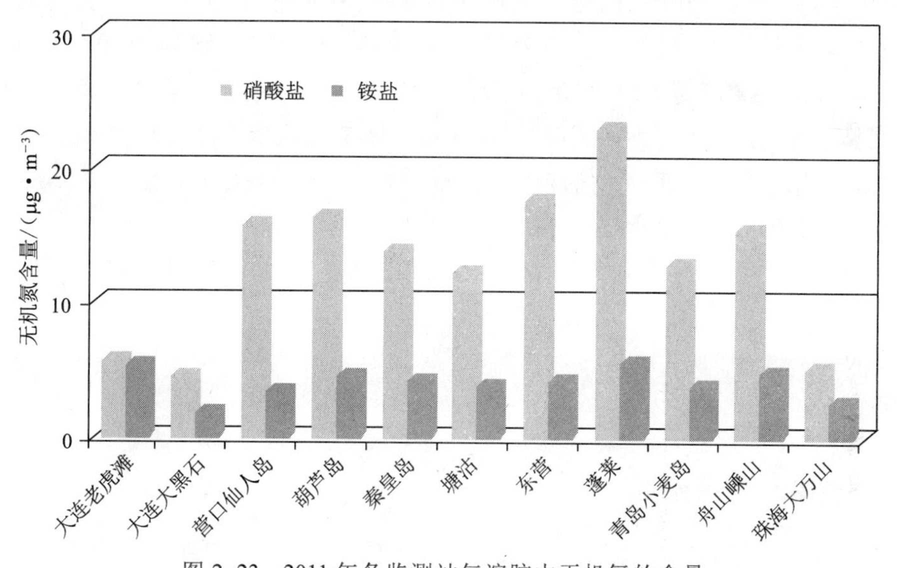

图 2-23　2011 年各监测站气溶胶中无机氮的含量

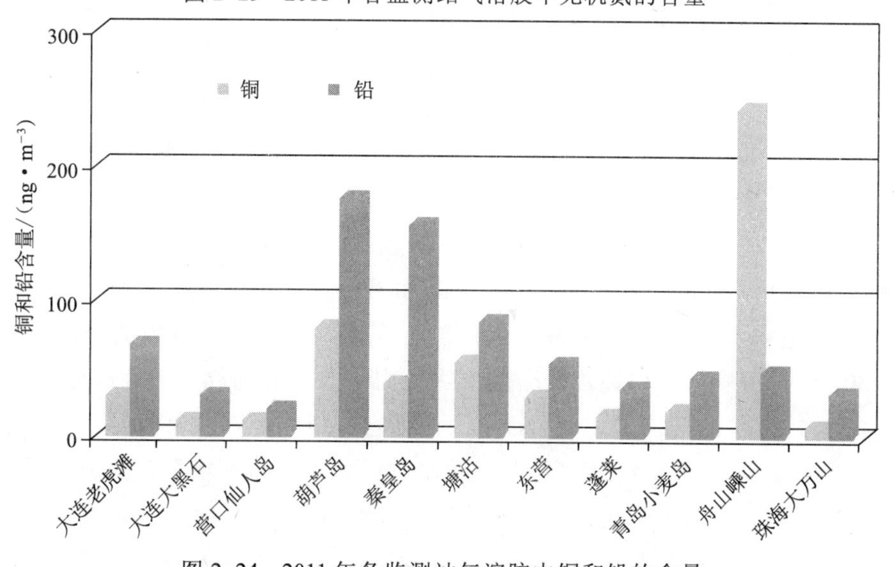

图 2-24　2011 年各监测站气溶胶中铜和铅的含量

由此可见，大气干沉降没有时间规律，不同时间同一区域的数值可能差距甚大。因此，需要保持对大气干沉降的长期监测，以应对突然的超量输入。另外，还需要结合空气动力学和陆源污染物的尺寸、密度以及陆源污染源距海洋的距离、方位等，综合分析污染物的沉降趋势。

2. 海洋大气污染物的湿沉降（以渤海区域为例）

2010 年，渤海区域的大气污染物湿沉降通量监测结果显示，渤海无机氮湿沉降以硝酸盐为主，无机氮湿沉降通量最高值出现在蓬莱监测站，为 7.15 $t/(km^2 \cdot a)$；最低值出现在营口监测站，为 0.73 $t/(km^2 \cdot a)$。重金属铜和铅的湿沉降通量最高值均出现在塘沽监测站，分别为 5.31 $kg/(km^2 \cdot a)$和 5.63 $kg/(km^2 \cdot a)$；最低值均出现在旅顺监测站，分别为 0.65 $kg/(km^2 \cdot a)$和 0.06 $kg/(km^2 \cdot a)$。上述三种大气污染物湿沉降通量整体上呈现河北和山东沿岸明显高于辽宁沿岸的特征。

2011 年，渤海区域的无机氮湿沉降仍以硝酸盐为主，但无机氮湿沉降通量最高值出现在塘沽监测站，最低值出现在大连大黑石监测站，分别为 11.0 $t/(km^2 \cdot a)$和 1.9 $t/(km^2 \cdot a)$。重金属铜的湿沉降通量最高值出现在塘沽监测站，最低值出现在大连大黑石监测站，分别为 4.9 $kg/(km^2 \cdot a)$和 0.7 $kg/(km^2 \cdot a)$；重金属铅的湿沉降通量最高值出现在营口仙人岛监测站，最低值出现在大连大黑石监测站，分别为 0.7 $kg/(km^2 \cdot a)$和 0.1 $kg/(km^2 \cdot a)$。

由此可见，大气湿沉降也没有时间规律，需要结合风力、降雨量等综合因素来判断。

第五节 陆源污染

一、主要入海污染源

陆地污染源简称陆源，是指从陆地向海域排放污染物，造成或者可能造成海洋环境污染损害的场所、设施等。陆源污染物是指由陆源排放的污染物。这种污染物可能具有毒性、扩散性、积累性、活性、持久性和生物可降解性等特征，多种污染物之间还有拮抗和协同作用。

陆源污染物的种类多、排放数量大，对近岸海域环境会造成很大的破坏。陆源型污染和海洋型污染、大气型污染构成海洋的三大污染源。据初步统计，目前进入海洋的全部污染物中有 80%以上来自陆地污染源，包括工业废水、城镇生活污水、农药和化肥、沿海油田排污等，主要通过河川径流入海和沿岸的直排口直排入海，还可以通过大气干、湿沉降进入海洋。全球 60%的人口居住在距海岸 60 km 以内的地区，预计在今后 20～30 年内，海岸带人口数量还会翻一番。由于人类活动产生的大部分污染物最终都进入了海洋，这些污染物大大地超过了海洋的自净能力，致使海洋污染情况越来越严重。从全球角度来看，近 20 多年来，人类活动对近海生态与环境系统的破坏不断加强，海洋环境退化和生态破坏的速度在加快，海洋生物多样性正以空前的速度迅速消失，海洋对人类生存的作用正受到沿海地区开发和陆源污染的严重危害。

由工业、生活、农业、交通等陆地污染源排放的污染物成分复杂，主要包括化学需氧量(COD_{Cr})、无机氮、活性磷酸盐、石油类、重金属、持久性污染物等。2013 年，国家海洋局于枯水期、丰水期和平水期对 72 条河流入海的污染物量综合统计分析得（见表 2-3）：COD_{Cr} 1 382×10^4 t，氨氮（以氮计）29.3×10^4 t，硝酸盐氮（以氮计）221×10^4 t，亚硝酸盐氮（以氮计）5.7×10^4 t，总磷（以磷计）27.2×10^4 t，石油类 3.9×10^4 t，重金属 2.7×10^4 t（其中锌 20 743 t、铜 3 703 t、铅 2 004 t、镉 138 t、汞 40 t)，砷 2 976 t。其中，71 条河流的 COD_{Cr}、氨氮、硝酸盐氮和总磷入海量分别较 2012 年降低 0.4%、11%、3%和 24%。

表 2-3　2013 年部分河流携带入海的污染物量　　单位：t

河流名称	化学需氧量(COD_{Cr})	氨氮（以氮计）	硝酸盐氮（以氮计）	亚硝酸盐氮（以氮计）	总磷（以磷计）	石油类	重金属	砷
长　江	6 264 780	132 366	1 549 677	8 938	171 288	11 471	15 455	1 975
闽　江	1 170 931	10 337	26 685	1 288	6 423	571	1 315	130
珠　江	536 180	15 069	318 886	25 652	20 149	11 288	2 888	452
黄　河	348 635	4 895	7 161	2 829	650	4 911	704	40
南流江	246 030	1 462	11 721	619	5 789	425	150	12
小清河	178 884	585	1 284	544	936	332	26	3
甬　江	148 154	6 029	12 424	430	2 033	112	72	5
大辽河	95 811	9 096	18 380	2 626	1 989	144	221	15
钦　江	85 430	965	3 582	329	821	134	39	2
双台子河	83 524	695	960	248	133	122	22	3
大风江	77 272	727	1 744	60	717	122	44	1
临洪河	70 233	645	859	267	973	144	79	7
敖　江	44 134	85	965	45	160	86	34	2
霍童溪	38 616	248	1 186	24	47	30	28	0.3
晋　江	38 279	1 661	13 495	490	400	110	62	3
防城江	35 257	768	1 133	17	387	116	53	1
龙　江	17 301	1 332	520	275	409	24	43	0.1
大沽河	12 753	259	177	13	48	63	19	2
木兰溪	11 196	1 593	2 837	354	1 282	49	144	0.2
碧流河	2 412	18	320	1	3	19	1	0.1

另外，国家海洋局实施监测的 431 个陆源入海排污口中，工业排污口占 34%，市政排污口占 38%，排污河占 23%，其他类排污口占 5%。2013 年 3 月、5 月、8 月和 10 月入海排污口达标排放比率分别为 47%、49%、54%和 52%，全年入海排污口的达标排放次数占监测总次数的 50%，与 2012 年相比基本持平。106 个入海排污口全年 4 次监测均达标，占监测排污口总数的比例较 2012 年降低 7%；129 个入海排污口全年监测均

超标，占监测排污口总数的比例较 2012 年增加 4%。

2013 年 5 月和 8 月，国家海洋局分别对全国 98 个入海排污口邻近海域水质进行监测。5 月，70 个入海排污口邻近海域水质劣于第四类海水水质标准，占监测总数的 71%；8 月，79 个入海排污口邻近海域水质劣于第四类海水水质标准，占监测总数的 81%。入海排污口邻近海域水体中的主要污染要素为无机氮、活性磷酸盐、石油类和化学需氧量，个别入海口排污口邻近海域水体中重金属、粪大肠菌群等含量超标。86 个入海排污口邻近海域的水质不能满足所在海洋功能区水质要求，占监测总数的 88%。其中，位于农渔业区和旅游休闲娱乐区内的入海排污口邻近海域水质超标率分别为 100%和 78%，见图 2-25。这再次表明，由陆源带入海洋的主要介质——水的质量很差，从而严重破坏了入海口邻近海域的水质。

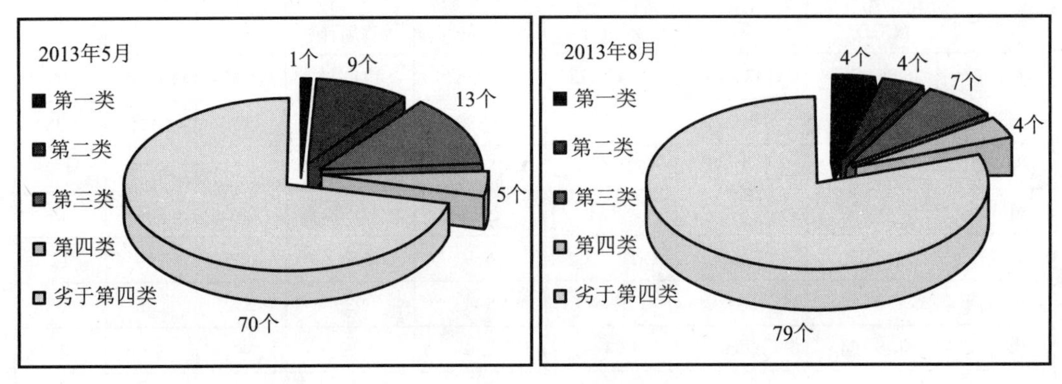

图 2-25 2013 年 5 月和 8 月入海排污口邻近海域水质类别

二、有机物质及营养盐

海水中的营养成分一部分是由海洋本身含有的有机物质分解产生的，而更大部分是由河流或地表径流从陆地上带来的。然而，进入海洋中的有机物质和营养盐过多，也会给海洋环境带来不良后果，造成海水“过度肥沃”，甚至引发赤潮。

随着人口迅速膨胀，城市规模不断扩大，民用生活污水数量越来越多且处理水平低下，是有机物质和营养盐过量引入海洋环境的主要原因之一。生活污水中含有大量粪便和食物残渣，还含有大量氮和磷。特别是近十几年来，合成洗涤剂的问世和大量应用，导致生活污水中磷的含量猛增。

广大农村是营养物质的又一重要来源。饲养家禽、家畜每天产生的大量粪便和污水以及农田中使用的化肥都是海洋中氮、磷的主要来源，尤其是化肥很容易被雨水冲刷流失到海里，氮肥更是有相当一部分没能在农田中发挥效用就流失到海洋里。

工业部门生产的污水中，有的也含有各种各样的有机废物，如食品和酿造工业、造纸工业、化肥工业等。一般情况下，每生产 1 t 纸浆要排出 300 m^3 废水；每加工 1 t 纺织品需要 100～200 t 水，其中 80%～90%成为废水排出。

海洋中过量的有机物质和营养盐会促使某些生物（如赤潮生物、水葫芦等）急剧繁殖，大量耗氧，从而降低海水透明度，破坏海洋正常的生态结构。同时，有机物质和营养盐还会促使各种细菌、病毒大量繁殖，毒害海洋生物和人类。这些有机物质分解又会大量消耗溶解氧，使海水缺氧，产生有毒气体，使水质变差。

2011年国家海洋局的监测报告显示，入海排污口邻近海域水体中的主要污染要素是无机氮、活性磷酸盐和化学需氧量，个别入海排污口邻近海域水体中重金属、粪大肠菌群等含量超标。与2010年相比，6个入海排污口邻近海域水体中无机氮、汞和铅等污染要素含量升高，水质进一步恶化。这表明，有机物质和营养盐是陆源污染物中的主要成分，需要引起人们尤其是环境保护部门的高度重视。

三、固体废弃物

陆地上产生的固体废弃物除了部分在陆地填埋外，很大一部分最终汇入了海洋。因此，固体废弃物也是主要的陆源污染物之一。

过去的固体废弃物远洋倾倒已造成现在的海洋里存在各种各样的垃圾，凡是陆地上有的，海洋中几乎无一例外都可以发现。早在1975年，专家们就估计每年大约有700×10^4 t垃圾倒入海洋中，其中1%是塑料。美国野生动物学会的一份报告指出：世界上每天都有几十万只塑料瓶，每年都有不可估量的塑料瓶被商船、渔民和去海滨度假的游客有意无意地扔进大海。有人甚至估计，仅仅是全世界的商船每天扔进海里的塑料容器就达500万只，如果把倾倒的工业垃圾也包括在内，世界海洋接纳的固体废弃物数量还要大大增加。

倾倒在海底的废铜烂铁、破旧机器挂住渔网、撕破网具，影响捕捞作业，降低捕鱼量的事，在世界各地时有发生。

悬浮在海水中的垃圾会给航行在海上的船只造成诸多不便。例如，海水中漂浮的大量合成纤维往往会缠在螺旋桨上，影响船舶的正常航行。大量的民用垃圾和工业垃圾被抛弃在海洋里，严重损害着近岸海区的水产资源，它们侵占了海底的肥田沃土，把生活在海底的鱼类和贝类埋进了“坟墓”，即使来得及逃脱厄运的也远走他乡。1973年《日本渔业白皮书》惊呼：“大量的垃圾填海，迅速毁坏着渔场、仔鱼培育场和海带养殖场……”

海洋垃圾的危害如此巨大，以至于生活在海洋里的鲸、海豚、海豹等，翱翔在海空的鸟类也难以幸免。专家们估计，全世界每年大约有10万头海兽和不计其数的海鸟丧生在海洋垃圾堆中。不仅如此，大量的垃圾进入海洋，还使海水中的各种病菌滋生，给人类带来了各种传染病。

由海洋垃圾带来的污染问题将在本章第六节具体介绍，这里仅阐明大部分固体废弃物属于陆源污染物。

四、近岸沉积物

海洋沉积物是指由各种海洋沉积作用所形成的海底沉积物的总称，是在物理、化学和生物过程综合作用下产生的地质体。

按照来源的不同可将海洋沉积物分为以下几类：① 陆源沉积物，主要由陆源污染物带入，依靠地表径流或风力搬运等作用进入海洋；② 海洋组分，主要是海水中由生物和化学作用形成的各种沉积物，如海洋生物的遗体，海绿石、磷酸盐、二氧化锰等自生矿物及某些黏土等；③ 火山作用形成的火山碎屑、大洋裂谷等处溢出的来自地幔的物质以及来自宇宙的宇宙尘等。在不同海域，搬运海洋沉积物的动力复杂多变，但就整体而言，起主导作用的是海水的动力条件。

按海水深度的不同，可将海洋沉积物划分为 4 种，即滨海带（高潮线和低潮线之间）沉积物、浅海带（低潮线～200 m 水域）沉积物、半深海（200～2 500 m 水域）沉积物、深海（大于 2 500 m 水域）沉积物。

这里重点讨论近岸沉积物，其主要由陆源污染物带入海洋。2011 年 8 月，国家海洋局对全国 86 个入海排污口邻近海域沉积物质量进行监测，其中 30 个入海排污口邻近海域沉积物质量不能满足所在海洋功能区沉积物质量要求，主要污染要素为石油类、铜和铬。2006—2011 年，入海排污口邻近海域沉积物污染状况总体呈加重趋势，沉积物质量等级为第三类和劣于第三类的比例增大，沉积物质量等级为第一类的比例减小，主要污染要素为石油类和重金属，如图 2-26 所示。

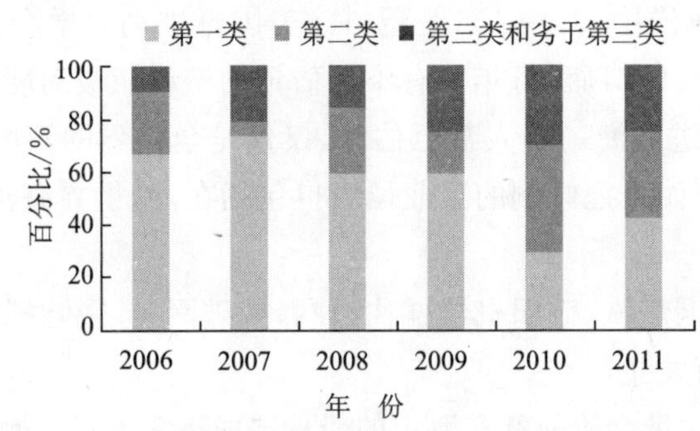

图 2-26　2006—2011 年入海排污口邻近海域水质和沉积物质量等级变化趋势

2011 年，全国重点海域沉积物质量综合评价结果显示，黄海北部近岸和珠江口海域沉积物综合质量一般，其他重点海域的沉积物综合质量均为良好。其中，黄海北部近岸沉积物中主要超标要素为镉、铜和铬，大连湾沉积物中石油类和镉污染严重；珠江口海域沉积物中主要超标要素为铜、锌和铅，局部海域沉积物中石油类污染严重；辽东湾沉积物中主要超标要素为汞，营口局部海域沉积物中汞污染严重；东海中、南部近岸的浙江温州和福建宁德局部海域沉积物中主要超标要素为铬。

石油类和重金属对海洋环境的破坏在前面章节已有阐述，近岸沉积物中发现石油类和重金属超标，这意味着该区域的海水水质曾一度很差，也意味着该区域的海洋生物已经受到污染，人类应避免食用该海域的海产品，以免发生机体的损伤甚至中毒死亡。

第六节　海洋垃圾

一、海面漂浮垃圾

2009 年，国家海洋局监测区域内海面漂浮垃圾主要为塑料袋、塑料瓶和木片等。

监测结果表明，漂浮的大块和特大块垃圾平均个数为 0. 002 个 /（100 m^2）；表层水体漂浮的小块及中块垃圾平均个数为 0. 37 个 /（100 m^2）。海面漂浮垃圾的分类统计结果显示，塑料类垃圾数量最多，占 41%，其次为聚苯乙烯泡沫塑料类和木制品类垃圾，分别占 31%和 14%。表层水体小块及中块垃圾的总密度为 0. 8 g/（100 m^2），其中塑料类和聚苯乙烯泡沫塑料类垃圾密度最高，分别为 0. 5 g/（100 m^2）和 0. 1 g/（100 m^2）。

2010 年，国家海洋局监测区域内海面漂浮垃圾主要为塑料袋、塑料瓶和聚苯乙烯泡沫塑料碎片等。监测结果表明，漂浮的大块和特大块垃圾平均个数为 22 个 / km^2；表层水体漂浮的小块和中块垃圾平均个数为 1 662 个 / km^2，密度为 9 kg / km^2。海面漂浮垃圾的分类统计结果显示，塑料类垃圾数量最多，占 54%，其次为聚苯乙烯泡沫塑料类和木制品类，分别占 23%和 6%。

2011 年，国家海洋局监测区域内的海面漂浮垃圾主要为塑料碎片、聚苯乙烯泡沫塑料碎片、片状木头和塑料瓶等。监测结果表明，漂浮的大块和特大块垃圾平均个数为 17 个 / km^2；表层水体漂浮的小块和中块垃圾平均个数为 3 697 个 / km^2，平均密度为 10 kg / km^2。海面漂浮垃圾的分类统计结果显示，塑料类垃圾数量最多，占 53%，其次为聚苯乙烯泡沫塑料类和木制品类，分别占 19%和 14%。垃圾数量较多区域主要为旅游区、港口区和养殖区。

从这 3 年的监测结果可见，海面漂浮垃圾的种类逐年增加，而且数量也在增加。这些漂浮垃圾不仅丑化了海洋表观，而且对船舶航行造成极大的安全隐患。因此，打捞海面漂浮垃圾成为海业部门的一项艰巨任务。但打捞工作治标不治本，还浪费了人力资源。只有从源头上制止，才能杜绝海面漂浮垃圾的重现。

二、海滩垃圾

2009 年，国家海洋局的监测结果表明，主要的海滩垃圾为塑料袋、塑料瓶和泡沫快餐盒等。海滩垃圾平均个数为 1. 2 个/（100 m^2），其中塑料类垃圾最多，占 41%；木制品类、聚苯乙烯泡沫塑料类和玻璃类垃圾分别占 24%、10%和 9%。海滩垃圾的总密度为 69. 8 g/（100 m^2），其中木制品类、织物类和玻璃类垃圾的密度最大，分别为 17. 5 g/（100 m^2）、14. 2 g/（100 m^2）和 11. 5 g/（100 m^2）。

2010 年，国家海洋局的监测结果表明，主要的海滩垃圾变为塑料袋、塑料片和聚苯乙烯泡沫塑料碎片等。海滩垃圾平均个数为 3 个 /（100 m^2），总密度为 77 g /（100 m^2）。分类统计结果显示，塑料类垃圾数量最多，占 52%，其次为聚苯乙烯泡沫塑料类和木制品类，分别占 22%和 8%。

2011 年，国家海洋局的监测结果表明，主要的海滩垃圾变为塑料包装袋、聚苯乙烯泡沫塑料碎片和烟蒂等。海滩垃圾平均个数为 62 686 个 / km^2，平均密度为 1 114 kg / km^2。分类统计结果显示，塑料类垃圾数量最多，占 50%，其次为木制品和玻璃类，均占 12%。旅游区和港口区附近的海滩垃圾数量密度最大。

从海面漂浮垃圾和海滩垃圾的监测结果来看，旅游区和港口区附近的垃圾问题尤为严重。这表明我国国民的素质还有待提高，海洋环境保护的意识有待加强。

三、海底垃圾

2009年，国家海洋局在葫芦岛万家海域、连云港连岛东海区海域、宁波象山石浦皇城沙滩海域、潮州大埕湾附近海域、揭阳神泉港附近海域、北海侨港附近海域、钦州三娘湾月亮湾景区和三亚亚龙湾附近海域的海底垃圾监测与评价结果表明，海底垃圾主要为玻璃瓶、塑料袋和废弃渔网等，平均个数为0.02个/(100 m^2)，平均密度为48.9 g/(100 m^2)。其中塑料类、橡胶类和织物类垃圾的数量最大，分别占61%、9%和9%。

2010年，国家海洋局的监测结果显示盘锦二界沟海域、葫芦岛万家海域、锦州港倾倒区、东营30万亩现代渔业示范区毗邻海域、连云港连岛东海区海域、盐城海水养殖示范区、杭州湾北岸奉贤海域、宁波岳头沙滩附近海域、潮州大埕湾第一哨所附近海域、揭阳神泉港附近海域和三亚小东海海域的海底垃圾平均个数为759个/km^2，平均密度为90 kg/km^2。其中塑料类垃圾数量最多，占83%。

2011年，国家海洋局监测区域内的海底垃圾主要为塑料袋、木块和玻璃瓶等，平均个数为2 543个/km^2，平均密度为336 kg/km^2。其中塑料类垃圾数量最多，占57%。

这3年的监测结果表明塑料类垃圾在海底沉积最为严重，而塑料制品很难被降解，势必长时间堆积在海底，对海底生物环境造成破坏。

四、海洋垃圾来源

2009年国家海洋局海洋垃圾监测结果显示，56%的海滩垃圾来源于人类海岸活动，其他废弃物占33%，航运和捕鱼等海上活动产生的海滩垃圾占6%；47%的海面漂浮垃圾来源于人类海岸活动，其他废弃物、航运和捕鱼等海上活动产生的海面漂浮垃圾分别占47%、5%，如图2-27所示。

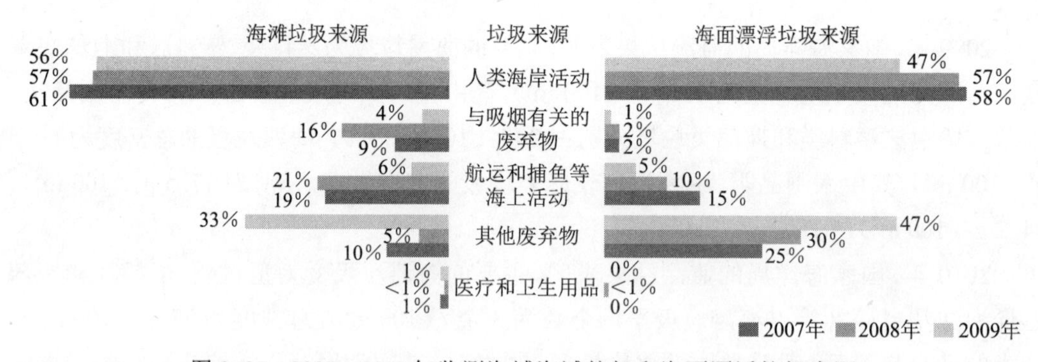

图2-27　2007—2009年监测海域海滩垃圾和海面漂浮垃圾来源

2010年国家海洋局海洋垃圾监测结果显示，70%的海滩垃圾和59%的海面漂浮垃圾来源于人类海岸活动；航运和捕鱼等海上活动产生的海滩垃圾和海面漂浮垃圾分别占12%和24%；与吸烟相关的海滩垃圾和海面漂浮垃圾分别占9%和6%，如图2-28所示。

2011年国家海洋局海洋垃圾监测结果显示，77%的海滩垃圾和71%的海面漂浮垃圾来源于人类海岸活动；航运和捕鱼等海上活动产生的海滩垃圾和海面漂浮垃圾分别占 3%和 4%；与吸烟相关的海滩垃圾和海面漂浮垃圾分别占 11%和 5%，如图 2-29 所示。

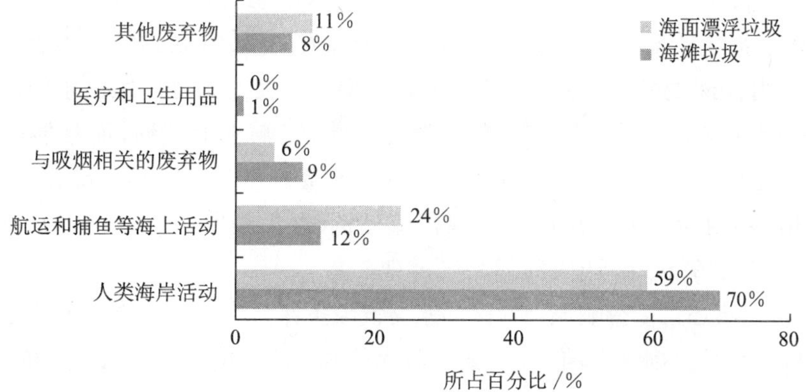

图 2-28　2010 年监测海域海面漂浮垃圾和海滩垃圾来源

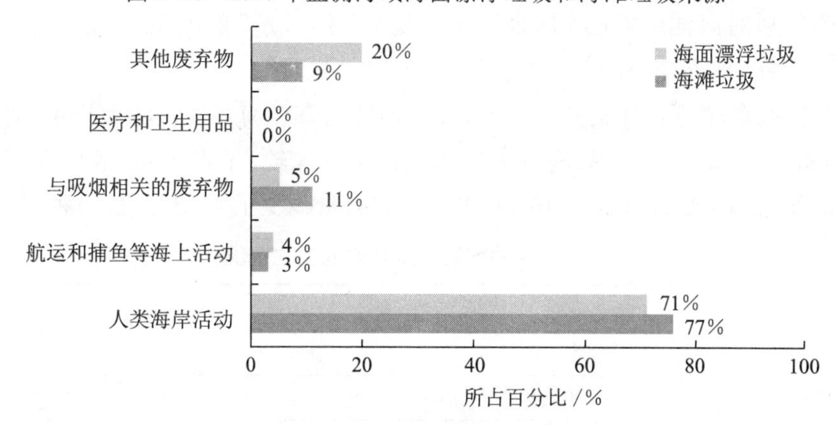

图 2-29　2011 年监测海域海面漂浮垃圾和海滩垃圾来源

从垃圾来源来看，短短的 3 年时间，由人类海岸活动造成的海滩垃圾和海面漂浮垃圾所占的比重分别增长了 21%和 24%。这再次说明，我国海洋环境保护理念还没有在大众心目中形成，海洋环境保护部门采取的保护措施和处罚力度还有待加强。

第七节　海洋石油开发带来的污染

一、溢漏油

油轮事故、油井井喷、海上石油开采泄漏、炼油厂污水排放、油轮洗舱水等都可以造成海上溢油。随着海洋运输业和油气产业的发展，海上溢油事故频发，最近 30 年里全球溢油量超过 4 500 m^2 的事故就有 62 起。石油泄漏既浪费了资源，又破坏了生态环境，造成的损失不可估量。

1. 海洋石油污染对海洋环境的影响

石油溢入海水，将会形成大片油膜，使海水中大量的溶解氧被石油吸收，同时隔离海水与大气，造成海水缺氧，导致海洋生物死亡，对海洋生物的危害非常严重。漂浮海面的油膜能吸收80%的阳光辐射，致使海水表层水温比日常高3 ℃左右。此外，油膜还可以阻碍海水与大气的热交换，减少海面水分蒸发，导致气候异常。由于油膜妨碍光线透过，导致海洋深处光量下降，会影响海洋生物及藻类的光合作用。水面的大量油膜甚至可能引起火灾，不仅污染海洋，危害海洋生物，影响水上交通，而且能产生有毒气体，造成更大范围的大气污染。石油中含有的硫磺会产生具有恶臭的硫化氢，它与船舶侧面或底部涂料内所含的铜反应产生黑色硫化铜，会污染船舶，加速铁锈生成，而且硫化氢可以转化为二氧化硫，造成局部大气污染。

海洋石油污染还可能影响局部地区的水文气象条件和降低海洋的自净能力。据实测，石油油膜可以使大气与水面隔绝，减少进入海水的氧气的数量，从而降低海洋的自净能力。

2. 海洋石油污染对海洋生物的危害

石油类物质对海洋生物的“屠杀”，可谓是“一扫而光”的政策，不论是低等的浮游生物，还是鱼、虾、鸟类、哺乳类动物都难逃石油的“魔掌”。

将我国国家海洋局北海监测中心于2001年11月在该海域监测的海洋生物数据作为背景值，与溢油后(事故后1周)海洋生物监测值进行比较，见表2-4。表中数据表明，溢油后浮游植物的种类数目减少了16种，平均细胞数量减少了42.3%，优势种明显减少。

表2-4　溢油前后浮游植物的变化情况

		溢油前	溢油后
种类数目/个	硅　藻	40	24
	甲　藻	6	6
	金　藻	1	0
平均细胞数量/(10^4个·m^{-3})		20.39	11.77
优势种		圆筛藻属	圆筛藻属
		具槽直链藻	夜光藻
		柔弱斜纹藻	—

许多研究表明，分散在海水中的细小乳化的油滴易黏附在浮游动物附肢上，影响其正常行为和生理功能，导致受污个体沉降并最终死亡。2002年11月23日发生的“塔斯曼海”号油轮溢油事故造成了渤海湾中浮游动物的优势种的变化，溢油后真刺唇角水蚤不再作为优势种，而且其他优势种如中华哲水蚤和强壮箭虫的密度也发生了较大变化，对发生事故海域的浮游动物的种群结构造成了一定影响。溢油前后浮游动物的变化情况如表2-5所示。

表2-5　溢油前后浮游动物的变化情况

	溢油前	密度/(个·m^{-3})	溢油后	密度/(个·m^{-3})
优势种	真刺唇角水蚤	23.8	双刺纺锤水蚤	7.8
	强壮箭虫	14.9	强壮箭虫	5.0
	中华哲水蚤	6.8	中华哲水蚤	5.8

石油通常通过鱼鳃呼吸、代谢、体表渗透和食物链传输逐渐富集于生物体内，从而对鱼类产生毒害作用。石油污染对幼鱼和鱼卵的危害很大，油膜和油块能黏住大量鱼卵和幼鱼，使鱼卵死亡、幼鱼畸形。“托雷•卡尼翁”号油轮溢油事件中，鲱鱼鱼卵有50%～90%死亡，幼鱼也濒临绝迹，而成鱼的捕获量却和平常一样。大海虾对海洋石油污染也很敏感。

海鸟特别容易受到石油污染。海鸟的羽毛有防水性能，但它是亲油性的。在海鸟中，石油污染对海鸭、海老鸦、潜水鸟等飞翔能力弱的鸟类和无飞翔能力的企鹅危害最大。

石油对海兽的危害与对海鸟的危害相类似，海兽除鲸、海豚等以外体表均有毛。通常，油膜能沾污海兽的皮毛，溶解其中的油脂物质而使其丧失防水性与保温能力，如海獭、麝香鼠等就是如此。而对于诸如鲸、海豚等体表无毛的海兽，石油虽然不能直接将其致死，但是油块却能堵塞它们的呼吸器官，妨碍其呼吸，严重者窒息而死。此外，石油污染会干扰海兽的摄食、繁殖、生长等。

3. 海洋石油污染对渔业的影响

石油污染破坏海洋环境，给渔业带来的损害是多方面的。首先，石油污染能引起该海区的鱼、虾回避，使渔场遭到破坏或引起鱼、虾死亡；其次，表现为产值损失，即由于商业水产品的品质下降及市场供求关系的改变，导致了市场价格波动；另外，如果石油污染发生在产卵期或污染区正处于产卵中心，因鱼类早期生命发育阶段的胚胎和仔鱼是整个生命周期中对各种污染物最为敏感的阶段，石油污染会使产卵成活率降低、孵化仔鱼的畸形率和死亡率升高，所以能影响种群资源延续，造成资源补充量明显下降。

近几十年来，我国渔业遭受了石油污染的严重威胁。1985 年和 1986 年在胶州湾海域的大庆242号、245号油轮漏油和大庆245号油轮爆炸，造成近海养殖损失3 000万元；1989 年 8 月黄岛油库爆炸，致使 630 t 以上原油溢流入海，造成胶州湾大片海域严重污染，10 万亩养殖渔业受到严重损害，直接经济损失达 4 000 万元；最近几年发生的大连海域输油管漏油事件，也对当地的渔业造成了很大的影响。

4. 海洋石油污染影响人体健康

石油的化学组成极其复杂，目前已分析出 200 多种成分，限于技术上的难度，某些成分还很难分离，其中许多有害物质进入海洋后不易被分解，不仅危害水生生物，而且经生物富集，通过食物链进入人体，危害人的肝、肠、肾、胃等，使人体组织细胞突变致癌，对人体及生态系统产生长期的影响。

石油一般可以通过呼吸、皮肤接触、食用含污染物的食物等途径进入人体，能影响人体多种器官的正常功能，引发多种疾病。经常受到石油类污染物污染的孩子患急性白血病的风险要高出平均水平 4 倍，患急性非淋巴细胞白血病的概率是普通孩子的 7 倍。在石油类污染物污染的附近区域，儿童皮肤碱抗力明显减弱、白细胞数下降、贫血率上升、肺功能受到影响。石油的浓度是考察其毒性的关键因子，对于不同组分的石油，其毒性效果也不一样，随着石油浓度的升高和暴露时间的延长，其毒性增强。

美国墨西哥湾原油泄漏事件发生 2 个月后，海岸线的居民已经感觉到非常不适，并有头晕、呕吐、恶心、心疼、胸闷等一系列症状，不管是危机的直接参与者还是当地居民都是如此。同样，对于当地居民来说，首先，情感方面会遭遇很大的压力，这种灾难会带来情感和心理上的创伤；其次，石油对于参与救灾的渔民和附近居民都有直接的危害，由于在清理油污的人员中，非专业人员占了大多数，其清理很不规范，存在石油成分危及健康的可能。

5. 海洋石油污染会造成巨大的能源浪费和经济损失

石油污染导致的能源浪费不言而喻，而经济损失则主要表现在高昂的治污费用和对旅游业、渔业等产业及环境资源可持续利用的消极影响上。例如 1989 年 3 月，美国阿拉斯加州威廉王子湾“瓦尔德兹”号油轮发生触礁事故，泄漏原油 38 000 m^3，覆盖超过 32 600 km 的海岸和海域，清油除污费用高达 22 亿美元，专家评估海洋生态环境恢复大约需要 20～70 年。同样，西班牙为清理“威望”号油轮漏油污染耗资 10 亿美元，溢油污染超过 1 000 km^2 的海域，使得当地的旅游业和渔业受到灾难性的影响，生态环境的恢复将需要长达几十年的时间。在国内，“塔斯曼海”号油轮漏油事故给渤海及周边地区造成的环境损失达 1 亿多元。另外，根据农业部和国家环保总局联合发布的 2002 年度《中国渔业生态环境状况公报》，2002 年，我国渔业生态因受到石油类等污染物的影响，造成的渔业经济损失达 36. 2 亿元。

美国历史上最严重的环境灾难——2010 年的墨西哥湾原油泄漏危机，在 40 多天时间里有近 5 000 $\times 10^4$ gal（1 gal = 3. 785 L）的原油流入了墨西哥湾。这种漏油事故，几乎使该海域的各类生物遭遇“灭顶之灾”，还可能使脆弱复苏的美国经济再次陷入衰退。原油污染不仅使得海洋生物大批死亡，而且可能影响到老百姓对海产品的消费热情；在佛罗里达等传统的旅游胜地，游客大量流失，甚至让当地的一些酒店和旅馆都难以维持生计。此次事件导致美国渔业、航运业和旅游业的经济损失可能高达数百亿美元，无数人失业。

6. 我国最近发生的溢油事故

2010 年 7 月 16 日 18 时，大连新港石油储备库输油管道发生爆炸，大量原油泄漏入海，导致大连湾、大窑湾和小窑湾等局部海域受到严重污染，对泊石湾、金石滩和棒棰岛等 10 余个海水浴场和滨海旅游景区，三山岛海珍品资源增殖自然保护区，老偏岛-玉皇顶海洋生态自然保护区和金石滩海滨地貌自然保护区等敏感海洋功能区产生影响。

2011 年，对新港“7•16”原油污染事件的跟踪监测发现，事发海域环境状况呈现一定程度改善，约 215 km 受原油污染的岸滩基本恢复，近岸海域海水污染区域减少，沉积物质量有所恢复。但溢油事件对周边海洋生态环境的影响尚未完全消除。2011 年 4 月监测的结果表明，离事故现场较近的大连湾、大窑湾和小窑湾海域海水中石油类含量明显高于附近其他海域；大连湾西北部湾底沉积物中石油类含量明显高于其他区域。原油污染危害严重的潮间带生物恢复缓慢，大连湾潮间带白脊藤壶几乎全为空壳，大窑湾潮间带牡蛎空壳率达 64%，金石滩潮间带短滨螺空壳率达 68%。

2011 年 6 月 4 日和 6 月 17 日，蓬莱 19-3 油田相继发生两起溢油事故，导致大量原油和油基钻井液（钻井液旧称泥浆，有些行业标准仍沿用旧称）入海，对渤海生态环境造成严重的污染损害。蓬莱 19-3 油田溢油事故属于海底溢油，溢油持续时间长，大量石油类污染物进入水体和沉积物，造成蓬莱 19-3 油田周边及其西北部海域的海水环境和沉积物受到污染。河北省秦皇岛、唐山和辽宁省绥中的部分岸滩发现来自蓬莱 19-3 油田的油污。受溢油事故影响，受污染海域的浮游生物种类和多样性降低，海洋生物幼虫幼体及鱼卵、仔鱼受到损害，底栖生物体内石油烃含量明显升高，海洋生物栖息环境遭到破坏。

如图 2-30 所示，溢油事故造成蓬莱 19-3 油田周边及其西北部海域海水受到污染，超第一类海水水质标准的海域面积约 6 200 km^2，其中 870 km^2 海域海水受到严重污染，石油类含量劣于第四类海水水质标准。海水中石油类质量浓度最高为 1 280 μg/L，超背景值 53 倍。事故导致 10 月底前蓬莱 19-3 油田周边海域、底层海水中石油类含量始终高于表层，主要原因是海底沉积物中石油类的缓慢释放，造成海水中、底层石油类影响持续时间较长。

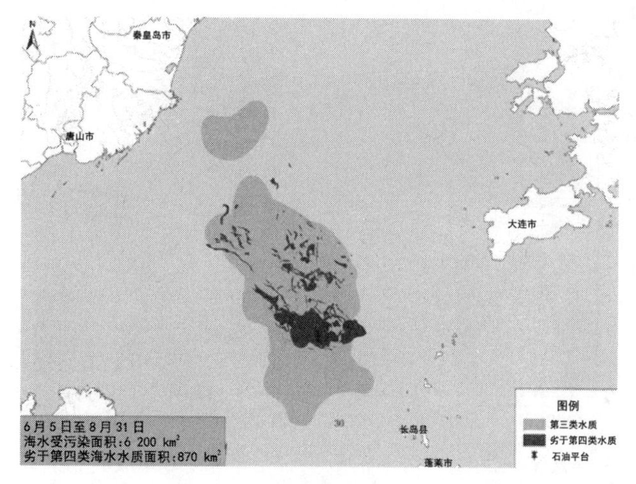

图 2-30　蓬莱 19-3 油田溢油海水污染范围示意图

此次溢油事故发生半年后，蓬莱 19-3 油田周边及渤海中部海域水质、沉积物质量呈现一定程度改善，但此次溢油事故造成的影响仍然存在，溢油影响海域的海洋生态环境和海洋生态服务功能尚未完全恢复。

二、钻井液与钻屑排海

海上钻井过程必然产生大量的废弃钻井液及钻屑，其成分复杂，含有钻井液中的各种组分，如黏土、有机聚合物、油类、无机盐、钻井液添加剂等。

废弃钻井液对环境的污染主要体现在：

（1）废弃钻井液中存在的悬浮物质量浓度常在 200 mg/L 以上，这些悬浮物呈胶体状，加上钻井液的护胶作用，使其成为特殊的稳定剂，在水体中长时间不能下沉，导致水体生态系统的自净能力下降且影响水的使用。

（2）废弃钻井液的 COD 超标几十到几百倍，排入水体可加剧水的富营养化，导致赤潮的发生，进而导致鱼类的死亡。

(3) 废弃钻井液含有的油类物质排放至海洋环境中，会在海面形成油膜，隔离海洋生物吸收太阳光线，抑制海洋植物的光合作用，使海洋植物大面积死亡，从而破坏整个生态平衡。

(4) 各种钻井液添加剂、钻屑和地层矿物的加入，使得废弃钻井液中含有数量不等的污染物，如盐及一些重金属元素(如 Pb, Cu, Cd, Hg, Ni, Ba 和 Cr 等)，对生物有一定的毒害作用。尤其是近年来随着钻井工艺的改进及新的低固相、无固相钻井液的应用，使 COD 增加，从而给废弃钻井液的处理带来了很大的难度。

据国家海洋局监测数据，2011 年，我国海上钻井液和钻屑排海量分别约为 47 709 m^3 和 40 926 m^3。如图 2-31 所示，近年来海上钻井产生的钻井液和钻屑排海量有小幅下降，但不明显。即使排海量有所下降，也不能掉以轻心，因为对环境的污染是累积效应。油气开发过程中的钻井液和钻屑应在平台上进行有效处理，尽量做到零排放。实在做不到零排放的，也应经过处理，满足达标排放，并通过技术发展努力实现排海量逐年减小，向零排放靠拢。

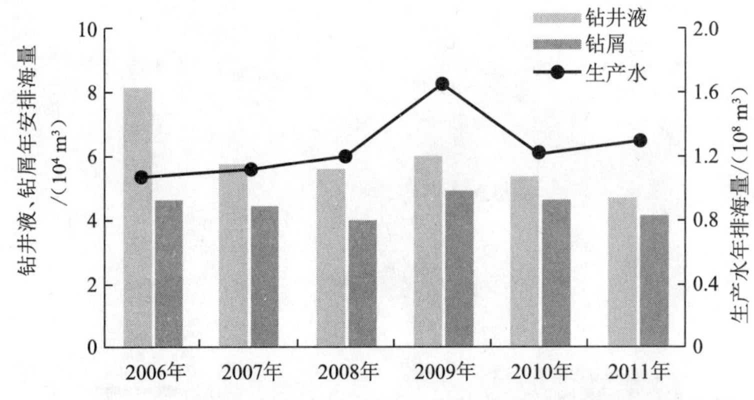

图 2-31　2006—2011 年海上油气平台生产水、钻井液和钻屑排海量

三、海洋平台污水排海

海洋平台产生的污水是指：① 从油、气、水三相分离器分离出来的污水，大部分属于原油中的游离水；② 通过电化学方法从脱水器分离出来的含油污水；③ 通过工艺设备排放系统中排放的含油污水；④ 清洗设备、甲板等产生的含油污水以及降到甲板上的雨水。

因此，平台上产生的污水大都含油。不管含油率高低如何，由于油难溶于水，排海后势必会在海面形成油污和油膜。尽管平台污水排海产生的油膜没有溢漏油事故产生的油膜显著，但只要有油膜产生，就会对海洋环境和生态系统造成一定程度的破坏。如图 2-31 所示，2011 年，我国海上石油平台生产水排海量约为 12 859 $\times 10^4$ m^3，比 2010 年增加了 5. 7%，形势不容乐观。

另外，平台污水还包括平台作业人员的生活污水。生活污水中含有大量有机物，如纤维素、淀粉、糖类、脂肪和蛋白质等，也常含有病原菌、病毒和寄生虫卵，以及无机盐类的氯化物、硫酸盐、磷酸盐、碳酸氢盐和钠、钾、钙、镁等。生活污水的特点是氮、硫和磷含量高，在厌氧细菌作用下，易产生恶臭物质。

单一平台产生的生活污水有限，若在海面宽敞的海域，可以较快地实现转移和净化。若某一海域有相对密集的海洋平台群，每个平台都不经处理排放生活污水的话，也会对该海域的水体造成污染，使得海水形成富营养化，引发赤潮等。

四、地震勘探

长期以来，海洋石油勘探大多采用炸药爆破作为震源激发地震波，爆炸瞬间产生的高温、高压气体以及强大的声压波，会使大量海洋生物受到影响甚至死亡。中国科学院北海研究站与中国科学院黄海水产研究所合作曾于 1982 年 9 月和 1983 年 5—6 月，先后在黄海胶州湾和渤海莱州湾进行了炸药震源对水产资源影响的实验研究，实验得出一些海洋生物的致死声强级，如声强级为 120～124 dB 的，在 32 m 的距离上可使虾致死，声强级大于 120 dB 时则可使梭鱼致死。可见，炸药震源在爆炸时所产生的声压波对海洋生物有一定的影响。有实验研究结果表明，水下爆破特别对浮游生物的影响相当严重。1996 年 6 月，挪威 Satz 研究所在挪威外海用 50 g 炸药连续爆炸 10 次，观察发现浮游生物约有 50%受到影响，特别是桡足类伤亡较大。这与我国崔毅、林庆礼等在莱州湾现场进行的关于水下爆破对浮游生物的实验研究结果相一致。

水下爆破还会引起海洋水体浑浊度、悬浮物含量的增高，可影响海洋生物的生长。如果海洋生物长期生活在高浑浊水中，其鳃部会被悬浮物充满而影响呼吸和发育，甚至引起窒息死亡。此外，水中悬浮物长期过量，会妨碍海洋生物的卵和幼体的正常发育，破坏其栖息环境，并会抑制海洋植物的光合作用，减少海洋动物的饵料。可见水下爆破不仅对海洋生物有严重的杀伤力，而且会造成一定程度的环境污染。

第八节　放射性污染

海洋中的放射性核素可以分为两大类，即天然放射性核素和人工放射性核素。人工放射性核素主要来源于核试验、原子能工业（如核电站）以及核动力舰艇。

海洋自古以来就含有铀、钍一类的放射性核素，这些称为天然放射性核素。海洋生物世世代代生活在这样的环境里，处于自然辐射之中。而由于核爆炸等人为活动进入海洋的放射性核素，不仅污染了海水，而且污染了生活在其中的海洋生物。

锶和铯是核爆炸产生的两种主要放射性核素。它们都是人工合成的，半衰期长达 30 年，因此可以利用它们来跟踪环境中的放射性核素。20 世纪 60 年代中期以后，大气层核爆炸试验已经基本停止，地下核试验也越来越少，但是已经生产出的核武器仍然对全球存在严重威胁。

核动力舰艇的正常运行，尤其是事故或泄漏，往往把大量放射性核素排入海洋，其中主要有钴、铁、锰、镍等。据调查，每年由核动力舰艇产生的放射性核素有 100×10^{4} Ci（1 Ci＝3.7×10^{10} Bq）以上，其中大部分是由离子交换器中的树脂产生的，有 5 000 Ci 是由废液产生的，而由舰艇泄漏出来的大约有 3 400 Ci，它们几乎全部进入海洋。

生成核燃料的工厂、核燃料再处理厂和核电站排放的放射性废物也是海洋中放射性核素的重要来源。这些核设施都或多或少产生放射性废物。核能设施一旦发生事故，泄漏到环境中的放射性核素是很难估量的。

海洋中的人工放射性核素污染和损害海洋生物的途径有两种：一是表面吸附，也就是通过生物的体表吸附海水中的放射性核素；二是通过食物进入海洋动物的消化系统，并逐渐积累在动物的各种器官中。例如，锶主要集中在骨骼中，碘主要浓缩在甲状腺肿里，铯则大多分布在肌肉中。

长期食用被放射性核素污染的海产品，有可能使体内放射性核素的积累量超过允许剂量，成为人体内的长期辐射源，从而引起一种特殊的疾病——慢性射线病。然而，海洋放射性核素污染更重要的危害还是潜伏的、长期的。对海洋生物来说，它可能破坏现有的生态平衡，从而引起灾难性的后果；对人类而言，它可能损害遗传功能，贻害子孙后代。

最显著的海洋放射性核素污染莫过于日本福岛核电站的放射性核素泄漏事故。福岛核电站是目前世界上最大的核电站，由福岛一站、福岛二站组成，共 10 台机组（一站 6 台，二站 4 台），均为沸水堆。早在 1978 年，福岛第一核电站曾经发生临界事故，但是事故一直被隐瞒至 2007 年才公之于众。2005 年 8 月，里氏 7. 2 级的地震也曾导致福岛县两座核电站中存储核废料的池子部分池水外泄。2006 年，福岛第一核电站 6 号机组曾发生放射性核素泄漏事故。2007 年，京东电力公司承认，从 1977 年起对下属 3 家核电站总计 199 次定期检查中，曾篡改数据，隐瞒安全隐患。其中，福岛第一核电站 1 号机组，反应堆主蒸汽管流量计测得的数据曾在 1979—1998 年间先后 28 次被篡改。2008 年 6 月，福岛核电站核反应堆又有 5 gal 少量放射性冷却水泄漏。2011 年 3 月，里氏 9. 0 级的地震导致福岛县 2 座核电站反应堆发生故障，其中第一核电站中 1 座反应堆震后发生异常，导致核蒸汽泄漏，并于 3 月 12 日发生小规模爆炸，或因氢气爆炸所致。有业内人士表示，福岛核电站是一个技术上已经没有人用的单层循环沸水堆，冷却水直接引入海水，安全性本来就没有太大指望。对于日本这样一个地震频繁的国家，使用这样的结构非常不合理。2011 年 3 月 14 日地震后福岛第一核电站内机组相继发生爆炸。在爆炸后，放射性核素进入风中，通过风传播到我国大陆、台湾，俄罗斯等地。联合国核监督机构国际原子能机构（IAEA）干事长天野之弥表示日本福岛核电站的情势发展“非常严重”。法国核安全局先前将日本福岛核泄漏事故列为 6 级。2011 年 4 月 12 日，日本原子能安全保安院根据国际核事件分级表将福岛核事故定位为最高级 7 级。

第九节 海水入侵、土壤盐渍化与海岸侵蚀

一、海水入侵

海水入侵是指由于滨海地区地下水动力条件发生变化，海水或高矿化咸水通过透

水层向陆地淡水含水层运移而发生的水体侵入的过程和现象。一般情况下，陆地淡水含水层的水位比海水水位高，但经过长期大量抽取陆地淡水含水层中的淡水，会使其地下水位低于海水水位，导致海水（咸水）通过透水层渗入陆地淡水含水层中，从而破坏地下水资源。

影响海水入侵的因素除了水文地质条件和地形地貌条件外，气候条件和人类活动也是产生海水入侵的重要因素。北方干旱少雨、水资源不足、过量开采地下水，是引起海水入侵的主要原因。

2011 年，我国国家海洋局的监测结果显示，渤海滨海地区海水入侵范围基本稳定，黄海、东海和南海局部滨海地区海水入侵范围有所增加，部分监测站位氯度升高，海水入侵呈加重趋势。海水入侵严重地区分布于渤海和黄海海滨平原地区，海水入侵距离一般距岸 10～30 km。东海和南海沿岸海水入侵范围小、程度低，海水入侵距离一般距岸 3 km 以内。

二、土壤盐渍化

土壤盐渍化是指土壤底层或地下水的盐分随毛管水上升到地表，水分蒸发后，使盐分积累在表层土壤中的过程，即易溶性盐分在土壤表层积累的现象或过程，也称盐碱化。土壤盐渍化主要发生在干旱、半干旱和半湿润地区。我国盐渍土（或称盐碱土）的分布范围广、分布面积大、类型多，总面积约 1×10^8 hm^2。盐渍土的可溶性盐主要包括钠、钾、钙、镁等的硫酸盐、氯化物、碳酸盐和重碳酸盐。硫酸盐和氯化物一般为中性盐，而碳酸盐和重碳酸盐为碱性盐。

海岸盐渍化，也称滨海盐渍化，是指在自然或人为因素的影响下，滨海地区（以滨海平原、河口三角洲为主）因频繁发生海水入侵，导致易溶性盐分在土壤中积累，使正常土壤逐渐向盐渍土演变的过程。盐渍化的自然因素是全球气候变暖引起海平面上升，潮流顶托作用增强，河口和低洼地带出现海水倒灌、咸潮入侵；人为因素则主要是超量开采地下水造成地下水位持续下降。

农业部组织的第二次土壤普查（1978—1994 年）资料统计显示，我国长约 3.2×10^4 km 的海岸线上约分布有 100×10^4 hm^2 的海滨盐土。根据 2011 年《中国海洋环境质量公报》，土壤盐渍化严重地区分布于渤海滨海平原地区，盐渍化范围一般距岸 10～30 km，土壤盐渍化主要类型为硫酸盐型和氯化物-硫酸盐型中、重盐渍化土；黄海沿岸辽宁丹东、山东威海和江苏盐城滨海地区盐渍化较严重，盐渍化范围一般距岸 5～8 km，土壤盐渍化主要类型为氯化物型重盐渍化土和硫酸盐型中盐渍化土；东海和南海滨海地区盐渍化范围小，一般距岸 2 km 以内，土壤盐渍化类型为硫酸盐型、氯化物-硫酸盐型盐土和硫酸盐型轻、中盐渍化土。

2011 年，渤海沿岸辽宁葫芦岛和锦州小凌河西侧监测区土壤盐渍化范围呈扩大趋势；黄海沿岸部分监测区土壤含盐量略有上升；东海沿岸福建漳浦刘坂村监测区土壤盐渍化范围略有扩大；南海沿岸广西北海监测区个别站位 4 月份土壤含盐量明显升高。

近年来，海平面上升和地下水过量开采是造成滨海地区海水入侵的主要原因。由于局部地区海水入侵加重，导致土壤含盐量升高，进而产生不同程度的盐渍化。

三、海岸侵蚀

海岸侵蚀是指海岸受到海浪的冲蚀作用、泥沙的磨蚀作用和海水的溶蚀作用而产生的侵蚀现象。海浪蕴含巨大的能量，当拍击海岸时，会对海岸产生巨大的破坏作用；波浪的往复运动携带海岸带的泥沙和砾石不断磨蚀海底，使海岸带水下基岩斜坡被磨蚀成平滑的海蚀平台；当海岸由石灰岩组成，海水进入岩缝中时，溶蚀过程将加速海岸的破坏。

我国的海岸线有 32 000 km 以上，在狭长的海岸带上存在着不同程度的海岸侵蚀问题。近几十年来，全球的海岸侵蚀现象呈现加剧的趋势。20 世纪上半叶，我国大部分海岸侵蚀范围尚不突出，但自 20 世纪 50 年代以来，海岸侵蚀日渐明显，至 70 年代末除了原有的岸段侵蚀后退之外，不断出现新的侵蚀岸段，总的侵蚀范围不断增加，侵蚀程度加剧。图 2-32 为辽宁绥中南江屯砂质海岸侵蚀状况。

图 2-32　辽宁绥中南江屯砂质海岸侵蚀状况

海岸侵蚀造成土壤流失，损毁房屋、道路、沿岸工程、旅游设施和养殖区域，给沿海地区的社会经济带来较大的损失。陆源来沙急剧减少、海上大量采砂和岸上不合理突堤工程建设等是海岸侵蚀的主要原因。

第十节　外来物种入侵与生态破坏

一、外来物种入侵

外来物种是指那些出现在其过去或现在的自然分布范围及扩散潜力以外（即在其自然分布范围以外，或在没有人类直接或间接引入或照顾的情况下而不能存在的范围以外）的物种、亚种或以下的分类单元，包括其所有可能存活、继而繁殖的部分、配子或繁殖体。

本地物种是指出现在其过去或现在的自然分布范围及扩散潜力以内（即在其自然分布范围内，或在没有人类直接或间接引入或照顾的情况下而可以出现的范围内）的物种、亚种或以下的分类单元。

当外来物种在自然或半自然生态系统或生境中建立了种群，改变或威胁本地生物多样性的时候，就成为外来入侵物种。外来入侵物种是指通过人类活动被引入，再经过自我再生而对当地的生态系统造成明显损害和影响的物种。国际自然保护协会的统计资料显示，外来物种入侵问题是最近 400 年中造成 39%动植物灭绝的罪魁祸首。

海洋生物入侵是指非本地海洋物种由于自然或人为因素从原分布海域进入一个新的海域（进化史上不曾分布）的地理扩张过程。外来海洋生物一旦入侵到新的适宜生存的区域中，就能发生不可控制的“雪崩式”大量繁殖，疯狂地掠夺当地生物的食物，造成有害寄生虫和病原体的大面积迅猛繁殖，不仅使生物多样性减少，而且使系统的能量流动、物质循环等功能受到影响，甚至会导致整个生态系统的崩溃。外来海洋生物的入侵降低了区域生物的独特性，打破了维持全球生物多样性的地理隔离。

外来入侵物种一般具有生态适应能力强、繁殖能力强和传播能力强等特点，而被入侵生态系统则要求具有足够的利用资源、缺乏自然控制机制以及人类进入的频率高等特点。

外来物种可以从两种渠道进入：有意识的方式（这种方式最为普遍）或偶然性方式。在第一种情况下，经常是由于某些公共管理部门的一次疏忽性决策，这种决策不仅仅是为了恢复某个生态系统中的种群，如引人关注的维多利亚湖灾难，而且是为了其他一些原因，如使某一处的风景更加美观别致，或者在一次森林火灾后希望利用生长快的树种，如松树或蓝桉，尽快重新使之绿化起来，但这种做法比病虫害更加危害当地物种。

外来物种的入侵给各国的生物多样性和经济带来了致命的后果，这就是所谓的物种“全球化”带来的恶果。例如，在 1954 年，由于过量开发渔业资源，非洲赤道上的维多利亚湖的一种名为“Caladero”的鱼类资源枯竭，于是英国把一种非当地生长的鱼——尼罗河鲈引入那里，希望能为当地依靠渔业生活的居民提供食物，结果 50 年后，这种尼罗河鲈变成一种重 200 kg，身长 2 m 的凶猛强盗物种，这种鱼的直接洗劫或争夺食物，致使湖内 200 多种鱼类灭绝。维多利亚湖中出现的这种现象，是引入一种所谓的侵犯性物种对生态系统造成严重后果的最好例证。

二、物种多样性丧失

在我国《国家重点保护野生动物名录》中，具有生物多样性国际意义，且需要保护的海洋野生动物有 34 种，其中一级重点保护 14 种（类），二级重点保护 20 种（类），现将其中一些物种的现状介绍如下。

1. 须鲸类

过去我国须鲸类资源较丰富。新中国成立后，大连成立了我国第一支捕鲸队。据不完全统计，到 1976 年为止，共捕获小鳁鲸、长须鲸、灰鲸等 1 600 多头。我国的蓝鲸、座头鲸、抹香鲸等鲸种主要分布于东海和南海。我国须鲸类均属日本海和鄂霍次克海群系。由于近 20 年来鲸类资源世界性衰退，我国自 1976 年开始停止捕鲸，并加以保护。但鲸类资源恢复困难，在我国被列为国家二级重点保护野生动物。

2. 中华白海豚

中华白海豚为近海暖水性小型齿鲸类，体长 2. 5 m，全身乳白色，腹部及尾部带粉红色彩，主要分布于我国东南近海，北界可达浙江北部，多栖息于内港湾及河口一带。

在福建闽江、九龙江和广东珠江，可溯江而上达数十千米。过去厦门港常年可见，在盛期（2～5 月）可常见其跳跃和翻腾于水中。白海豚有跟船癖性，因而易被捕杀，现已不多见，有濒临灭绝的危险。白海豚为国家一级重点保护野生动物。

3. 儒艮

儒艮俗称海牛，在我国台湾、海南、广西、广东阳江以南均有分布，尤以北部湾的广西合浦和北海附近水域分布较多。儒艮喜栖息在沿岸海藻丛生的浅水，很少游向外海。在北部湾儒艮以大叶藻和藏藻为食。因其游泳速度极慢，易被捕捉。20 世纪 50 年代，在北部湾常可见数十头群体，现在数量稀少，偶尔可见。儒艮为国家一级重点保护野生动物。

4. 西太平洋斑海豹

西太平洋斑海豹在我国主要分布于渤海辽东湾。每年冬季斑海豹游来产仔，辽东湾是其最南的繁殖区，盘锦双台子河河口为其重要索饵地。20 世纪 60 年代以前，斑海豹在春季常追食小黄鱼群，数量多时组成百头以上群体，或栖游于海中，或聚集于滩上。除辽东湾外，渤海海峡、黄海北部沿岸也时有出现，但多为当年幼兽。斑海豹今已数量锐减，为国家重点保护野生动物。

5. 海龟

我国常见的海龟有 4 种，即绿海龟、玳瑁、棱皮龟和海龟，主要分布于南部和北部湾，有时随暖流游到东海、黄海和渤海。海龟有千里归乡产卵习性，主要产卵场在南海诸岛及广东、广西、海南及台湾南部海域。在西沙 4—6 月为其繁殖盛期，夜晚海龟爬至高潮线以上疏软沙滩产卵。从 20 世纪 60 年代以来，海龟捕杀和龟卵破坏严重，现在数量锐减。据估计，我国海龟现存量只有 5 000 头左右，已濒临灭绝，为国家二级重点保护野生动物。

6. 文昌鱼

文昌鱼为最低等脊索动物，即无脊椎动物进化至脊椎动物的过渡类型，在生物进化研究上有特殊价值。文昌鱼在我国海域的分布较广，其中以东海厦门和渤海河北昌黎沿岸海域最多。20 世纪 60 年代，在厦门港刘五店沿岸海域，文昌鱼的最高年产量为 250 t，是驰名中外的文昌鱼渔场。后因渔场周围围垦和筑堤，至 70 年代已形不成渔业，文昌鱼的栖息地也已外迁。文昌鱼为国家重点保护野生动物。

除上述物种外，西沙东岛的鲣鸟、海南岛的海蛙等，均为我国具有特殊意义的动物，如不很好保护，也将有逐渐消失的可能。

三、海洋生态系统破坏

这里主要介绍 3 种典型海洋生态系统——珊瑚礁生态系统、红树林生态系统以及滩涂湿地生态系统的特点、分布、经济环境功能以及被破坏的途径。

1. 珊瑚礁生态系统

珊瑚礁生态系统是热带特有的浅水生态系统，分布于水温为25～29 ℃、水深小于40 m的海域。我国珊瑚礁主要分布在南海（如海南三亚国家级珊瑚礁自然保护区）、广东、广西、福建、台湾沿海。

珊瑚礁生态系统是生产力最高、生物多样性最大的生态系统之一，是昼夜活动鱼类群体共享的栖居地。珊瑚礁中生物十分密集，种类多样，是巨大的新化合物来源库和物种储存库（如抗生素、抗癌药等）。在环境意义上，它能防止海岸侵蚀和风暴损伤。珊瑚岛也是永久居住、种植、海上避难的基地，娱乐区域和各种生物的庇护场所。

过量捕鱼（炸药、毒药）、开礁和炸礁（烧制石灰、水泥）、附近港口疏浚（泥沙）、电厂排放冷却水（使水温升高）、石油和磷肥装运长期污染海区、旅游业造成破坏（如炸礁通航，游船在珊瑚礁处抛锚，潜水员脚踏及采集珊瑚、贝壳作纪念品）等，使珊瑚礁生态系统遭受破坏。最新研究报告显示，全世界75%的珊瑚礁正遭受威胁。

2. 红树林生态系统

红树林生态系统是热带、亚热带（低盐、高温、淤泥质）潮间带特有的木本植物群落，生存在独特的环境（热带海滩阳光强烈；潮起潮落，海水不断淹没和冲刷；土壤富含盐分），有独特的生命史和生理结构（如种子"胎生现象"、革质的叶、众多的气根）。

我国红树林主要分布在海南、广东、广西和福建沿海的河口两岸和淤泥质海湾。国家级红树林生态保护区有湛江、山口、北仑河口、东寨港等。

红树林生态系统是高生产力海洋生态系统之一，是一种森林资源，具有多种用途（如木材、薪材、纸浆原料等）。红树林中鸟类、昆虫众多，可以美化环境，景观奇异多姿，是良好的旅游胜地。另外，红树林是具有自我修复能力的天然沿海防护林（防风抗浪、固堤护岸、防止侵蚀、保护沿海设施），能防治污染（过滤陆源入海污染物、净化海水，从而减少海域赤潮的发生）。

但随着沿海工业发展、城市扩张和倾废，红树林区被大量侵占、砍伐，原先的红树林区被改造成稻田、椰子种植场、鱼池、虾塘、盐田等，可谓是红树林生态系统的灭顶之灾。

3. 滩涂湿地生态系统

湿地和滩涂湿地的定义可见1993年《关于特别是作为水禽栖息地的国际重要湿地公约》，其表述为：不问其为天然或人工、长久或暂时的沼泽地、泥滩地或水域地带，带有静止或流动的淡水、半咸水或咸水水体，包括低潮时水深不超过6 m的水域。一般理解的湿地包括沼泽、泥滩地、河流、湖泊、水库、稻田、滩涂（潮间带）以及低潮时水深不超过6 m的海水区，后两者为滩涂湿地。

滩涂湿地多由河流携沙淤积而成，在河口两侧往往集中连片。我国沿海滩涂湿地分布广泛，分布面积最大的为黄河三角洲滩涂湿地。在低纬度，多生长红树林，构成红树林生态系统；在中、高纬度，多生长芦苇等或为贝滩（如鸭绿江口滨海湿地自然保护区）。

滩涂湿地是高生产力生态系统之一，是人类的重要资源库，是许多有商业价值生物的产卵地和育幼场，也是众多野生动物（两栖类、爬行类、鸟类甚至哺乳类等）的繁衍地，为水产养殖、盐业发展提供有利条件。滩涂湿地的植物是饵料、燃料、工业原料。在环境意义上，它能储水、泄洪、抵御风暴潮，防止海浪冲击、保护海岸，还能吸收大量二氧化碳，调节气候，并可降解近岸海域污染物，也是旅游观光的良好场所。

大规模的盲目围垦是滩涂湿地被破坏的主要原因。此外，湿地污染加剧、泥沙淤积严重和海岸侵蚀不断扩展等也进一步加剧破坏。

思考题与习题

2-1 海洋环境包括哪些？其垂直分布怎样？

2-2 典型的海洋环境问题有哪些？举例说明海洋矿产资源开发带来的海洋环境问题。

2-3 结合第一章和本章知识，从环境污染的角度分析导致海洋生物（如鱼类）死亡的原因。

2-4 海洋生物包括哪些生态类群？对于每个生态类群，请列举5种归属的海洋生物。

2-5 海水成分主要有哪些？

2-6 海水富营养化是怎么形成的？

2-7 热废水怎么会对海水造成污染？

2-8 赤潮主要是海洋环境污染问题还是海洋生态破坏问题？请解释。

2-9 溢漏油造成的危害有哪些？分析墨西哥湾漏油事件造成的危害。

2-10 钻井液、钻屑是否属于固体废弃物？固体废弃物包括哪些？

2-11 海洋大气污染物来自何处？是如何污染海洋的？

2-12 海洋垃圾包括哪些？我国目前的海洋垃圾主要来源于哪些方面？

2-13 放射性污染是指什么？会产生什么样的危害？

2-14 什么是海水入侵和土壤盐渍化？两者是否相关？如何相关？

2-15 什么是外来物种入侵？举例说明由于外来物种入侵造成的海洋生态系统破坏。

第三章
海洋环境保护基础

面对当前海洋环境污染的现状，必须采取有效的治理和控制措施去改善它，更需要制定法规和条例去保护尚未遭受破坏的以及通过治理手段得到恢复的海洋环境。本章主要介绍海洋环境保护的任务和已经制定的相关法规、条例等。

第一节 海洋环境保护理论

一、海洋环境保护的含义

海洋环境保护是指人类采用必要的手段对海洋水质、各种物质的入海处置、200 n mile区域内的渔业活动、某些水域中船舶运输方式、外大陆架油气生产以及其他涉及海洋的事务进行有效控制，使得这些人类活动不会对海洋环境造成超负荷污染和破坏海洋生态系统。

因此，邻海国家在开发利用海洋时，必须在全面调查和研究海洋环境的基础上，根据海洋生态平衡的要求制定有针对性的法律规章，要求从事海洋活动的人们自觉地利用科学的手段来调整海洋开发与环境保护之间的关系，以此来保护沿岸经济发展的有利条件，防止产生不利条件，达到合理地充分利用海洋的目的，同时还要不断地改善环境条件，提高环境质量，创造新的、更加舒适美好的海洋环境。

对我国而言，海洋环境保护是全国环境保护工作的一部分，是针对我国内水、领海、毗连区、专属经济区、大陆架以及我国管辖的其他海域的环境保护工作。凡造成我国管辖海域环境污染的，都是海洋环境保护的工作对象。

二、海洋环境保护的分类

海洋环境保护内容繁多，根据不同的研究重点、原则依据、立足点，有不同的划分。

按海洋环境保护的空间范围划分，可分为：海岸带环境保护、浅海环境保护、河口环境保护、海湾环境保护、海岛环境保护、大洋环境保护等。

按海洋环境保护的对象划分，可分为：海水环境保护、海洋沉积环境保护、海洋生态环境保护、海洋旅游环境保护、海水浴场环境保护、海水盐场环境保护等。

按海洋环境的损害因素划分，可分为：防治陆源污染物对海洋环境污染损害的环境保护、防治海岸工程建设项目对海洋环境污染损害的环境保护、防治海洋工程建设项目对海洋环境污染损害的环境保护、防治倾倒废弃物对海洋环境污染损害的环境保护、防治海洋石油勘探开发对海洋环境污染损害的环境保护、防治船舶及有关作业活动对海洋环境污染损害的环境保护。

按海洋环境保护科学划分，可分为：海洋环境保护理论（概念、分类、原则）、海洋环境保护法规（法律、规定、标准）、海洋环境保护技术（环境容量评价技术、环境影响评价技术、环境保护技术、环境恢复技术等）。

三、海洋环境保护的基本原则

1. 影响海洋环境保护原则的因素

海洋环境保护原则应具备时代性、现实性和针对性。具体制约或限制海洋环境保护原则的因素主要有三个。

（1）环境思想和政策。

20 世纪 70 年代以前，国际社会对全球环境的思维还局限于直观、浅层次的认识，单单从环境污染损害造成的直接问题进行考虑，没有客观地从更广阔的空间和时间尺度上去深入分析污染的原因及长远影响，以及其更长时期产生的后果和对人类生存与发展的影响。因此，在实际工作中，只能走局部治理、改善和防治的道路。采取的措施也自然是通过工程技术或其他包括行政及法律的措施，来控制污染物的排放，以减轻环境的破坏。

1972 年人类环境会议召开之后，人们的环境观念发生了变化，开始把环境与人类的发展紧密地联系起来，变革了就污染谈防治的旧观念。对发达国家的环境问题和发展中国家的环境问题，既要加以区别，又要联系起来统一地进行研究。

进入 20 世纪 80 年代，区域环境和全球环境又出现了一系列新的情况，比如温室效应、海平面上升、生物多样性加速减少、海洋生物资源量衰退、近海污染加剧、海岸侵蚀与海水倒灌、重要海域生态系统遭受破坏等。这些问题并非过去都不存在，只是在 20 世纪 80 年代变得更加明朗和突出。不仅如此，这些问题已不再是地区和区域性现象，而成为全球性的共同问题，不仅影响当代，而且影响到了人类的持续发展。能够说明这些环境思想转变的论述，莫过于 1987 年联合国世界环境与发展委员会提出的《我们共同的未来》报告，报告的核心观点就是持续发展的思想。

到了 20 世纪 90 年代，人们的环境思想更为壮阔。在 1992 年联合国环境与发展大会上通过的《关于环境与发展的里约热内卢宣言》中，提出了 27 条环境与发展的总体原则，要求国际社会和各国都要致力于达成既尊重各方面利益又保护全球环境发展体系的国际协定，充分地认识地球的整体性和相互依存的关系，号召国际社会对未来的可持续发展充满信心，并在持续发展中负起义务和责任。

环境思想和政策的变化和进步，必然要反映到海洋环境保护工作的原则上，因为工作原则是由思想认识和一定时期的政策决定的。换句话说，原则是指导思想和政策的自然延伸。

（2）环境状况。

对于不同的环境状况，所采取的政策和保护也是不同的。

例如，在海岸滩涂和浅水区域围垦、在入海口筑坝，以往一直认为是一件颇为有益的工程活动，既可扩大土地面积，又可避免陆地上紧缺的淡水白白流入大海。但是，此类工程产生了严重的环境、生态影响，不仅造成了区域环境和生态的破坏，而且诱发了一系列灾害的发生，造成很大的经济损失。事实使得人们对围垦和拦河筑坝的观念发生了改变，对于海岸带区域诸如此类的工程，需要予以合理控制，只有经过充分论证和资源环境影响评价，才可以慎重地进行。

再如海上倾废，1972 年在伦敦召开的海上倾倒废弃物协商会议通过了《防止倾倒废物及其他物质污染海洋公约》。鉴于当时向海洋倾倒的废弃物种类及其后果的状况，该公约允许倾倒含有砷、铝、钠、锌及其化合物和有机硅化合物、氰化物、氟化物等的工业废弃物，也允许倾倒含有不属于强放射性物质的废弃物，以及允许某些废弃物的海上焚烧行为。近十几年海洋环境调查、监测和研究发现，在海洋表面已经分布着高浓度重金属、有机氯以及石油等物质，经过不断地积累，它们会产生复杂和持久的影响。海床是发生各种物理、化学和生物活动的区域，其中微生物过程发挥着主要作用，但到目前为止，已经发现近海区域海床受到了非常严重的破坏。虽然这种破坏仅发生在近海区域，但这个区域恰是人类开发活动所依赖的地区。另外，放射性废弃物的海上倾倒，已经造成不少区域捕捞的鱼类身上发现有高浓度的放射性物质。大量的工业废弃物和弱放射性废料向海洋倾倒，不仅损害海洋生态系统，降低海域生物生产力，而且积累在海洋水产品中，转嫁为对人类自身的伤害。事情的规律总是这样，只要危害环境的因素同人类的距离拉近，并直接伤害人类自身的时候，解决问题的条件也就成熟了。1993 年《1972 年伦敦公约》（即《防止倾倒废物及其他物质污染海洋公约》）第 16 次协商会议，经反复辩论审议通过了《关于在海上处置放射性废物的决议》《关于逐步停止工业废弃物的海上处置问题的决议》和《关于海上焚烧问题的决议》。第一个决议要求各国都将要停止一切有放射性物质的海上倾倒；第二个决议规定，除疏浚物、阴沟污泥、渔业加工过程中的废料、船舶平台、未受沾污的其化学成分不易释放到海洋环境中的惰性材料、未被沾污的自然衍生出来的有机材料六类废弃物之外的其他一切工业废弃物，在 1995 年年底前逐步停止向海洋倾倒；第三个决议规定今后禁止在海上焚烧工业废弃物。以上三项决议是对《1972 年伦敦公约》的修改。

从对海岸围垦、筑坝和海上倾倒废弃物的保护思想和实践变革中，可以找到海洋环境保护的又一条原则，那就是通过监测、监视掌握环境的变化，以适时调整保护的动态原则。

（3）海洋科学技术的进步。

海洋环境的知识、评估、对策和管理，均与海洋科学技术的进步密不可分。没有海洋科学研究的成就，就不能揭示海洋环境各类现象、过程、问题或灾害的发生、发展机制；没有海洋科学技术的进步，也不会有利用环境、改造环境和恢复环境的实现或成功的发展。正是在这一角度上，可以看出人类有能力获得持续前进的力量，否则，人类对海洋环境问题将会变得无能为力。

推动海洋科学技术的不断进步，本身就是海洋环境保护的一条不可忽视的基本原则。此外，海洋科学技术还对海洋环境保护的全部行为起着更新、变革的推动作用。在过去一个较长的历史时期里，人们一直认为海洋自然环境和资源系统是一个强大的系统，能够承受人类加予的一切结果，因此，向海洋施加的行为几乎不受什么约束，久而久之，造成了今天这样的海洋环境状况。固然今天的海洋环境状况有的是人们直观可认识的，但大部分却是非直观的，需经大量的调查、分析、研究等，才能准确地了解其环境的内部变化的信息，比如评价海洋环境污染程度，除使用其他方法外，多利用沿海经济贝类。资料表明，贝类的机体对重金属、石油、有机氯农药、多氯联苯等污染物有很强的累积能力，其富集率从几倍、几十倍、几百倍甚至可达到几千、上万倍。因为贝类生活史中的活动范围较小，所以能够很好地反映区域污染物浓度的变化，可用于衡量海域的水质、底质和生物体的受污染程度，并能应用关联与比较分析而找到污染物的来源。

影响各时期海洋环境保护原则的因素，无疑不仅仅是上述三个方面，还有依赖海洋程度、国家经济与投资能力等其他因素，也是制约海洋环境保护原则的条件。

2. 海洋环境保护的基本原则

(1) 持续发展原则。

持续发展(sustainable development)是在20世纪80年代提出的一个新概念。1987年联合国世界环境与发展委员会在《我们共同的未来》报告中第一次阐述了可持续发展的概念，得到了国际社会的广泛共识。

可持续发展是指既满足现代人的需求又不损害后代人满足其需求的能力的发展。换句话说，可持续发展就是指经济、社会、资源和环境保护的协调发展，它们是一个密不可分的系统，既要达到发展经济的目的，又要保护好人类赖以生存的大气、淡水、海洋、土地和森林等自然资源和环境，使子孙后代能够永续发展和安居乐业。这也就是江泽民指出的："决不能吃祖宗饭，断子孙路"。可持续发展与环境保护既有联系，又不等同。环境保护是可持续发展的重要方面。可持续发展的核心是发展，但要求在严格控制人口数量、提高人口素质和保护环境、资源永续利用的前提下进行经济和社会的发展。

持续发展的观点是人类环境思想的一大跃升，它使人们从狭隘的环境思维中解放出来，把环境同资源和社会经济发展放在一个大系统中加以讨论；把人类现阶段的发展同未来的持续发展联系起来考虑；把一个国家、一个地区同全球、同国际社会的发展持续性结合起来研究。

在全球环境上，立足于大环境的统一性、相互依存、彼此关联的客观规律，强调世界环境问题需要超越国家范围，共同行动、寻求解决。但是，在此领域内，否认或轻视地区和国家的历史发展阶段、物质基础、人民生活状况，发展与保护的主流，发达国家与发展中国家的不同责任与义务，以及环境中发生的特殊问题等，显然是不对的，也是行不通的。如此持续发展的总体目标也将不可能实现。其中,尤其不应忘记的是今天的世界环境,特别是全球大环境系统的异常变化,是人类长期危害自然环境的结果,并不是短期所为能够产生的。发展中国家的工业化进程并不太久,刚刚踏上现代发展的道路,环境的"危机"就开始出现了,因此,发展中国家同样担起环境的责任是不合理的,严格地分析貌似平等的均衡承担,实质上是不平等的强加。发达国家应对全球环境问题的解决做出较大的贡献,并对发展中国家的环境保护与治理提供必要的援助。这一认识也就是《关于环境与发展的里约热内卢宣言》中第 7 条原则所讲的,"各国应本着全球伙伴关系的精神进行合作,以维持、保护和恢复地球生态系统的健康和完整。鉴于造成全球环境退化的原因不同,各国负有程度不同的共同责任。发达国家承认,鉴于其社会对全球环境造成的压力和他们掌握的技术和资金,他们在国际寻求持续发展的进程中承担着责任"。

与陆地环境相比,海洋环境的自然特点使其具有更强的全球统一性,所有海洋是一个基本的统一体,没有任何例外。沿海国家直接或间接施加海洋的影响及其造成的危害,绝非局限在一个海区之内,往往有着大范围内的区域性,甚至全球性。其原因在于:

一是海水介质不同尺度的流动,既有全球性大尺度环流系统,也有洋区和海区等较小尺度的流系,它们是物质的输送与交换者,使人类对局部海域的影响结果扩展到更大的范围。在输送有害物质上,即便是陆地入海河流的作用都是相当大的,据观测资料,南美的亚马逊河可以将其挟带的沉积物和污染物质,一直冲到离岸 2 000 km 以外的洋区。海水介质的流动性使全球海洋有了共同的命运。

二是海洋中有相当多的生物种群具有迁移和洄游的性质,其中有的范围小,有的范围大,那些高度洄游种群,如长鳍金枪鱼、鲣鱼、黄鳍与黑鳍金枪鱼、乌鲂科、枪鱼类、旗鱼类、箭鱼、竹刀鱼科、大洋鲨鱼和鲸类等,它们的洄游区域多以洋区为范围。海洋生物的这一特性,决定了人类对海洋生物资源的影响不可能不具有广延性。

正是由于海水的流动性和海洋生态系统的整体性,海洋环境保护需要贯彻持续发展原则,突出环境问题的解决,应以持续发展的"需求"和环境与资源的持久支持力为目标,根据国家、地区和国际的政治、经济客观情况,以海洋环境不同的区域范围确定对策和管理方式,达到海洋环境与资源保护的目的。例如,目前进行的全球海洋大海洋生态系统保护与管理行动计划,即为比较典型的体现持续发展原则的环境项目。

海洋环境保护贯彻持续发展的思想,保护的目标、任务、手段就会具有整体性、系统性;保护的体制和运行机制就会具有稳定性、科学性。否则,沿袭就污染而治理、就事论事进行保护的思想,将治不胜治、管不胜管,绝不是一条成功之路。

(2) 预防为主、防治结合、综合治理原则。

预防为主、防治结合、综合治理原则是指通过一切措施、办法预防海洋污染和其他损害事件的发生,防止环境质量的下降和生态与自然平衡的破坏,或者基于能力(包括经济的、技术的)限制,也要将不可避免的环境冲击控制在维持海洋环境基本正常的范围内,特别是维持人体健康容许的限度内。

今天面临的海洋环境,已没有多少属于原始自然区域,大都受到了人类开发利用的影响,有的平衡已被打破,有的已酿成持续性的灾害,现在不可能从头做起,只能以更大的投入进行治理，亡羊补牢，积极整治恢复犹未为晚，在预防环境进一步恶化的同时，有计划地采取综合性措施，使海洋环境在新的条件下形成新的生态平衡。

预防为主、防治结合的环境工作思想，是人类利用海洋环境的实践经验总结。在过去的时期里，生存、发展的主流掩盖了海洋环境危害发生、发展的问题。这种掩盖，既包括认识上的原因，也包括能力上的原因。应该承认，在早期认识上的原因占主导，当时人们并没有意识到人类的微弱力量，能够给海洋环境带来什么麻烦，认识不到海洋接纳一些废弃物后会有什么伤害等。但近年来，虽然仍有盲目危害海洋环境与资源的事情发生，不过，有意识的危害和能力不及或不得已而为之的危害大大增加。例如，沿海废水、废液的排海，城市向海洋倾倒垃圾、工业废弃物等都是经常发生的，这类倾倒大多是在了解危害的情况下的活动，还有海岸滩涂围垦也属于这类现象。至于能力不及而产生的海洋环境危害，也是较为普遍存在的问题。其中主要涉及两类能力：一是经济能力，二是技术能力。就经济能力来说，不论是发达国家还是发展中国家都会遇到，当然发展中国家更为突出。对发展中国家，主要还是优先解决人们的基本生存条件，没有多余的投资用在海洋环境的保护上。技术能力与经济能力的情况基本类似，与发达国家相比，发展中国家在这一方面更是有着巨大的差距。因此，发展中国家即便想开展海洋环境的保护工作，有时也会因技术不具备而难以实施。这两种原因，虽然性质上是不同的，但实际的海洋环境结果是一样的，都是以牺牲海洋环境为代价获取发展的条件。这条道路已被海洋环境的恶化和由此产生的资源衰退证明是行不通的。

先污染后治理将要付出更大的经济代价，其造成的生态、环境代价将难以估计。就全球环境而言，发达国家早期以牺牲海洋环境求得发展，酿成了今天沉重的、灾难性的历史后果，至今还在继续着对海洋环境的影响，其中包括全球变暖引起的海平面上升，不少海洋自然景观和沿海沼泽湿地消失、生物多样性减少，一些珍稀海洋物种消亡等。实践和教训说明，海洋环境保护工作需要坚持预防为主的原则。

（3）谁开发谁保护、谁污染谁负担原则。

海洋开发与保护是一对矛盾统一体。不论是海洋资源的开发，还是环境的利用，都会构成对海洋环境的干扰与破坏，甚至打破自然系统的平衡。因此，在开发利用海洋的同时必须对海洋环境保护做出安排。谁开发谁保护原则是指开发海洋的一切单位与个人，既拥有开发利用海洋环境与资源的权利，也有保护海洋环境与资源的义务和责任。

《中华人民共和国民法通则》完全明确了所有在中国海域进行资源开发的单位、个人必须做好海洋环境的保护工作。贯彻谁开发谁保护原则，并不降低国家和各级政府有关主管部门的责任。主管部门的责任主要体现在制定海洋环境保护的政策、规划、协调和检查与监督工作上。再者，海上的开发可能产生的问题，在时间和空间上并不是固定的，只有开发实施单位才能对出现的问题及时发现并及时进行处理，而且这种处理工作应该是事前早已做好预案安排的。

谁污染谁负担，是我国海洋环境保护实践经验的总结，经实践证明是行之有效的。执行这一原则能够加强开发利用海洋的单位和个人的行为责任，能够唤起开发利用者自觉或强制性保护海洋环境与资源的意识。其道理是简单易明的，如果不把“谁污染谁治理”落实到肇事者的头上，依靠一般的环境保护要求，是不会受到开发者重视的。有了治理恢复的责任，情况就大不一样。如前所述，污染的治理是一项投资大、技术难度高的工作，一切因开发造成海洋环境污染损害的开发者都会受到较大的经费损失，多数还要承担法律的责任。这是所有开发者都不愿发生的问题，他们一定会在开发作业中给予高度重视，避免污染或环境危害事故的发生。

（4）环境有偿使用原则。

环境是一类资源，对其开发利用不应该是无偿的，特别是有损害的环境利用，更应该是有代价的。在我国环境保护法律法规中，也包括这方面的规定。例如，《中华人民共和国水污染防治法》（2008 年修订）第 24 条规定：直接向水体排放污染物的企业、事业单位和个体工商户，应当按照排放水污染物的种类、数量和排污费征收标准缴纳排污费。虽然该法的适用范围仅涉及陆地水域，但向所规定的水域排放污染物要缴纳费用，本质上属于环境利用的有偿性。再如，根据《中华人民共和国海洋倾废管理条例》和《中华人民共和国海洋石油勘探开发环境保护管理条例》及其实施办法制定的《关于征收海洋废弃物倾倒费和海洋石油勘探开发超标排污费的通知》的规定，要求“凡在中华人民共和国内海、领海、大陆架和其他一切管辖海域倾倒各类废弃物的企业、事业单位和其他经济实体，应向所在海区的海洋主管部门提出申请，办理海洋倾废许可证，并缴纳废弃物倾倒费”。虽然收费数额出于政府考虑通常较低，但这种费用不属于一般的管理费，而是倾废对海洋环境损害的付费。它也表明海洋环境使用的代价。

海洋环境的利用变无偿为有偿，其积极的意义在于：

① 有偿使用海洋空间、环境是强化海洋环境保护的重要途径，也是海洋环境保护在国际上的通例措施。

② 有利于海洋环境无害或最大程度减少损害的使用，维护海洋生态健康和自然景观。如果海洋环境继续无代价利用，没有反映在经济利益上的约束机制，客观上便失去了保护海洋环境的物质动力，海洋开发利用者很难能够做到持续不懈地、自觉地保护海洋环境。如果能转为有偿、危害罚款并治理恢复，这样一切开发利用的企事业单位或个人，他们即便完全为了自己的利益，也要努力减少危害海洋环境的支出，从而在客观上达到海洋环境保护的目的。

③ 积累海洋环境保护的资金。保护海洋环境是为了更好地利用和发挥海洋对人类的价值，并不是完全限制有益的利用。利用海洋环境是必须的，也是完全应当的。因此，海洋环境的损害甚至破坏，从大范围来看是不可避免的，由此产生的结果是海洋环境治理工作中一项历史性的任务。治理资金需要较多，广泛筹备是必要的，而海洋环境保护内部积累一部分也是重要的来源。

执行环境有偿使用，将所收经费用在国家管辖海域的环境损害的治理上，不仅有利于环境维护，而且有利于活化海洋环境保护。

（5）全过程控制原则。

海洋环境是一个复杂的系统，因此海洋环境保护也是一个复杂的系统过程。它既包括生活劳动过程和生产活动过程的控制，又包括海洋污染过程和陆地污染过程的控制；

既包括工程前、工程中和工程后的控制，又包括工艺、技术、方法、计量等方面的控制。

在海洋环境保护工作中需要贯彻的原则除以上几点外，还有生态原则、海洋经济建设与海洋环境协调原则、动态原则、海洋自然过程平衡原则等，这些也是应予贯彻执行的重要原则。

3. 科学发展观

对于海洋环境而言，单纯的环境保护观点和单纯的经济发展观点都是不可取的，而需要遵循的是海洋环境的科学发展观。

正确处理资源开发与环境保护的关系，使二者在实践中紧密联系起来。进一步树立经济效益、社会效益、生态效益相统一的观点，在实际工作中做到统筹兼顾。要从把环境质量看作资源开发的约束条件，转为看作资源开发的重要目标之一。建设海洋强国，要在总体规划中，加入环境目标要求。要从经济与环境各自分立，转为二者互相融合，一举两得。要克服单纯的经济观点和单纯的环境观点这种取此舍彼的旧思路，遵循科学发展观这种新思路，具体如下：

一是资源开发要贯彻“绿色发展战略”，包括生态农业、生态渔业、生态盐业等绿色市场。

二是环保工作要实现产业化。把以防治污染、改善环境、保护自然为目的的技术开发、产品生产和流通、咨询服务等部门经营化、实业化。

三是要大力发展经济建设和环境建设双赢的产业，包括滨海旅游业、自然保护区保护业、林业、用固体废料做人工渔礁等。

第二节 海洋环境保护的任务

海洋环境保护的内容丰富、综合性很强。随着时代的发展、研究的深入和新环境问题的出现，海洋环境保护的任务也在不断增加。

一、防治陆源污染物对海洋环境的污染损害

如第二章所述，大量陆源污染物进入海洋，对海洋环境的破坏十分突出，其危害的潜在隐患尚且不说，仅急性与突发灾害就层出不穷。

开展陆源污染管理的核心，是严格贯彻执行有关法律制度。我国于 1990 年颁布、施行了《中华人民共和国防治陆源污染物污染损害海洋环境管理条例》，该条例的宗旨是“加强对陆地污染源的监督管理，防治陆源污染物污染损害海洋环境”。

1. 陆源污染物排放管理

沿海工矿企业、城镇向海域排放陆源污染物，首先，要履行申报登记制度。其次，向海域排放的污染物，一般不应超过国家和地方制定的环境标准，如果限于设备技术和其他不可克服的原因而超标排放的，需征收超标排污费，并负责环境损害的治理工作，维持海洋环境的良好状况。对污染敏感区和生态脆弱区，如海洋自然保护区、海洋风景旅

游区、盐场保护区、海水浴场、海水增养殖区、重要渔业水域、海洋科学实验区等，应禁止向这些区域排放污染物，不得在这些区域设置排污口，以保护这些区域的自然景观与生态环境。另外，诸如含高、中放射性物质的废水，这类法律允许范围之外的污染物更是要严禁排放。

实在需要向海域排放的含油废水、含有害重金属废水、含病原体废水、热废水、富含营养盐和有机质的工业与生活废水，以及其他工业废水等，都必须经过处理，符合相关规定标准后才可以排放，处理过程产生的残渣不得倾倒入海。处理过程必须严格把关，禁止使用不正当的稀释、渗透的办法排放有毒、有害废水等。

2. 沿岸堆放、弃置和处理固体废弃物的管理

在沿岸滩涂或其他海岸带区域堆放、弃置或处理固体废弃物，其中部分固体废弃物会通过风力、波浪、水流或降雨坡面等力量搬运入海，或溶解于水中入海。为防止通过这种途径污染海洋，应禁止在岸滩区擅自堆放、弃置或处理固体废弃物。

根据需要必须临时堆放和处理固体废弃物，应履行审批手续，只有经行政主管部门审查批准后，才可临时堆放和处理。即便得到批准的使用单位或个人，也要按要求建造防护堤和防渗漏、防扬尘等设施，保证在使用过程中没有废弃物入海。

被批准的废弃物堆放和处理场，使用单位不得堆放、处理未经批准的其他种类废弃物，也不准露天堆放含剧毒、放射性、易溶解和易挥发的废弃物。

二、防治海岸工程建设项目对海洋环境的污染损害

海岸工程建设项目，是指位于海岸或者与海岸连接，工程主体位于海岸线向陆一侧，对海洋环境产生影响的新建、改建、扩建工程项目。具体包括：① 港口、码头、航道、滨海机场工程项目；② 造船厂、修船厂；③ 滨海火电站、核电站、风电站；④ 滨海物资存储设施工程项目；⑤ 滨海矿山、化工、轻工、冶金等工业工程项目；⑥ 固体废弃物、污水等污染物处理、处置排海工程项目；⑦ 滨海大型养殖场；⑧ 海岸防护工程、砂石场和入海河口处的水利设施；⑨ 滨海石油勘探开发工程项目；⑩ 国务院环境保护主管部门会同国家海洋主管部门规定的其他海岸工程项目。由于海洋具有一定的特殊性，海岸工程建设项目的管理方法和程序与陆地上的建设工程项目不完全相同。

为防治海岸工程建设项目污染损害海洋环境，《中华人民共和国环境保护法》《中华人民共和国环境影响评价法》和《建设项目环境保护管理条例》规定了防治海岸工程建设项目污染损害环境的基本管理原则和制度；《中华人民共和国海洋环境保护法》将“防治海岸工程建设项目对海洋环境的污染损害”列为专章。为了实施《中华人民共和国环境保护法》和《中华人民共和国海洋环境保护法》，还制定了《中华人民共和国防治海岸工程建设项目污染损害海洋环境管理条例》（1990 年制定，2007 年修改）及有关的规章。

根据《中华人民共和国环境影响评价法》和《中华人民共和国海洋环境保护法》规定，兴建海岸工程建设项目的建设单位，必须在可行性研究阶段编制环境影响报告书（表），按照规定的程序，经项目主管部门和有关部门预审后，报环境保护行政主管部门

审批。承担环境影响评价的单位，必须持有《建设项目环境影响评价资格证书》，按照证书中规定的范围承担评价任务。海岸工程建设项目环境影响报告书的内容，除按有关规定编制外，还应当包括：① 所在地及其附近海域的环境状况；② 建设过程中和建成后可能对海洋环境造成的影响；③ 海洋环境保护措施及其技术、经济可行性论证结论；④ 建设项目海洋环境影响评价结论。海岸工程建设项目的环境保护设施，必须与主体工程同时设计、同时施工、同时投产使用。环境保护设施必须经环境保护部门验收合格后，方可投入生产或使用。

禁止在红树林和珊瑚礁生长的地区，建设毁坏红树林和珊瑚礁生态系统的海岸工程建设项目。禁止在天然港湾有航运价值的区域、重要苗种基地和养殖场所及水面、滩涂中的鱼、虾、蟹、贝、藻类的自然产卵场、繁殖场、索饵场及重要的洄游通道围海造地。禁止兴建向我国海域及海岸转嫁污染的中外合资经营企业、中外合作经营企业和外资企业；海岸工程建设项目引进技术和设备，应当有相应的防治污染措施，防止转嫁污染。在海洋特别保护区、海上自然保护区、海滨风景游览区、盐场保护区、海水浴场、重要渔业水域和其他需要特殊保护的区域不得建设污染环境、破坏景观的海岸工程建设项目；在其区域外建设海岸工程建设项目的，不得损害上述区域的环境质量。禁止在海岸保护设施管理部门规定的海岸保护设施的保护范围内从事爆破、采挖砂石、取土等危害海岸保护设施安全的活动。

设置向海域排放废水设施的，应当合理利用海水自净能力，选择好排污口的位置。采用暗沟或者管道方式排放的，出水管口位置应当在低潮线以下。建设港口、码头，应当设置与其吞吐能力和货物种类相适应的防污设施；港口、油码头、化学危险品码头，应当配备海上重大污染损害事故应急设备和器材；现在港口、码头未达到前两款规定要求的，由环境保护主管部门会同港口、码头主管部门责令其限期设置或者配备。建设岸边造船厂、修船厂，应当设置与其性质、规模相适应的残油、废油接收处理设施，含油废水接收处理设施，拦油、收油、消油设施，工业废水接收处理设施，工业和船舶垃圾接收处理设施等。建设滨海核电站和其他核设施，应当严格遵守国家有关核环境保护和放射防护的规定及标准。建设岸边油库，应当设置含油废水接收处理设施，库场地面冲刷废水的集接、处理设施和事故应急设施；输油管线和储油设施应当符合国家关于防渗漏、防腐蚀的规定。建设滨海矿山，在开采、选矿、运输、贮存、冶炼和尾矿处理等过程中，应当按照有关规定采取防止污染损害海洋环境的措施。建设滨海垃圾场或者工业废渣填埋场，应当建造防护堤坝和场底封闭层，设置渗液收集、导出、处理系统和可燃性气体防爆装置。修筑海岸防护工程，在入海河口处兴建水利设施、航道或者综合整治工程，应当采取措施，不得损害生态环境及水产资源。兴建海岸工程建设项目，不得改变、破坏国家和地方重点保护的野生动植物的生存环境。不得兴建可能导致重点保护的野生动植物生存环境污染和破坏的海岸工程建设项目；确需兴建的，应当征得野生动植物行政主管部门同意，并由建设单位负责组织采取易地繁育等措施，保证物种延续。在鱼、虾、蟹、贝类洄游通道建闸、筑坝，对渔业资源有严重影响的，建设单位应当建造过鱼设施或者采取其他补救措施。集体所有制单位或者个人在全民所有的水域、滩涂，建设构不成基本建设项目的养殖工程的，应当在县级以上地方人民政府规划的区域内进行。兴建海岸工程建设项目，应当防止导致海岸非正常侵蚀。非经国务院授权的有关主管部门批准，不得占用或者拆除海岸保护设施。

三、防治海洋工程建设项目对海洋环境的污染损害

这里把除海岸工程建设项目以外的其他海洋工程建设项目，特指海上作业的工程项目，包括海洋油气勘探开发工程、海上风力发电等，称为海洋工程建设项目。

海洋工程建设项目会一定程度地改变海底的地形地貌、景观形态、动力状况及过程、局部生态系统等。例如，油气开采中的漏油、地震勘探形成的冲击波与巨响、钻井液与钻屑的废弃、平台生活垃圾的倾倒等，都会破坏海洋环境及区域生态平衡。

我国海洋工程建设项目防污染损害管理的体制还不完善，尤其是有海上作业的相关海域尚未确定主管机构，还有待解决。但不论国家海洋工程防污染管理体制最终如何建立，作为海洋工程建设的海洋环境保护任务及其国家海洋行政管理部门的职责，还是清楚的。

海上油气开发作业需要事先进行环境影响评价，通过后方能开展工程建设项目，在环境影响评价中应包含地震勘探是否会对海洋生物造成损伤等内容。工程建设项目中需要包括对平台、船舶生产、生活废水，生活垃圾，钻井液与钻屑进行处理的基本装置，还需要考虑溢漏油事件发生时的应对设施。

平台上产生的一切废弃物都需要经过处理，如含油废水必须符合《海洋石油开发工业含油污水排放标准》后才能排放，不得未经处理就直接排放或超标排放，也不允许通过稀释降低含油量或加入消油剂后排放。再如固体废弃物，包括含油垃圾、各种残渣、废料、钻屑、塑料制品等，均禁止弃入海中，若平台空间允许的话，可以进行破碎、分选处理或焚烧处理等，若平台空间不允许，则要求储存在专门的容器里，运回陆地处理；纸制品、棉麻织物、木质包装材料和有毒化学制品等则禁止在平台上焚烧。

四、防治倾倒废弃物对海洋环境的污染损害

海上倾倒是指利用运载工具将废弃物倾倒入海，包括类似手段的海上弃置。除陆源污染物排海之外，海上倾倒对海洋环境的影响很大。世界沿海各国每年都有数量很大的废弃物倾入海洋。我国仅港口疏浚泥和部分生产废渣、粉煤灰等每年倾倒量就达 $5\ 000\times10^4\ m^3$ 左右，这些物质虽然所含有害成分含量很低，属于《1972年伦敦公约》允许倾倒范围，但毕竟数量较大，对海洋环境质量总会产生一定的不利影响。

海洋拥有独特的自然地理条件，相对地球其他地理单位来说，海洋是最为活跃的区域，海洋里的海流、波浪无时无刻不在搅动着水体，使其具有较强的净化能力。利用海洋的空间分担一部分人类生产、生活必定产生的“三废”，是合乎人类总体和长远利益的。但如何做到适量倾废，却是个比较困难的问题，不过，以现在的科学技术，只要严格地进行传统倾废管理工作，还是能够解决的。

为减少倾废对海洋环境与资源，尤其是生物资源的影响，其基本前提是科学、合理

地选划倾废区，没有相对合理的倾废区，便不能把倾废的损害降到最低程度。倾废区的选划和批准使用，是解决倾废的一个条件，在实施倾废时，必须办理倾废许可证。

倾废区的选划、许可证制度的实施固然都是倾废管理的基本内容，但防止海上倾倒活动造成危害，维持海洋生态环境的良好状况，主要还在于加强海上倾倒的经常性管理。采用船舶、飞机、岸边观测或随作业船、机等监督倾倒情况，是海洋倾废管理的基本手段和方法。从我国海上倾倒情况来看，经常会发生倾废不到位，不按规定倾倒方式进行作业或在不利海况下倾倒等问题，由此往往造成损害事件。为了避免或减少此类问题的发生，主管部门必须加强现场的巡航监视，及时发现、处理违法违规倾倒活动。

虽然倾废区是经过现场调查、科学论证和环境影响评价之后选划的，但是预测的结果不一定就是事实的结果，由于认识的局限性而发生倾废区选划不当的事例亦不少见。为掌握倾废区使用后的变化情况，必须做好周围邻近海域的环境监测工作，特别是监测水质、生态系统、海底地貌等要素的变化。通过长期监测和资料的分析，了解倾废对周围环境的影响。如发现异常应尽早采取措施，防止重大灾害的发生。如果异常是显著的，有可能造成严重危害，亦应采取减少倾倒或暂停倾倒，甚至关闭倾废区，这些都是主管部门可选择的应变行动。监测是海洋倾废动态管理的必须手段。

五、防治船舶及有关作业活动对海洋环境的污染损害

船舶故意地、任意地或意外地向海洋排放油类和其他有害物质，是海洋环境遭受污染损害的一个基本来源和重要因素。例如，海洋环境污染事件中的油类污染主要来自船舶任意或意外排放。

在世界贸易发展的带动和海洋捕捞及其海上活动的发展下，海洋交通运输和作业船舶不仅数量不断增加，而且某些专门船舶在向大型发展，特别是原油运输船，由几万吨上升到十几万吨、几十万吨。船舶数量、吨位的增加，必然发生两种结果：一是活动在海洋上的“机动污染源”增多，在其他条件不变的情况下，排放入海的油类和其他有害物质量势必上升；二是由于船舶吨位的提高，一旦有海难事故发生，若是油轮，其进入海洋的石油量将大大上升。事实上，在最近的一些年份里，世界各地海域船舶溢漏油污染事故层出不穷，数量呈现明显增加趋势。

船舶活动及对海洋产生影响的特点，决定了船舶防污染的特点，并形成防止船舶污染的保护思想、原则、方法和内容。

船舶作为运载的工具，活动性、机动性是其最主要的特点。凡是有一定范围和深度的地方都可以成为船舶活动的区域。这些区域都会受到船舶故意地、任意地或意外地排放油类和其他有害物质的影响或损害。船舶污染的这种特点，给保护工作带来了许多困难和问题，完全使用海洋工程、海洋石油勘探开发和海上倾倒等防污染的方式、方法已难以奏效，甚至可以说无法进行。为了及时发现、监督船舶海上排放污染物的情况，就需要使用快速、大面积航空、航天的遥测、遥感手段，以便尽可能在更大范围内监视船舶污染信息，为处理提供依据等。但是，不论技术发展达到多高的水平，要达到全面覆盖整个海洋或国家管辖海域，也是不大可能的，因此，缩小范围、突出重点监视、监测重

要海域或敏感、脆弱海区就成为必需的管理措施。在不少国家的船舶防污染法律中，都划出“禁区”和“特殊区域”等。例如，《国际防止船舶造成污染公约》附则Ⅰ防止油类污染规则第一章第1条第10款规定：特殊区域系指这样的一个海域，在该海域中，由于其海洋学的和生态学的情况以及其运输的特殊性质等公认的技术原因，需要采取特殊的强制办法以防止油类物质污染海洋。特殊区域包括该附则第10条所列的各海区，如地中海区域、波罗的海区域、黑海区域、红海区域和海湾区域等。科威特《防止通航水域石油污染的法令》则将科威特的内水水域，包括科威特湾封闭线向陆一方的所有区域规定为“禁区”。而将科威特领水以及太平洋与大西洋局部区域、北海与波罗的海、地中海与亚德里亚海、黑海与亚速海、红海、阿拉伯海、孟加拉湾、印度洋局部区域等列为“禁止由任何船舶、着陆物，或者船上或者着陆物上用以容纳或从着陆物向另一场所运送石油的设备排放或流失油类或其他油性混合物而污染海洋”的严禁排放海区。由于划出禁止船舶排放区，从而使实施管理成为可能。

船舶向海洋排放或可能排放的物质是多样的，有油类、含毒性液体物质、含毒固体物质、生活废水和垃圾等。而海水介质是流动的，由此决定了船舶排入海洋的污染物也不可能局限或固定在某一地点。溢漏油漂浮于海面会随风浪和表层流而扩散，影响区域可达数百、数千千米，甚至数万千米。排放的其他物质，按其物态、性质、入海后的变化和海水动力、时间等条件，也有不同的影响范围和程度，与其在陆地上的状态是完全有别的。针对这种特点，为尽量减少危害、缩小危及区域，就需要采取相应的措施，并反映到管理的有关制度上来。例如海上船舶溢油应急计划，即是根据海面漂油迅速扩散的特点而建立的防范性计划，一旦有较大溢油事故发生，主管机构将很快组织实施应急计划，首先是布放围油栏，把漂油圈闭起来，避免随风流扩散，然后进行溢油回收或使用其他方法处理。

船舶溢漏油污染多在以下环节、场合或条件下发生：一是船舶进行油类作业，比如在油轮卸油、普通船舶加油过程中，由于管路、阀门等设备或监管上的原因，发生跑、冒、滴、漏油事故；二是船舶故意、任意或意外地向海洋排放压舱、洗舱的污水，或其他的含油废、污水；三是各类海难事故，如碰撞、翻沉、触礁等产生泄油。开展有效的防止船舶油类污染管理，必须切实控制船舶溢漏油的发生及其入海的途径，并尽可能地避免船舶海难事故的发生，特别是大型油轮的海难事故。另外，根据船舶油类污染入海途径制定相关的管理制度、标准并监督贯彻执行。例如，在我国防止船舶油类污染法律法规中，对船舶油类作业及油水排放规定了具体操作细则和必须排放的含油类污染物应达到的标准以及排放的方式方法。

对于船舶装运易燃、易爆、腐蚀、有毒害和放射性物品，应采取必要的安全与防污染措施，以防止发生事故造成有毒和危险货物散落或溢翻入海，酿成污染灾害。

另外，船舶是海上的生产、生活场所，也产生“三废”物质，因此，管理或处理好这类废水、废液和垃圾也是船舶防污染管理的任务之一。船上的生活污水和垃圾应禁止排放、倾倒或有条件、有控制地排放。

六、海洋自然保护区的保护

自然保护区是一种强化的自然保护手段和方式，是指通过调研、论证，把对人类持续发展有特殊、特定价值与意义的对象及其分布地区，按照法律或行政规定程序选划、批准、建立的保护与管理的地理区域。

海洋自然保护区是指为了人类持续发展，维持海洋的多样化、丰富性，对海洋自然要素中具有不同价值的对象及其分布区，依据法律和规定程序选划出来，并经权力机关批准予以建区保护和管理的海洋地理区域，以使保护对象得以保存、延续、恢复和发展或尽可能保留原始风貌，留存后世。

我国海域纵跨3个温度带（温带、亚热带和热带），具有海岸滩涂生态系统和河口、湿地、海岛、红树林、珊瑚礁、上升流及大洋等各种生态系统。1989年年初，沿海地方海洋管理部门及有关单位，在国家海洋局统一组织下，通过调研、选点和建区论证工作，选划了昌黎黄金海岸、山口红树林生态、大洲岛海洋生态、三亚珊瑚礁、南麂列岛5个海洋自然保护区。1990年9月，国务院又批准了天津古海岸湿地、福建晋江深沪湾古森林2个海洋自然保护区。在这期间，一批地方级海洋自然保护区相继由地方海洋管理部门完成选划并经国家海洋局和地方批准建立。2011年5月19日，国家海洋局举行发布会，其新闻发言人李海清在发布会上公布“新建国家级海洋特别保护区暨保护区首批国家级海洋公园”名单，包括33个国家级海洋自然保护区、21个国家级海洋特别保护区、7个国家级海洋公园、26个省级海洋自然保护区和10个省级海洋特别保护区。

海洋自然保护区的保护对象包括原始海洋区域保护、海洋珍稀或濒危物种保护、典型海洋生态系统保护、代表性的海洋自然景观和有重要科研价值的海洋自然历史遗迹保护和综合、整体的区域海洋自然保护。原始海洋区域保护是指受人类活动影响微乎其微的海洋区域，要保护其原始性，使之不致酿成不可复得的结果。综合、整体的区域海洋自然保护是指某海区具有多个受保护的对象，比如说某些海岛，同时具有特殊的地貌、生物群落、自然遗痕等要素。

海洋自然保护区的类型可分为海洋自然景观类保护区、海洋野生生物和生态系统类自然保护区、自然历史遗迹类保护区和生物圈保留地。海洋自然保护区又可分为国家级和地方级保护区两级。在全国范围内具有典型的特殊意义，对世界有重大影响的保护对象应属于国家级自然保护区。达不到国家标准或者意义相对不够大的则归属地方级自然保护区。

海洋自然保护区应有完善的法律、法规和监管制度。另外，需要对其经常性监测和应急监测，以及时了解保护区的环境变化情况。然而，海洋自然保护区需要投入大量的人力、物力，限于目前的经济状况，我国的很多保护区都因为没有经费而名存实亡。由于海洋自然保护区对人类持续发展具有特殊意义，其中大多数保护区有着雄厚的旅游资源潜力或其他资源优势，所以在不影响保护目标实现的前提下，因地制宜地开展适度的开发与经营活动，既可以为保护区创收，增强保护区的自我发展的活力，又可以通过开发来探索资源持续利用的新途径。

第三节 海洋环境保护法规

一、《联合国海洋法公约》中关于海洋环境保护的条款

1982年，联合国第三次海洋法会议通过《联合国海洋法公约》。该公约包括1个序言，17个部分，共320条，另有9个附件和4个决议，计25万字。公约17个部分分别为：第1部分“用语和范围”；第2部分“领海和毗连区”；第3部分“用于国际航行的海峡”；第4部分“群岛国”；第5部分“专属经济区”；第6部分“大陆架”；第7部分“公海”；第8部分“岛屿制度”；第9部分“闭海或半闭海”；第10部分“内陆国出入海洋的权利和过境自由”；第11部分“区域”；第12部分“海洋环境的保护和保全”；第13部分“海洋科学研究”；第14部分“海洋技术的发展和转让”；第15部分“争端的解决”；第16部分“一般规定”；第17部分“最后条款”。公约9个附件分别是：① 高度洄游鱼类；② 大陆架界限委员会；③ 探矿、勘探和开发的基本条件；④ 企业部章程；⑤ 调解；⑥ 国际海洋法法庭规约；⑦ 仲裁；⑧ 特别仲裁；⑨ 国际组织的参加。

《联合国海洋法公约》于1994年11月16日正式生效，标志着国际海洋新秩序开始建立。《联合国海洋法公约》已成为现代海洋法的主要渊源和权威文件，被誉为“一部真正的海洋宪法”。截至目前，世界上共有152个国家批准了《联合国海洋法公约》。我国已于1996年5月15日批准了该公约，公约的生效已经并正在带来重大的影响。

《联合国海洋法公约》的第12部分“海洋环境的保护和保全”，是控制海洋环境污染，保护海洋环境的国际立法的重要组成部分。它在历史上第一次规定了各国有保护和保全海洋环境的一般义务，涉及有关国际海洋环境保护的原则性规定，要求各国应采取一切必要措施防止、减少和控制任何来源的海洋环境污染。其关于海洋环境保护的一般规定有以下四条：

（1）各国有保护海洋环境的权利、义务和责任。各国有依据其环境政策和按照其保护和保全海洋环境的职责开发其自然资源的主权权利。

（2）各国应该采取措施防止、减少和控制海洋环境污染。各国应在适当情况下个别地或联合地采取一切符合《联合国海洋法公约》的必要措施，使用其所掌握的最切实可行的方法，尽力协调他们的政策，防止、减少或者控制任何来源的海洋环境污染。这些措施应该针对海洋环境的一切污染来源：防止从陆上来源，从大气层或通过大气层或由于倾倒而放出有毒、有害或者有碍健康的物质的措施；防止来自船舶的污染的措施，特别是为了防止意外事件的发生和处理紧急情况，保证海上操作安全，防止故意和无意地排放，以及规定船舶的设计、建造、装备、操作和人员配备的措施；防止来自用于勘探或开发海床和底土的自然资源的设施和装置的污染的措施，特别是为了防止意外事件的发生和处理紧急情况，保证海上操作安全，以及规定这些设施或装置的设计、建造、装备、操作和人员配备的措施；防止来自在海洋环境内操作的其他设施和装置的污染的措施，特别是为了防止意外事件的发生和处理紧急情况，保证海上操作安全，以及规定这些设施或装置的设计、建造、装备、操作和人员配备的措施；为保护和保全稀有或脆弱的

生态系统，以及衰竭、受威胁或有灭绝危险的物种和其他形式的海洋生物的生存环境，而有必要采取的措施。

（3）各国有不将损害或危险转移或将一种污染转变为另一种污染的义务。各国在采取措施防止、减少和控制海洋环境的污染时，采取的行动不应直接或间接将损害或危险从一个区域转移到另一个区域，或将一种污染转变为另一种污染。

（4）各国在使用技术以及在引进外来的或新的物种的时候，有保护海洋环境的义务。各国应该采取一切必要的措施以防止、减少和控制由于在其管辖或控制下使用技术而造成的海洋环境污染，或由于故意或偶然在海洋环境某一特定部分引进外来的或新的物种致使海洋环境可能发生重大的有害的变化。

二、我国海洋环境保护法

1. 近现代涉及的海洋立法

我国近现代的海洋立法，最早可以追溯到1875年清政府关于沿岸10里格（1里格约为3 n mile）以内是中国领海的声明。1899年清政府和墨西哥签订的《中墨友好通商条约》，则是第一个对领海制度加以规定的双边条约。该条约第11款规定："彼此均以海岸去地3里格为水界，以退潮时为准，界内由本国按税关章程切实施行，并设法巡缉，以杜走私、漏税"。按此规定，中国的领海宽约为9 n mile。但由于当时国内连年战乱，加以外敌入侵，并未能在9 n mile内行使有效的管辖，亦未能建立起领海制度，更无从谈起海洋污染制度。

2. 新中国成立之后的海洋立法

1958年发布的《中华人民共和国政府关于领海的声明》宣布了我国领海宽度为12 n mile。领海基线采用直线基线，基线以内的水域是中国的内海，基线以内的岛屿是中国的内海岛屿。这为我国领海制度的建立奠定了基础，但由于是涉海立法工作并未能正常展开，只是在个别领域颁布了少量法律法规，如国务院于1964年发布的《外国籍非军用船舶通过琼州海峡管理规则》，在1979年8月22日国务院又批准了《中华人民共和国对外国籍船舶管理规则》。

1982年我国颁布了《中华人民共和国海洋环境保护法》，之后又陆续颁布了20多部涉海法律法规，主要包括：《中华人民共和国政府关于中华人民共和国领海基线的声明》《中华人民共和国渔业法》《中华人民共和国涉外海洋科学研究管理规定》《中华人民共和国海洋倾废管理条例》《中华人民共和国海洋石油勘探开发环境保护管理条例》《中华人民共和国防治陆源污染物污染损害海洋环境管理条例》等。以上这些法律法规基本确立了我国海洋环境保护法律框架体系，为我国的海洋环境保护工作提供了法律保障。

3. 新世纪的海洋立法

《中华人民共和国海洋环境保护法》自1983年3月1日实施以来，对规范和加强海洋环境管理，促进我国海洋经济的发展起到了积极的作用。但是，随着改革开放的不断深入，沿海经济和环境保护事业的快速发展，以及国际海洋事务的发展、变化，出现了许多新的情况和问题，使得现行法律已明显不适应形势的变化和强化海洋环境管理、切实保护海洋环境的需要，进行修订是十分必要的。

根据《联合国海洋法公约》的规定，我国拥有约 $300\times10^4\ km^2$ 的管辖海域，其面积是我国陆上领土面积的 1/3，蕴藏着丰富的海洋资源，各种海洋资源开发区活动分别形成了不同的海洋产业，已成为占全国总产值 60%左右的沿海经济的重要组成部分。同时，各种人为和自然灾害对海洋环境和资源的破坏，严重地影响着我国沿海经济的长远发展。因此，开发和保护海洋已成为我国可持续发展的重要内容之一。

为了适应形势变化的需要，更有效地依法管理海洋环境，根据全国人大立法计划的安排，九届全国人大环资委在八届人大环资委于 1995 年开始的《中华人民共和国海洋环境保护法》修改工作的基础上，经过调查研究，认真总结经验和广泛征求意见，对现行法做了较大修改，草拟出《中华人民共和国海洋环境保护法（修订草案）》，经九届全国人大常委会第十、第十一、第十二、第十三次会议 4 次审议修改后通过。修订后的《中华人民共和国海洋环境保护法》由原来的八章 48 条，变为十章 98 条，它使海洋环境管理变得更为严格和规范。

从我国海洋环境的整体状况来看，由于生活污水和工农业废水大量排海，以及违章倾倒、溢油和一定程度的养殖污染，导致赤潮、油污染、病毒等海洋环境灾害发生频率持续增加，加上其他严重破坏海洋资源的活动，使得我国海洋环境污染损害不断加剧，海洋资源基础条件破坏严重，污染范围日趋扩大；海岸及海岛自然景观破坏严重，海岸线环境变异，沿岸侵蚀严重；沿岸功能降低，部分海域功能丧失等。因此，必须采取强有力的手段，控制海洋环境的恶化。为此，这次修订在以下几个方面做出了明确规定：

（1）增加和完善了海洋环境保护法律制度的规定。完善海洋环境保护法律制度，有利于持续、规范、科学、有效地保护海洋环境，也是强化海洋环境管理的基础和根本保障。为此，这次修订增加了大量内容，把近年来国际上和我国环境保护工作中行之有效的法律制度，引入到海洋环境保护法中。这些法律制度包括：重点海域污染物总量控制制度、海洋污染事故应急制度、船舶油污损害民事赔偿制度、船舶油污保险和油污基金制度、“三同时”制度、对严重污染海洋环境的落后工艺和严重污染海洋环境的落后设备的淘汰制度、排污收费制度，以及申报制度、现场检查制度、环境影响评价制度等。同时，还对限期治理制度和海洋环境污染民事损害赔偿制度的内容做了必要的充实。

（2）充实了海洋环境监督管理的内容。为强化对海洋环境的管理，这次修订增设了“海洋环境监督管理”一章。其核心内容是在完善海洋环境保护法律制度的同时，增加了一些海洋环境管理手段，对海洋功能区规划、海洋环境保护规划、海洋环境质量标准、污染物排放标准、对海洋污染事故的处理等主要方面都做出了规定，以保证海洋环境监督管理制度更为充实和完善，更为严格和有效。同时，考虑到国家不同海域的经济发展状况和自然特点，以及沿海各地方海洋环境保护的情况，污染源排放的污染物种类等均存在着差异，允许地方在不低于国家环境保护标准要求的前提下，根据各自的特点采取更为严格的标准保护海洋环境，以适应当地经济的发展和强化海洋环境管理的需要。

（3）强化法律责任，增强法律的可操作性。“法律责任”一章，是这次修订的重点内容之一。鉴于我国海洋环境污染的严重性，社会各界呼吁应强化海洋环境管理，加强该法的可操作性。为此，“法律责任”一章增加了较多条款，由现行法的4条增加为修订后的22条；对于其他各章中有关限制性和禁止性的规定，除个别情况外，均明确了相应的法律责任，并加大了处罚力度。具体内容为：在行政责任方面，增加了行政强制措施和行政处罚手段，包括责令采取补救措施、没收违法所得、限期拆除、责令停止生产或使用、责令停业或关闭、暂扣或者吊销许可证等，并对单位违法的，规定了相应的行政责任；在民事责任方面，完善了对污染和破坏海洋环境行为的民事损害赔偿责任制度，明确规定，由于污染和破坏海洋环境，给国家造成损失的，“赔偿国家损失”，并将赔偿所得用于补偿国家损失和恢复海洋环境，同时还规定了有关船舶承担赔偿责任的内容；在刑事责任方面，依据《中华人民共和国刑法》中有关环境犯罪的规定，相应做出了追究刑事责任的有关规定。此外，补充了对造成海洋环境污染损害，在特定条件下免于承担责任的内容。

鉴于海洋环境的特殊性，保护海洋与保护海洋环境具有密不可分的关系，海洋环境保护的核心就是保护海洋生态和资源，而我国尚没有法律对保护海洋予以规范。为此，这次修订增加了“海洋生态保护”一章，对保护海洋生态提出了适当的要求。该章明确规定，沿海地方各级人民政府必须对本行政区近岸海域海洋生态状况负责，对已遭到破坏的海洋生态应当进行整治，并且该章对开发利用海洋资源，利用海水，引进海洋动、植物，海洋养殖、捕捞，开发海岛及周围海域的资源等活动，均做出了必须保护好生态的相应规定。考虑到海洋自然保护区和特别保护区的设立，是保护海洋生态的有效途径之一，有利于保护重要的生态系统、珍稀物种和海洋生态生物多样性，这次修订增加了对海洋保护区的规范。同时，鉴于我国沿海一些地区破坏海洋生态系统的现象十分严重，其中以破坏珊瑚礁和红树林最为突出，为此特别规定，对于破坏珊瑚礁、红树林等海洋生态系统的，没收违法所得，并处以罚款；对于情节严重的，还要依法追究刑事责任。

鉴于我国建立海上统一管理体制的时机尚未成熟，仍然实行分部门管理的现实，同时，根据宪法和一些相关法律以及新一届政府机构改革方案制定的“三定方案”对各部门职责分工的规定，在管理体制上明确了国务院环境保护行政主管部门作为对全国环境保护工作统一监督管理的部门，对全国海洋环境工作实施指导、协调、监督，有关部门根据各自的职责对海洋环境加强管理；为适应知识经济发展的需要，落实我国经济和社会发展的基本战略方针，发挥专业部门的科技优势，保证科学技术成果向管理手段转化，增加规定了涉海有关专业部门的管理职责；充分利用现有海洋环境保护执法队伍及其设备，避免由于重复建设给国家造成浪费。这次修订，将有利于各有关管理部门严格依法行政。

为了与国际公约相衔接，在保护我国合法权益的同时，履行我国的国际承诺，根据《联合国海洋法公约》的规定，这次修订增加了如下一些内容：对我国法律适用的海域管辖范围做出了完整的规范；明确规定“国家采取必要措施，防止、减少和控制来自大气层或者通过大气层造成的海洋环境污染损害”；增加了有关海洋应急计划的规定；在海洋倾废、船舶油污基金和保险等方面，均依据有关的国际公约或议定书，做出了相应的规定。

修订后的《中华人民共和国海洋环境保护法》于2000年4月1日起施行。这部法律高度概括了党和国家发展海洋环境保护事业的一系列方针、政策和措施，历年来取得的深刻总结及原《中华人民共和国海洋环境保护法》实施以来取得的一系列成功经验，是规范我国全部管辖海域内环境活动和行为的重要法律，是全国各地方、各部门，尤其是海洋行政主管部门和沿海地区依法从事海洋环境保护活动的行为准则。它的颁布实施，为进一步搞好海洋环境保护和海洋资源的合理开发利用提供了强有力的法律保障，标志着我国海洋事业发展进入一个新的历史时期。

2013年，对《中华人民共和国海洋环境保护法》再次进行修订，修订的部分内容为：

（1）将第43条修改为：海岸工程建设项目的单位，必须在建设项目可行性研究阶段，对海洋环境进行科学调查，根据自然条件和社会条件，合理选址，编报环境影响报告书。环境影响报告书报环境保护行政主管部门审查批准。环境保护行政主管部门在批准环境影响报告书之前，必须征求海洋、海事、渔业行政主管部门和军队环境保护部门的意见。

（2）将第54条修改为：勘探开发海洋石油，必须按有关规定编制溢油应急计划，报国家海洋行政主管部门的海区派出机构备案。

根据上述法律和行政法规以及《中华人民共和国领海及毗连区法》和《中华人民共和国专属经济区和大陆架法》的有关规定，凡在我国内水、领海、专属经济区和大陆架从事航行、勘探、开发、生产、旅游、科学研究及其他活动的任何单位和个人，包括中国和外国的单位和个人，以及国际组织都应当遵守中国的海洋环境保护法律制度。

第四节　海洋环境保护标准

环境标准是指有关控制污染，保护环境的各项标准的总称。它应当解决的主要问题包括：人类健康及其生命支持系统和社会财产不受损害的环境适宜条件是什么？为了保障社会持续发展，人类的生产、生活活动对环境的影响和干扰应控制的限度和数量界限是什么？

前者是环境质量标准的任务，后者是污染物排放标准的任务。由这两方面出发，环境标准可被定义为：为保护人类及其生命支持系统和社会财产，对环境中有害成分或有害因子的存在强度及其在排放源的发生强度所规定的阈值和与实现阈值或阈值测量有关的技术规范。

海洋环境标准是针对海洋环境调查、海洋环境保护、海洋环境预警报、海洋环境信息的需要而制定的，是属于海洋标准体系的一个子标准体系。海洋环境标准的依据是《中华人民共和国标准化法》《中华人民共和国标准化法实施条例》《国家标准管理办法》《行业标准管理办法》《全国专业标准化技术委员会管理办法》《全国专业标准化技术委员会章程》《海洋标准化管理办法》和《全国海洋标准化技术委员会章程》。

一、我国海洋环境保护标准发展史

20 世纪 50 和 60 年代，是我国国民经济恢复和国家第一个到第三个五年建设计划时期。在这一时期中，国家注重恢复发展传统海洋产业，相应的海洋政策仅涉及盐业、渔业等少数几项海洋产业。海洋事业方面制定的法规大都是为了加强行政管理，对海洋环境保护的重视不够，由于技术水平比较落后，因此没有制定相关海洋环境标准的文件。

20 世纪 70 和 80 年代，海洋环境标准制定的突出特点是针对工业污染源和海上石油污染。1973 年是我国环境保护起步阶段，首先发布实施了《工业“三废”排放试行标准》，参考世界各国排放标准并结合我国实际情况，要求做到既能防止危害，又在技术上可行。该标准的内容包含了废水排放的若干规定等，主要体现了当时我国环境保护的主要目标是对工业污染源的控制，主要控制污染物是重金属、酚、氰等 19 项水污染物。该标准在我国环境保护初期，间接对控制工业污染源污染海洋产生了重要作用，可以说是第一个涉及海洋环境标准的文件。

随着海上石油运输事业迅速发展，油轮运输事故日益增多，海洋石油污染成为威胁我国海洋环境的突出问题。为了防止我国沿海水域污染，1974 年 1 月国务院批准试行《中华人民共和国防止沿海水域污染暂行规定》，该规定对沿海水域的污染防治，特别是对船舶压舱水、洗舱水和生活废弃物的排放，做了详细的规定。该规定为以后设计专门的防止油类污染物的海洋标准做了铺垫。

20 世纪 80 年代，海洋环境标准的制定主要是针对船舶污染海洋及陆上综合污水。进入 20 世纪 80 年代，海洋环境保护问题正式提到国家的议事日程，海洋环境保护的法律建设有了更加迅速的发展。1982 年 4 月国务院环境保护领导小组颁布了《海水水质标准》，规定了海水水质分为三类及每类海水中有害物质最高容许浓度。这是我国第一部海洋环境质量标准。

为配合《中华人民共和国海洋环境保护法》中关于海洋环境标准规定的实施，1983 年我国实施了《船舶污染物排放标准》，规定了船舶含油污水、船舶生活污水及船舶垃圾的最高容许排放浓度，1985 年实施了《船舶工业污染物排放标准》和《海洋石油开发工业含油污水排放标准》。这些标准都是为了规范向海洋直接排放含油污水的行为，这些标准的制定有助于更好地实施海洋环境标准，使《中华人民共和国海洋环境保护法》中的规定和标准真正有据可依。

1984 年 5 月，我国颁布了《中华人民共和国水污染防治法》，明确规定了水环境质量标准和污染物排放标准的制定(修订)、实施、管理和监督，使水环境标准制度有了法律保障。因为陆地水质与海洋水质有密切的联系，水环境质量标准和污染物排放标准的规定对于海洋环境标准有着重要的作用。

另外，20 世纪 80 年代，有机污染日趋严重，城市污水等生活污染问题愈加突出，主要工业部门的有机污染也不断增加，这些都对海洋环境造成了巨大的压力。因此，我国在 80 年代制定了《污水综合排放标准》，并且对轻工、冶金等 30 多个主要行业制定了水污染物排放标准 31 项，从标准上进一步加强对主要工业污染源的水污染物的排放控制。这些行业水污染源排放标准的制定和实施对海洋环境标准也是重要的完善。

20 世纪 90 年代以后，我国主要进行了有关海洋环境标准的修订和协调工作，同时制定了《海洋标准化管理办法》，使海洋环境标准的制定更具规范性。

随后，海洋环境标准的发展加快了步伐，有关部门结合标准的清理整顿工作，提出综合排放标准与行业排放标准不交叉执行的原则。结合新的标准体系和 2000 年环境目标的要求，对《污水综合排放标准》再次进行修订。新标准于 1996 年发布。新修订的主要内容是形成了污水综合排放标准和行业水污染物排放标准两类标准。与此同时，也对国家部分行业水污染物排放标准进行了修订，有些排放标准则予以废止。

随着《渔业水质标准》的制定出台，《海水水质标准》也进行了修订，在原来三类水质标准的情况下改为四类，并且对海水水质有了更加细致的规定，增加了海水水质的分析方法，更具有操作性。

为了规范海洋标准化活动，提高海洋标准的科学性、协调性和适用性，制定了《海洋标准化管理办法》，明确规定对海洋环境保护的各项要求和检测、分析、检验方法应当制定海洋标准，并且对海洋标准的范围、立项、制定（修订）、审批、复审等做出了明确的规定，使得有关海洋环境标准的一系列活动更加规范化。

二、我国海洋环境保护标准

我国目前的环境标准体系，由两级五类构成：两级分别是国家环境标准和地方环境标准；五类分别是环境质量标准、污染警报标准、污染物排放标准、环境保护基础标准和环境保护方法标准。

五类环境标准是互相联系、互相制约的。环境质量标准是环境质量的目标，是制定污染物排放标准的主要依据；污染物排放标准是实现环境质量标准的主要手段和措施；污染警报标准，实际上是污染物排放标准的另一种表达形式，它的制定依据是环境质量标准，并为环境质量目标服务；环境保护基础标准是制定环境质量标准、污染物排放标准、污染警报标准、环境保护方法标准的总体指导原则、程序和方法；环境保护方法标准是制定、执行环境质量标准、污染物排放标准、污染警报标准的重要技术根据和方法。

国家制定的全国环境质量标准、污染物排放标准、污染警报标准、环境保护基础标准和环境保护方法标准，在全国各地或特定区域执行。当地方执行国家环境质量标准、国家污染物排放标准或污染警报标准不适于地方环境特点和要求时，省、自治区、直辖市人民政府有权组织制定地方环境质量标准、污染物排放标准、污染警报标准。此时，国家环境标准成为制定地方环境标准的依据，是指导标准，而地方环境标准则是执行标准。国家环境标准的执行作用，通过地方环境标准对污染源的控制而实现。在制定地方环境质量标准时，对国家环境标准中没有规定的项目，可制定补充标准；对已确定的项目一般不宜变动。在国家环境标准和地方环境标准并存的情况下，要执行地方环境标准；没有颁布地方环境标准的地区或地方环境标准没有规定的项目，仍然执行国家环境标准。这在《中华人民共和国环境保护法》第 16 条中也有规定：对国家污染物排放标准中已做规定的项目，可以制定严于国家污染物排放标准的地方污染物排放标准。环境保护基础标准和环境保护方法标准则由国家统一颁布，适用于全国。前者如《环境标准管理办法》，后者如《海洋监测规范》。总之，国家环境标准是按全国一般情况制定的，而地方环境标准是紧密结合地方环境特点，以及科技、经济条件等制定的。两者是一般和特殊、共性和个性的关系，前者是后者的根据，后者是前者的补充和完善，两者是一个完整的统一体。

表 3-1 为我国现有海洋环境保护方面的标准，各项环境标准之间的关系如图 3-1 所示。

表 3-1　我国现有海洋环境保护方面的标准目录

序　号	标准编号	标准名称	发布日期
1	GB 3097—1997	海水水质标准	1997-12-03
2	GB 18668—2002	海洋沉积物质量	2002-03-10
3	GB 18421—2001	海洋生物质量	2001-08-28
4	GB/T 17504—1998	海洋自然保护区类型与级别划分原则	1998-10-12
5	GB 17378.1—2007	海洋监测规范第 1 部分：总则	2007-10-18
6	GB 17378.2—2007	海洋监测规范第 2 部分：数据处理与分析质量控制	2007-10-18
7	GB 17378.3—2007	海洋监测规范第 3 部分：样品采集、贮存与运输	2007-10-18
8	GB 17378.4—2007	海洋监测规范第 4 部分：海水分析	2007-10-18
9	GB 17378.5—2007	海洋监测规范第 5 部分：沉积物分析	2007-10-18
10	GB 17378.6—2007	海洋监测规范第 6 部分：生物体分析	2007-10-18
11	GB 17378.7—2007	海洋监测规范第 7 部分：近海污染生态调查和生物监测	2007-10-18
12	GB/T 12763.1—2007	海洋调查规范第 1 部分：总则	2007-08-13
13	GB/T 12763.2—2007	海洋调查规范第 2 部分：海洋水文观测	2007-08-13
14	GB/T 12763.3—2007	海洋调查规范第 3 部分：海洋气象观测	2007-08-13
15	GB/T 12763.4—2007	海洋调查规范第 4 部分：海水化学要素调查	2007-08-13
16	GB/T 12763.5—2007	海洋调查规范第 5 部分：海洋声、光要素调查	2007-08-13
17	GB/T 12763.6—2007	海洋调查规范第 6 部分：海洋生物调查	2007-08-13
18	GB/T 12763.7—2007	海洋调查规范第 7 部分：海洋调查资料交换	2007-08-13
19	GB/T 12763.8—2007	海洋调查规范第 8 部分：海洋地质地球物理调查	2007-08-13
20	GB/T 12763.9—2007	海洋调查规范第 9 部分：海洋生态调查指南	2007-08-13
21	GB/T 12763.10—2007	海洋调查规范第 10 部分：海底地形地貌调查	2007-08-13
22	GB/T 12763.11—2007	海洋调查规范第 11 部分：海洋工程地质调查	2007-08-13
23	GB/T 17923—1999	海洋石油开发工业含油污水分析方法	1999-12-06
24	GB/T 19485—2004	海洋工程环境影响评价技术导则	2004-03-25
25	GB/T 19570—2004	污水排海管道工程技术规范	2004-07-26
26	GB/T 19571—2004	海洋自然保护区管理技术规范	2004-07-26
27	GB/T 14914—2006	海滨观测规范	2006-02-16

续表 3-1

序　号	标准编号	标准名称	发布日期
28	GB/T 20259—2006	大洋多金属结核化学分析方法	2006-06-02
29	GB/T 20260—2006	海底沉积物化学分析方法	2006-06-02
30	GB/T 21247—2007	海洋溢油鉴别系统规范	2007-10-18
31	GB/T 22413—2008	海水综合利用工程环境影响评价技术导则	2008-10-20
32	GB 4914—2008	海洋石油勘探开发污染物排放浓度限值	2008-10-19
33	GB 18420.1—2009	海洋石油勘探开发污染物生物毒性第 1 部分：分级	2009-03-01
34	GB 18420.2—2009	海洋石油勘探开发污染物生物毒性第 2 部分：检验方法	2009-03-01
35	GB/T 25054—2010	海洋特别保护区选划论证技术导则	2010-09-26
36	GB/T 17108—2006	海洋功能区划技术导则	2006-12-29

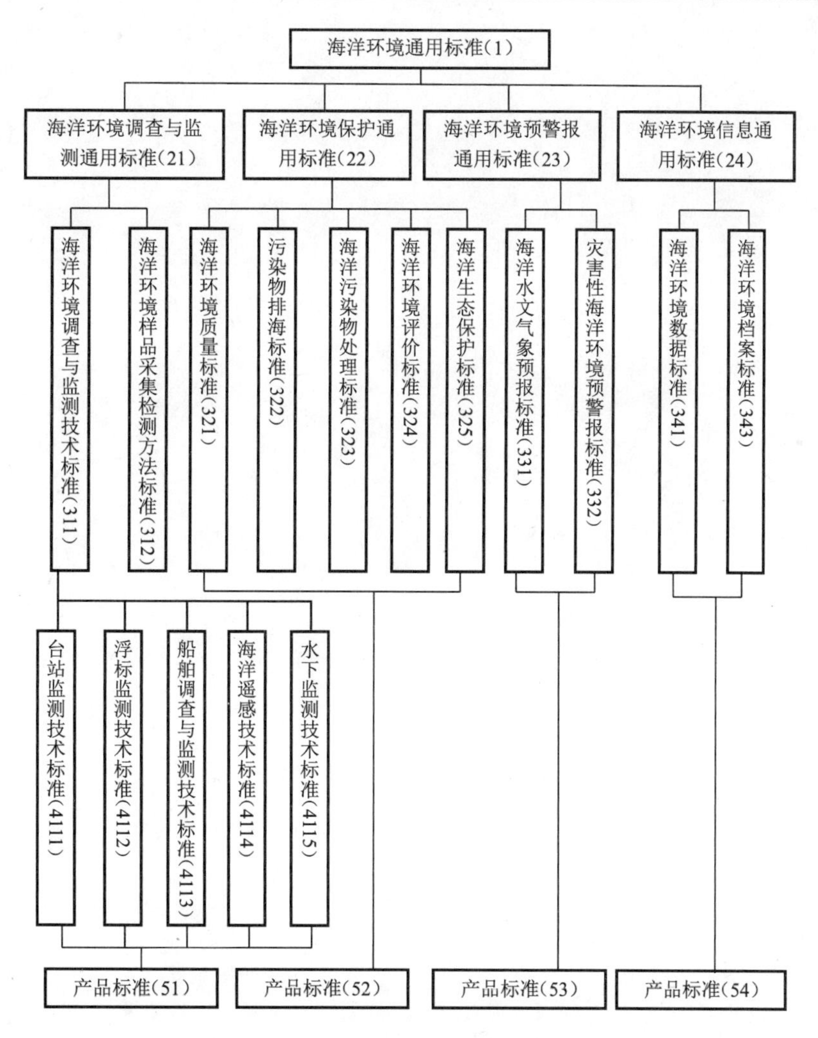

图 3-1　我国海洋各项环境标准之间的关系
（图示各标准名后第一个数字 1～5 为标准的层次等级，
第二个数字为该层次下的标准编号，依次类推）

思考题与习题

3–1 海洋环境保护的含义是什么?

3–2 海洋环境保护遵循的基本原则包含哪些内容?

3–3 试述海洋环境保护的科学发展理论的内涵。

3–4 海洋环境保护的主要任务有哪些?

3–5 海洋自然保护区的保护对象是什么?

3–6 船舶对海域的污染事故屡有发生,试述船舶污染的特点和防污染措施。

3–7 《联合国海洋法公约》中对海洋环境保护的一般规定有哪些?

3–8 我国海洋环境保护管辖的区域范围有哪些?

3–9 试述制定海洋环境标准的意义和作用。

第四章 海洋环境监测

海洋环境监测是指在设计好的时间和空间内，使用统一的、可比的采样和检测手段，获取海洋环境质量要素和陆源入海物质资料，以阐明其时空分布、变化规律及其与海洋开发、利用和保护关系的全过程。本章重点介绍海洋环境监测的意义、任务及过程。

第一节 海洋环境监测简介

一、海洋环境监测的目的及意义

环境监测是随着环境科学的形成和发展而出现，并在环境分析的基础上逐步发展起来的。海洋环境监测是环境监测的分支和重要组成部分，但就其对象和目的而言，海洋环境监测与传统的海洋观测有着本质的不同。海洋环境监测的对象可分为三大类：① 造成海洋环境污染和破坏的污染源所排放的各种污染物或能量；② 海洋环境要素的各种参数和变量；③ 由海洋环境污染和破坏所产生的影响。

海洋环境监测的目的是及时、准确、可靠、全面地反映海洋环境质量和污染物来源的现状和发展趋势，为海洋环境保护和管理、海洋资源开发利用提供科学依据。

海洋环境监测是海洋环境保护的“耳目”，是海洋环境保护的重要组成部分。海洋环境保护必须依靠海洋环境监测，具体表现在如下三个方面：第一，及时、准确的海洋环境质量信息是确定海洋环境保护目标、进行海洋环境决策的重要依据，这些信息的获取要依靠监测，否则很难实现科学的目标管理；第二，海洋环境保护制度的贯彻执行要依靠环境监测，否则制度和措施将流于形式；第三，评价海洋环境保护和陆源污染治理效果必须依靠海洋环境监测，否则很难提高科学管理的水平。由此可见，海洋环境监测是海洋环境保护的重要支柱。海洋环境监测的这些重要作用决定了其在海洋环境保护事业中的基础性地位。

二、海洋环境监测的任务

海洋环境监测的基本任务包括五点：

（1）对海洋环境中各项要素进行经常性监测，及时、准确、系统地掌握和评价海洋环境质量状况及发展趋势；

（2）掌握海洋环境污染物的来源及其影响范围、危害和变化趋势；

（3）积累海洋环境本底资料，为研究和掌握海洋环境容量，实施环境污染总量控制和目标管理提供依据；

（4）为制定及执行海洋环境法规、标准及海洋环境规划、污染综合防治对策提供数据资料；

（5）开展海洋环境监测技术服务，为经济建设、环境建设和海洋资源开发利用提供科学依据。

三、海洋环境监测的分类

海洋环境监测的分类方法很多，按其手段和方式可分为三类：

（1）对海洋环境各种组分（水相、沉积物相、生物相）中污染水平进行测定的化学监测；

（2）测定海洋环境中物理量及其状态的物理监测；

（3）利用特征对环境变化的反应信息，如群落、种群变化、生长发育异常、致畸、致突变等作为判断海洋环境影响手段的生物监测。

海洋环境监测按其实施周期长短和目的性质可分为四类：

（1）例行监测。例行监测是指在基线调查的基础上，经优化选择若干代表性监测站和项目，对确定海域实施定期或不定期的常规监测。

（2）临时性监测。临时性监测是一种短周期监测工作，其特点为机动性强，与社会服务和环境保护有着更直接的关系。例如，出于经济或娱乐目的对特定海域提出特殊环境保护要求时或有新的海洋开发活动或近岸工业活动时，都会进行临时性监测。

（3）应急监测。应急监测是指在突发性海洋污染损害事件发生后，立即对事发海区的污染物性质和强度、污染作用持续时间、侵害空间范围、资源损害程度等进行的连续短周期观察和测定。应急监测的主要目的：一是及时、准确地掌握和通报事件发生后的污染动态，为海洋污染损害事件的善后治理和恢复提供科学依据；二是为执法管理和经济索赔提供客观公正的污染损害评估报告。

（4）研究性监测。研究性监测又称科研监测，属于高层次、高水平、技术比较复杂的具有探索性的一种监测工作，如为确定污染物从污染源到受体的运动过程、鉴别新的污染物及其对海洋生物和其他物体的影响、研制监测标准物、推广监测新技术等进行的监测活动。

除上述分类外，还有按监测介质分类的水质监测、沉积物监测、生物监测和界面大气监测；按监测功能和机制分类的控制性监测、趋势性监测和环境效应监测；按监测工作深度和广度分类的基线调查、沾污监测、生物效应监测和综合效应监测等。

第二节　海洋环境监测过程

一、监测方案

进行海洋环境监测的基本原则是：① 要有明确的监测目的；② 要有完善合理的监测计划；③ 要有正确的监测方法、监测手段和质量保证措施；④ 要有分析评价监测数据的科学方法。这些原则应具体体现在由监测方案设计、样品采集及储运、分析测试、数据处理、综合评价等主要环节所组成的监测过程之中，如图 4-1 所示。

监测方案设计是海洋环境监测的第一个关键环节。监测方案设计的根本目的是以最少的费用获取空间与时间上最有代表性的关于海洋环境质量和污染参数的数据，具体说，就是在费用、人力和物力条件约束下，寻求达到预期监测目标的最有代表性的环境参数、最合理的监测站位布设和时间分配。确定监测参数、站位及频率的一般原则是：① 实用原则，即监测数据并非越多越好，而是越有用越好；② 经济原则，即根据能力和条件，要有费用效益分析；③ 优先污染物优先监测原则。

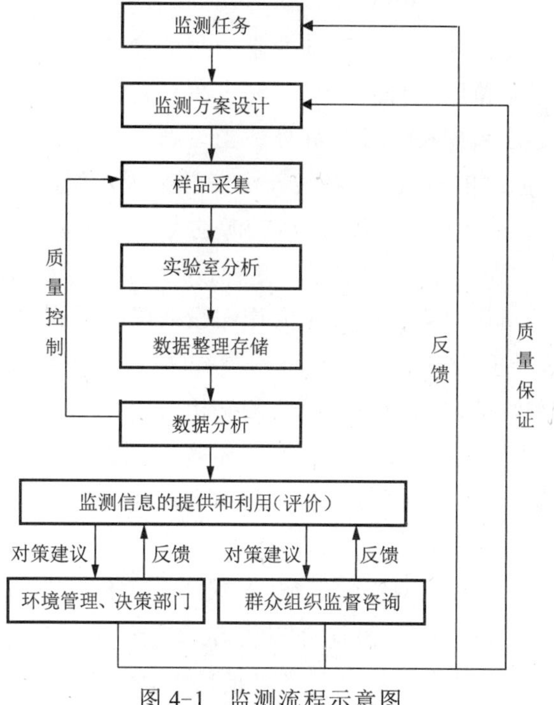

图 4-1　监测流程示意图

在进行方案设计前，必须做好有关基本资料的调查和收集工作，这些资料包括：① 拟监测海域的污染源资料，包括陆源（点源和非点源）和海上源；② 拟监测海域已有的水文资料和环境质量资料；③ 拟监测海域的地形、地貌等资料；④ 拟监测海域的功能分区和沿海地区经济、社会发展规划的资料。

资料收集后，需要确定监测目标。监测目标应具体体现监测的目的，不能脱离监测目的和更高层次的目标。另外，目标应相对明确和具体，便于操作。否则，其方案设计的后续工作如监测站布设、参数选择和频率确定等将陷入盲目性，即便勉强完成方案设计，实施后也难以满足实际需要。

目标确定后，需要布设监测站。监测站的布设以能真实反映监测海域环境质量状况的空间趋势为前提，以最少数量的监测站所获得的监测结果能满足监测目标为原则。在布设中综合考虑五点因素：① 有一定的数量和密度，在突出重点区的前提下，能总体反映监测海域的环境全貌；② 设站海区的功能特征及其经济地位；③ 污染源的分布和海区的污染状况；④ 海区的水动力状况；⑤ 兼顾监测对象种类以及监测站的协调。

监测海区一般应同时设置三种采样站位，即控制站位、消减站位和对照站位。以水质监测站为例，控制站位主要反映本地区排污对海域水质的影响，其位置应设在排污区（口）的下游，污染物与海水能较充分混合处。根据污染源的分布和排污状况，可设置 1 至数个控制断面（点）。控制断面（点）与排污区（口）的距离应根据主要污染物的迁移转化规律、排污流量和海区的水动力特征确定。消减站位反映海域对污染物的稀释净化情况，其位置设在控制断面（点）的下游，主要污染物浓度有显著下降处。对照站位设在基本不受本地区污染影响处，应远离城市、居民稠密区、工业区、海上经济活动区、主要航线等。

除设置上述监测站外，还应在有特殊要求的海域设站或增加监测站密度，如重要渔场和养殖区、主要风景游览区、自然保护区、海上废弃物倾倒区、海上石油开发区以及环境敏感区等。同时，还应考虑在国际交界处适当设站。

目前近岸水质监测站的布设，针对某一污染源来说，一般采取收敛型集束式（近似扇形）与控制断面相结合的方式，即依据污染源的特点和水动力条件分别设置 2～4 条断面，在每条断面上设置 3～5 个监测站。此种设站方式适用于河口、排污口附近的海域及海湾等，在开阔的沿岸区则可平行于海岸布设或以网格式布设。

沉积物监测站按断面设置在细颗粒沉积类型区，在主要污染源附近和倾废区设置若干“热点”站。沉积物监测站应与水质监测站相对应。

生物残毒监测站应依据污染源、生物栖息环境与（生物）资源分布状况等条件布设，以经济贝类和底栖鱼类为监测对象；生态监测站和污染生物效应监测站应与水质、沉积物监测站协调一致。

对某些进行过监测或基线调查的海域，可采用一些统计学方法进行监测站布设或优化，如方差分析法、聚类分析法、最优分割法、R 型因子分析法等。

由于受人力、物力、技术水平和其他条件的限制，不能也没必要在布设好的监测站对所涉及的参数全部进行监测。要根据监测的目的、污染物的性质和危害程度等，对监测参数进行必要的筛选，从中挑选出对解决现有问题最关键和最迫切的参数。这样做不仅能较快地解决实际问题，而且对人力、物力的使用更为合理。选择监测参数的参考原则为：

(1) 对污染物的性质如自然性、化学活性、毒性、扩散性、持久性、生物可分解性和积累性等做全面分析，从中选择影响面广、持续时间较长，不易或不能被微生物分解而且能使海洋动植物发生病害的物质作为例行监测参数；

(2) 选择污染源排放量多，并被历年监测和调查证实的海区主要污染物；

(3) 选择能反映海区综合环境质量的指标和指示物；

(4) 选择根据社会调查或经济发展确定的潜在主要污染物；

(5) 选择的监测参数，在实施阶段必须有可靠(成熟)的方法和技术装备支持，并保证能获得有意义的监测结果；

(6) 监测所获得的数据，要有可比较的标准或能做出正确的解释和判断，如果监测结果无标准可比，又不了解所获监测结果对人体和海洋生物的影响，将会使这类参数的监测陷入盲目性。

监测站的位置主要决定监测数据的空间代表性，而监测频率则主要决定监测数据的时间代表性。监测频率过高则费用太多，没有必要，频率太低则使数据缺乏代表性，适度的监测频率可以在投入较少的情况下，较准确地把握环境质量的时间变化趋势和规律。确定监测频率的一般原则为：

(1) 力求以最低的采样频率，取得最有时间代表性的样品；

(2) 充分考虑污染物排海的规律、影响范围、污染物在环境介质中的时间变异程度、海域水体功能及有关的水文特征；

(3) 既要满足监测的目的与评价的需要，又要实际可行。

一般来说，近岸区水质监测需要较高的频率。重点污染区断面监测站应每月 1 次，在养殖区的养殖季节和海滨旅游区的旅游旺季，监测频率则应适当加大，甚至每周 1 次或更多，近海区水质监测每年 2～4 次。沉积物监测频率两年 1 次，重点污染源附近“热点”站每年 1 次。生物残毒监测每年 1 次(成熟期)或 2 次(初长期和成熟期)；生物效应监测视具体情况而定。岸滨和岛屿定点监测频率较高，最高可达每月 1 至数次连续 24 h 监测(每 2～3 h 采样 1 次)。

二、大气样品的采集与测试

海洋大气污染调查的目的是为了了解和掌握海洋上空有害物质的分布和迁移规律，跟踪污染源和评价污染物的入海流量，为海洋环境保护和管理提供资料和科学依据。

1. 采集

大气样品采集的站位选择要求有代表性，即代表所采样的大气环境，且采样高度要求当地尘灰和浪花达不到采样器所安放的位置。若在船上采样，应安装有采样架，架子的高度以避开船甲板环境污染为宜，建议使用风速风向传感装置自动控制抽气泵的运转，以避开船上烟尘的污染。

(1) 气体样品采集。

气体样品采集可分为总量采集和气态分量采集。通常的气态分量采集要求在气态分量采集瓶或管前加上 0.45 μm 的滤膜装置，使颗粒分量被截留在滤膜上面。气体采样方法又可分为溶液吸收法和固体吸附法。

溶液吸收法：由抽气泵系统和吸收管组成。常用的吸收管有多孔玻璃吸收管、大型气泡吸收管、小型冲击式吸收管和多孔板吸收管。

固体吸附法：利用某些固态物质对被测气体的吸附特性采集样品，而后利用物理或化学方法解吸。这种方法选择性强，便于样品的保存和传递。活性炭采样管采样为其中的一种方法。

(2) 颗粒样品采集。

常用的颗粒样品采集器有过滤式和撞击式两种。这两种样品采集器都由采样头、流量计、调压器和抽气泵四部分组成，其中抽气泵又可分为大容量(大于 20 m^3/h)、中容量(1～20 m^3/h)和小容量(小于 1 m^3/h)三种。

滤膜通常采用玻纤滤纸、定量滤纸或醋酸纤维滤膜。根据被测物质的不同性质和含量而采用不同的滤膜类型，如定量滤纸主要用于硫的分析，定量滤纸、聚苯乙烯和醋酸纤维滤膜可用于重金属分析，玻纤滤纸可用于有机物的测定。

对于微量无机物质的采集，滤膜固定夹头和防雨罩最好采用干净的塑料制作，如聚乙烯板材。用于有机物采集的装置则要求用铝合金或不锈钢料制成。

(3) 雨水样品采集。

采集雨水主要用于降雨量测定和雨水中被监测物质含量的测定。近海雨水收集可使用聚乙烯、玻璃或不锈钢制成的容器，将其安放在离地 1～3 m 高处；船上收集时，收集器应放在甲板迎风处，并避免浪花溅入和烟灰沾污。常用的雨水收集器有容积式雨水收集器和湿式雨水收集器两种。容积式雨水收集器一般是敞开式的，优点是简便、可靠，不需要电源驱动。而湿式雨水收集器只有在下雨时才工作，如目前常用的雨滴传感自动雨水收集器，当雨滴大到收集器的程度时，传感装置控制自动打开第一个雨水收集容器，然后按程序控制时间依次打开第二、第三个进行雨水采集，直到雨停为止。其优点是可以把每次降雨分成不同时间间隔的样品。

采集前，收集器要进行清洗。若用酸洗时，最后的淋洗液要用电导仪测一下电导，以检测收集器是否被沾污。

为了便于以后的数据分析，采样时，应同时收集温度、湿度、风向、风速、气压资料以及天气形势图。

2. 保存和处理

采集后的气体样品如不能当天分析，则应放在冰箱内保存。在样品采集、运输和保存过程中，应避免日光直接照射。固体吸附采样管在完成采样后，两端需用塑料小帽密封。

截留在滤膜上的颗粒样品，保存时应把滤膜对折，注意让滤膜的颗粒截留面朝内，然后把滤膜放进预先清洗干净的塑料袋中，再放入冰箱内保存。

用于无机离子分析的雨水样品，在 pH 值为 3.5～4.5、温度为 4 ℃下，可保存 8 个月，但氯化物和磷酸盐的含量可能会变化。而当 pH＞5 时，由于生物活动可能会使其组成改变，一般采样延续时间不能超过 1 周。

样品处理要求在干净的环境中进行，最好是在空气洁净度为 100 级的操作台上进行。分取滤膜样时，必须剪取滤膜的有效暴露部分。处理有机物样品的器具和容器要求采用玻璃、铝或不锈钢材料制品。处理微量金属元素样品时，所用器具如手套、镊子、垫板或容器、移液管头等要求采用聚乙烯材料制品，剪刀最好采用有机玻璃材料制品。

3. 测定项目和方法

海洋大气测定项目和方法见表 4-1，具体测试分析详见《海洋监测技术规程第 4 部分：海洋大气》（HY/T 147. 4—2013）。

表 4-1 海洋大气测定项目和方法

项目	分析方法	测定项目	检出限 /（干：$ng \cdot m^{-3}$；湿：$\mu g \cdot L^{-1}$）
铜	电感耦合等离子体质谱法	总悬浮颗粒物样品的测定	0. 227
		降水样品的测定	0. 40
铅	电感耦合等离子体质谱法	总悬浮颗粒物样品的测定	0. 128
		降水样品的测定	0. 08
锌	电感耦合等离子体质谱法	总悬浮颗粒物样品的测定	0. 412
		降水样品的测定	0. 60
镉	电感耦合等离子体质谱法	总悬浮颗粒物样品的测定	0. 040
		降水样品的测定	0. 02
铬	电感耦合等离子体质谱法	总悬浮颗粒物样品的测定	0. 302
		降水样品的测定	0. 10
砷	电感耦合等离子体质谱法	总悬浮颗粒物样品的测定	0. 043
		降水样品的测定	0. 30
铁	电感耦合等离子体质谱法	总悬浮颗粒物样品的测定	0. 42
		降水样品的测定	0. 90
磷酸盐	流动分析法	总悬浮颗粒物样品的测定	3. 15
		降水样品的测定	0. 99
亚硝酸盐	流动分析法	总悬浮颗粒物样品的测定	2. 65
		降水样品的测定	0. 35
铵盐	流动分析法	总悬浮颗粒物样品的测定	3. 11
		降水样品的测定	5. 70
硝酸盐	流动分析法	总悬浮颗粒物样品的测定	2. 70
		降水样品的测定	1. 04
总磷	流动分析法	总悬浮颗粒物样品的测定	4. 03
		降水样品的测定	10. 0

续表 4-1

项　目	分析方法	测定项目	检出限 /（干:ng·m^{-3};湿:μg·L^{-1}）
多环芳烃	高效液相色谱法	总悬浮颗粒物样品的测定	Nap:0. 50 Acp:0. 29 Fl:0. 12 Phe:0. 25 An:0. 25 Flu:0. 20 Pyr:0. 12 BaA:0. 12 Chr:0. 12 BbF:0. 25 BkF:0. 12 BaP:0. 25 DbA:0. 20 BghiP:0. 23 InP:0. 28
		降水样品的测定	Nap:1. 00 Acp:0. 60 Fl:0. 25 Phe:0. 50 An:0. 50 Flu:0. 40 Pyr:0. 25 BaA:0. 25 Chr:0. 25 BbF:0. 60 BkF:0. 25 BaP:0. 50 DbA:0. 50 BghiP:0. 50 InP:0. 60
多氯联苯	气相色谱法	总悬浮颗粒物样品的测定	CB28:0. 005 CB52:0. 005 CB155:0. 004 CB101:0. 010 CB118:0. 005 CB153:0. 010 CB138:0. 010 CB180:0. 004
		降水样品的测定	CB28:0. 05 CB52:0. 05 CB155:0. 04 CB101:0. 10 CB118:0. 05 CB153:0. 10 CB138:0. 10 CB180:0. 04

注:多环芳烃和多氯联苯的检出限单位为干:pg·m^{-3};湿:ng·L^{-1}。

三、海水样品的采集与测试

1. 采集

海水水质样品的采集分为采水器采样和泵吸式采样。采水器采样的方式通常有开-闭式采样和闭-开式采样两种。开-闭式采样是将采水器开口降到预定深度后，由水面上给一信号使之关闭，这是常用的方式，如南森采水瓶和有机玻璃采水器。而闭-开式采样是将采水器以密闭状态进入海水，达到预定深度后打开，充满水样后即关闭，如表层油样采水器等。泵吸式采样是将塑料管放至预定深度后，用泵抽吸采集样品。此外，采集表层水样时，还可用塑料水桶来采集。

无论使用何种采水器采集水样，均应防止采水器对水样的沾污，如采集重金属污染样品时，应避免使用金属采水器采样，在采样前应对采水器进行清洁处理等。从采水器中取出样品进行分装时，一般按易发生变化的先分装的原则，先分装测定溶解气体的样品，如溶解氧、硫化物及 pH 等，再分装受生物影响大的样品，如营养盐类等，最后分装重金属样品。

海水采样的层次与水深有关，详见表 4-2。

表 4-2　海水采样层次

水深范围 / m	标准层次	底层与相邻标准层的最小距离 / m
小于 10	表　层	
10～25	表层、底层	
25～50	表层、10 m、底层	
50～100	表层、10 m、50 m、底层	5
100 以上	表层、10 m、50 m、以下水层酌情加层、底层	10

注：① 表层是指海面以下 0.1～1 m；
② 底层，对河口及港湾海域最好取离海底 2 m 的水层，深海或大风浪时可酌情增大离海底的距离。

2. 水样的保存、处理和测定

（1）海水样品的过滤。

根据各个监测项目的要求不同，有的是测定总量，有的是测定溶解态含量，有的是测定颗粒态含量，测定溶解态或颗粒态含量的，需要将样品进行过滤。过滤时使用的滤膜是孔径为 0. 45 μm 的微孔滤膜。凡能通过滤膜的称为溶解态，被滤膜截留的部分称为颗粒态。在过滤前，应防止滤器对水样中待测物质的吸附和沾污。

（2）样品容器的材质选择和洗涤。

选择作为水质样品存放的容器材质应对水样的沾污程度最小，且便于清洗和对容器壁进行处理，使之对重金属、放射性核素及其他成分的吸附能力最低。容器的材质还需具有化学和生物方面的惰性，使样品与容器之间的作用保持在最低水平。此外，还应考虑其抗破裂性能、运输是否方便、重复使用的可能性以及价格等。

对于大多数含无机成分的样品，多采用聚乙烯、聚四氟乙烯等材质制成的容器，如常用的高密度聚乙烯容器，适用于水中硅酸盐、钠盐、总碱度、氯化物、电导率、pH 等分析的样品的储存。对光敏物质多使用吸光玻璃材质容器。有机化合物和生物品种常储存在玻璃材质容器中。

为了最大程度地避免样品受到沾污，容器必须彻底洗涤（特别是新容器），使用的洗涤剂种类取决于盛装的水样中待测物质的性质。对于一般用途的容器，可用自来水和洗涤剂清洗尘埃和包装物质后，用铬酸和硫酸洗涤液浸泡，再用蒸馏水淋洗。对于聚乙烯容器，先用 1 mol/L 的盐酸清洗，对某些项目如生化分析水样盛装用的容器，还需要用硝酸浸泡，然后用蒸馏水淋洗。如果待测定的有机成分需萃取的，也可用萃取剂处理盛装容器。对于具塞玻璃瓶，在磨口部位常有溶出、吸附现象，聚乙烯瓶易吸附油分、重金属、沉淀物以及有机物，在清洗时要加以注意。

（3）水样的保存。

水样存放过程中，由于吸附、沉淀、氧化还原、微生物作用等物理、化学和生物作用，样品的成分有可能发生变化。例如，金属离子可能被玻璃器壁吸附；硫化物、亚硫酸盐、亚铁和氰化物等可能逐渐被氧化而损失；六价铬可被还原为三价铬；硝酸盐、亚硝酸盐和酚等由于生物作用而易起变化。因此，采样和分析时间间隔越短，分析结果就越可靠。对于某些项目，特别是海水物理性质的测定，要在现场立即进行，以免样品输送过程中发生变化。对于不能及时测定的样品，需采取一定的保护措施，以尽量减小样品在储存、运输过程中的变化，但至今还没有一种理想的保存方法能完全制止水样理化性质的变化。水样保存的基本要求是尽量减少其中各种待测组分的变化，即做到：① 减缓水样的生化作用；② 减缓化合物或络化物的水解及氧化还原作用；③ 减少组分的挥发损失；④ 避免沉淀或结晶析出所引起的组分变化。

常用的水样保存方法有：控制溶液的pH值、加入化学试剂、冷藏或冷冻。一般认为，冷冻法最好，但其受一些设备的限制，不能普遍采用。冷藏法是指水样在 4 ℃左右条件下保存，最好放置暗处或冰箱中，这样可以抑制生物的活动，减缓物理和化学作用的速度。化学试剂加入法是指通常往水样中加入某一可以阻止细菌生长或杀死细菌的试剂，常用的试剂有氯仿、$HgCl_2$ 等。控制溶液 pH 值法有酸化法和加碱法。酸化法是指为防止金属元素沉淀或被容器壁吸附，可加酸到 pH＜2，使水样中的金属元素呈溶解态。一般酸化后的海水水样可保存数周（采样的保存时间短些，一般为 13 d）。加碱法是指对酸性条件下容易生成挥发性物质的待测项目（如氰化物等），加入 NaOH 将水样的 pH 值调节到 12 以上，使其生成稳定的盐类。

表 4-3 列出了保存剂的作用及应用范围。表 4-4 列出了海水某些项目的具体保存方法和测定项目，具体测试分析见《海洋监测规范第 4 部分：海水分析》。

表 4-3　保存剂的作用及应用范围

保存剂	作　用	应用范围
$HgCl_2$	细菌抑制剂	各种形式的氮、各种形式的磷
酸（HNO_3）	金属溶剂，防止沉淀	多种金属
酸（H_2SO_4）	细菌抑制剂与有机碱类形成盐类	有机水样、COD、油脂、有机碳，氨、胺类
碱（NaOH）	与挥发化合物形成盐类	氯化物、有机酸类
氯　仿	细菌抑制剂	各种形式的氮、各种形式的磷
冷　冻	抑制细菌繁殖，减缓化学反应	酸度、碱度、有机物、BOD、色、有机磷、有机氮、碳等

表 4-4 海水测定项目、方法及水样保存方法

<table>
<tr><th rowspan="2">项 目</th><th rowspan="2">方 法</th><th rowspan="2">所用采水器材质</th><th rowspan="2">水样现场预处理</th><th rowspan="2">水样用量/mL</th><th colspan="2">储存用容器</th><th rowspan="2">保存温度/℃</th><th rowspan="2">保存时间</th><th rowspan="2">备 注</th></tr>
<tr><th>P</th><th>G</th></tr>
<tr><td rowspan="3">汞</td><td>原子荧光法</td><td rowspan="3">玻 璃</td><td rowspan="3">加 H_2SO_4 至 pH<2</td><td>100</td><td rowspan="3"></td><td rowspan="3">+</td><td rowspan="3"></td><td rowspan="3">13 d</td><td rowspan="3">过滤是指用 0.45 μm 纤维滤膜过滤;
P:聚乙烯塑料瓶;
G:硬质玻璃瓶。
水样用量是指一次分析所用样品体积,即采样量乘以重复测定的次数,下同</td></tr>
<tr><td>冷原子吸收分光光度法</td><td>100</td></tr>
<tr><td>金捕集冷原子吸收光度法</td><td>200</td></tr>
<tr><td rowspan="3">铜</td><td>无火焰原子吸收分光光度法</td><td rowspan="3">玻璃或塑料</td><td rowspan="3">过滤加 HNO_3 至 pH<2</td><td>200</td><td rowspan="3">+</td><td rowspan="3">+</td><td rowspan="3"></td><td rowspan="3">90 d</td><td rowspan="3"></td></tr>
<tr><td>阳极溶出伏安法</td><td>100</td></tr>
<tr><td>火焰原子吸收分光光度法</td><td>100</td></tr>
<tr><td rowspan="3">铅</td><td>无火焰原子吸收分光光度法</td><td rowspan="3">玻璃或塑料</td><td rowspan="3">过滤加 HNO_3 至 pH<2</td><td>200</td><td rowspan="3">+</td><td rowspan="3">+</td><td rowspan="3"></td><td rowspan="3">90 d</td><td rowspan="3"></td></tr>
<tr><td>阳极溶出伏安法</td><td>100</td></tr>
<tr><td>火焰原子吸收分光光度法</td><td>400</td></tr>
<tr><td rowspan="3">镉</td><td>无火焰原子吸收分光光度法</td><td rowspan="3">玻璃或塑料</td><td rowspan="3">过滤加 HNO_3 至 pH<2</td><td>200</td><td rowspan="3">+</td><td rowspan="3">+</td><td rowspan="3"></td><td rowspan="3">90 d</td><td rowspan="3"></td></tr>
<tr><td>阳极溶出伏安法</td><td>100</td></tr>
<tr><td>火焰原子吸收分光光度法</td><td>400</td></tr>
<tr><td rowspan="2">锌</td><td>火焰原子吸收分光光度法</td><td rowspan="2">玻璃或塑料</td><td rowspan="2">过滤加 HNO_3 至 pH<2</td><td>100</td><td rowspan="2">+</td><td rowspan="2">+</td><td rowspan="2"></td><td rowspan="2">90 d</td><td rowspan="2"></td></tr>
<tr><td>阳极溶出伏安法</td><td>100</td></tr>
<tr><td rowspan="2">总 铬</td><td>二苯碳酰二肼分光光度法</td><td rowspan="2">玻璃或塑料</td><td rowspan="2">过滤加 H_2SO_4 至 pH<2</td><td>1 000</td><td rowspan="2">+</td><td rowspan="2">+</td><td rowspan="2">4</td><td rowspan="2">20 d</td><td rowspan="2"></td></tr>
<tr><td>无火焰原子吸收分光光度法</td><td>100</td></tr>
<tr><td rowspan="4">砷</td><td>原子荧光法</td><td rowspan="4">玻璃或塑料</td><td rowspan="4">过滤加 H_2SO_4 至 pH<2</td><td>200</td><td rowspan="4">+</td><td rowspan="4">+</td><td rowspan="4"></td><td rowspan="4">90 d</td><td rowspan="4"></td></tr>
<tr><td>砷化氢-硝酸银分光光度法</td><td>200</td></tr>
<tr><td>氢化物发生原子吸收分光光度法</td><td>100</td></tr>
<tr><td>催化极谱法</td><td>100</td></tr>
<tr><td rowspan="3">硒</td><td>荧光分光光度法</td><td rowspan="3">玻璃或塑料</td><td rowspan="3">过滤加 HNO_3 至 pH<2</td><td>100</td><td rowspan="3">+</td><td rowspan="3">+</td><td rowspan="3"></td><td rowspan="3">90 d</td><td rowspan="3"></td></tr>
<tr><td>二氨基联苯胺分光光度法</td><td>500</td></tr>
<tr><td>催化极谱法</td><td>100</td></tr>
</table>

续表 4-4

项　目	方　法	所用采水器材质	水样现场预处理	水样用量/mL	储存用容器		保存温度/℃	保存时间	备　注
					P	G			
油　类	荧光分光光度法	玻　璃	现场萃取	500		+	4	10 d	
	紫外分光光度法			500					
	重量法			500					
六六六、滴滴涕	气相色谱法	玻　璃	现场萃取	500		+	4	10 d	
多氯联苯	气相色谱法	玻　璃	现场萃取	2 000		+	4	10 d	
狄氏剂	气相色谱法	玻　璃	现场萃取	2 000		+	4	10 d	
活性硅酸盐	硅钼黄法	塑　料	过　滤	100		+	4	3 d	
	硅钼蓝法			100					
硫化物	亚甲基蓝分光光度法	玻　璃	1 L 水样加 1 mL 乙酸锌溶液（50 g/L）	2 000		+		24 h	
	离子选择电极法			200					
挥发性酚	4-氨基安替比林分光光度法	玻　璃	加 H_3PO_4 至 pH<4，1 L 水样加 2 g 硫酸铜（$CuSO_4 \cdot 5H_2O$）	200		+	4	24 h	
氰化物	异烟酸-吡唑啉酮法	玻　璃	加 NaOH 至 pH＝12～13	500		+	4	24 h	
	吡啶-巴比妥酸分光光度法			500					
阴离子洗涤剂	亚甲基蓝分光光度法	玻　璃		100		+		24 h	
嗅和味	感官法	玻　璃				+		现场立即测定	
pH	pH 计法	玻璃或塑料		50	+	+		现场立即测定	
悬浮物	重量法	玻璃或塑料	现场过滤	50～5 000	+	+			
氯化物	银量滴定法	玻璃或塑料		100	+	+		30 d	
盐　度	盐度计法	玻璃或塑料		250	+	+		90 d	
	温盐深仪（CTD）法							现场测定	
浑浊度	浊度计法	玻璃或塑料		100	+	+		24 h	若加 0.5% $HgCl_2$ 可保存 22 d
	目视比浊法			100					
	分光光度法			100					

续表 4-4

项目	方法	所用采水器材质	水样现场预处理	水样用量/mL	储存用容器		保存温度/℃	保存时间	备注
					P	G			
溶解氧	碘量法	玻璃	加 1 mL $MnCl_2$ 和 1 mL 碱性碘化钾	50～250		+		现场测定	
化学需氧量	碱性高锰酸钾法	玻璃或塑料		100	+	+		现场测定	
生化需氧量	5 日培养法（BOD_5）	玻璃		300		+	4	6 h	冷冻可保存 48 h
	2 日培养法（BOD_2）			300					
总有机碳	总有机碳仪器法	有机玻璃		50		+		立即测定	
	过硫酸钾氧化法			50					
无机氮									
氨	靛酚蓝分光光度法	玻璃或塑料	过滤	100	+	+		3 h	如 −20 ℃冷冻可保存 7 d
	次溴酸盐氧化法			100					
亚硝酸盐	萘乙二胺分光光度法	玻璃或塑料	过滤	100	+	+		3 h	
硝酸盐	镉柱还原法	玻璃或塑料	过滤	100	+	+		3 h	
	锌镉还原法			100					
无机磷	磷钼蓝分光光度法	玻璃或塑料	过滤	100	+	+		立即测定	若不能立即测定，应置于冰箱中保存，但不能超过 48 h
	磷钼蓝-萃取分光光度法			250					
总磷	过硫酸钾氧化法	玻璃或塑料	过滤	100	+	+		3 h	
总氮	过硫酸钾氧化法	玻璃或塑料	过滤	100	+	+		3 h	
镍	无火焰原子吸收分光光度法	玻璃或塑料	过滤加 HNO_3 至 pH<2	100	+	+		90 d	

四、海洋沉积物样品的采集与测试

海洋沉积物样品的采集分为采集表层沉积物样品和采集柱状沉积物样品两种。前者是测定其中污染物的含量，查明它们的水平分布状况，用以评价现在海区的环境质量；后者是分层测定其中污染物的含量，查明它们的垂直分布状况，用以追溯海区的污染历史。

1. 采集

海洋沉积物样品采集的目的不同，选择的沉积物采样器就不同。采集表层沉积物样品常用抓斗式采泥器，其样式与普通的装运抓斗相似。抓斗式采泥器结构简单，使用方便可靠，对船上设备来说要求最低。其缺点是碎屑有时妨碍抓斗关闭。曙光型采泥器是其中使用较为广泛的一种。

我国目前使用最多、最普遍的表层沉积物采样器也是抓斗式采泥器。使用前首先测定水深，同时将绞车的钢丝绳与采泥器连接，并检查是否牢固。接着慢速开动绞车将采泥器放入水中。稳定后，常速下放至离海底一定距离(3～5 m)，再全速降至海底，此时应将钢丝绳适当放长，浪大流急时更应如此。然后慢速提升采泥器，使其离底后快速提升至水面，再行慢速，当采泥器高过船舷时，停车，将其轻轻降至接样板上。最后打开采泥器上部耳盖，轻轻倾斜采泥器，使上部积水缓缓流出。若出现因采泥器在提升过程中受海水冲刷，致使样品流失过多或因沉积物太软，采泥器下降过猛，致使沉积物从耳盖中冒出的情况时，均应重采。

采集柱状沉积物样品，通常采用重力采样管，最简单的重力采样管就是一根金属管，附加一些重物。采样时，让其利用重力下落打入沉积物中，再用绞车提起。调节附加重物的重量可控制打入深度。重力采样管可以采集几十米长的沉积物柱状样。在沉积物采样中一般先采集表层以便了解沉积物的类型，若为沙砾沉积物，就不必做重力采样。柱状沉积物采样过程与表层沉积物采样过程基本相似，采样管自海底取上来后应平放在甲板上，倒出上部积水，测量打入深度，再用通条将柱状样缓缓挤出，按顺序排在接样板上进行处理和描述。若出现采集长度不足或管斜插入海底的情况时，均应重采。

2. 样品的现场描述

无论是表层样还是柱状样，采到甲板上应立即进行现场描述。描述的内容有：颜色、嗅、厚度、沉积物类型和生物现象。

沉积物的颜色往往能够反映沉积物的环境条件，描述时应参照统一标准进行描述。在鉴别颜色的同时用鼻子闻一闻有无油味、硫化氢味及其气味的轻重，并加以记录。厚度是指沉积物表层浅色薄层的厚度，厚度能指示其沉积环境。取样时，可用玻璃试管轻插入样品中，取出后，量取浅色层厚度。柱状取样时，可描述采样管打入深度、样柱实际长度及自然分层厚度。沉积物类型可根据《海洋调查规范第 8 部分：海洋地质地球物理调查》(GB/T 12763. 8—2007)进行描述。对沉积物还需进行生物现象描述，描述的内容一般包括贝壳含量及其破碎程度、含生物的种类及数量、生物活动遗迹及其他特征。

3. 样品的分装、保存

(1) 表层沉积物分析样品的分装、保存。

用塑料刀或勺从采泥器耳盖中仔细取上部 0～1 cm 和 1～2 cm 的沉积物，分别代表表层和亚表层。如遇沙砾层，可在 0～3 cm 层内混合取样。一般情况下每层各取 3～4 份分析样品，取样量视分析项目而定。如果 1 次采样量不足，应再采 1 次。

不同分析项目的样品分装如下：

① 取刚采集的沉积物样品，迅速装入 100 mL 烧杯中(约半杯，力求保持样品原状，

避免空气进入），供现场测定氧化还原电位用（也可以在采泥器中直接测定）。

② 取约 5 g 新鲜湿样，盛于 5 mL 烧杯中，供现场测定硫化物（离子选择电极法）用。若用比色法或碘量法测定硫化物，则取 20～30 g 新鲜湿样，盛于 125 mL 磨口广口瓶中，充氮气后塞紧磨口塞。

③ 取 500～600 g 湿样，放入已洗净的聚乙烯袋中，扎紧袋口，供测定铜、铅、锌、镉、铬、砷、硒用。

④ 取 500～600 g 湿样，盛于 500 mL 磨口广口瓶中，密封瓶口，供测定含水率、粒度、总汞、油类、有机碳、有机氯农药及多氯联苯用。

（2）柱状沉积物分析样品的分装、保存。

样柱上部 30 cm 内按 5 cm 间隔，下部按 10 cm 间隔（超过 1 m 时酌定）用塑料刀切成小段，小心地将样柱表面刮去，沿纵向剖开 3 份（3 份比例为 1∶1∶2）。2 份量少的分别盛入 50 mL 烧杯（用于离子选择电极法测定硫化物，如用比色法或碘量法测定硫化物时，则盛于 125 mL 磨口广口瓶中，充氮气后，密封保存）和聚乙烯袋中，另一份装入 125 mL 磨口广口瓶中。

4. 沉积物分析样品的制备

（1）供测定铜、铅、镉、锌、铬、砷及硒的分析样品的制备。

① 将聚乙烯袋中的湿样转移到洗净并编号的瓷蒸发皿中，置于 80～100 ℃烘箱内，排气烘干（用玻璃棒经常翻动样品并把大块压碎，以加速干燥）。将烘干的样品摊放在干净的聚乙烯板上，剔除砾石和颗粒较大的动植物残骸。将样品装入玛瑙钵中，每 500 mL 玛瑙钵中装入约 100 g 干样。放入玛瑙球，在球磨机上研磨至全部通过 160 目（96 μm）（事先经实验确定大小玛瑙球的个数及研磨时间等条件，研磨后不再过筛），也可用玛瑙研钵手工粉碎，用 160 目尼龙筛盖上塑料盖过筛，严防样品逸出。将研磨后的样品充分混匀。

② 四分法缩分分取 10～20 g 制备好的样品，放入样品袋（已填写样品的站号、层次等）中，送各实验室进行分析测定。其余的样品盛入玻璃磨口广口瓶或有密封内盖的塑料广口瓶中，盖紧瓶塞，留作副样保存。

（2）供测定油类、有机碳、有机氯农药及多氯联苯的分析样品的制备。

① 将已测定过含水率、粒度及总汞后的样品摊放在已洗净并编号的搪瓷盘中，置于室内阴凉通风处，不时地翻动样品并把大块压碎，以加速干燥，制成风干样品。

② 将已风干的样品摊放在聚乙烯板上，剔除砾石和颗粒较大的动植物残骸。

③ 在球磨机上研磨至全部通过 80 目（180 μm）（事先经条件实验，研磨后不再过筛），也可用瓷研钵手工粉碎，用 80 目金属筛盖上金属盖过筛，严防样品逸出。将研磨后的样品充分混匀。

④ 四分法缩分分取 40～50 g 制备好的样品，放入样品袋（已填写样品的站号、层次等）中，送各实验室进行分析测定。

5. 测定项目和方法

海洋沉积物测定项目和方法列于表 4-5。

表 4-5　海洋沉积物测定项目、方法及检出限

项　目	方　法	检出限 $w/10^{-6}$	备　注
汞	冷原子吸收光度法	0.005	
	原子荧光法	0.002	
铜	无火焰原子吸收分光光度法	0.5	
	火焰原子吸收分光光度法	2.0	
铅	无火焰原子吸收分光光度法	1.0	
	火焰原子吸收分光光度法	3.0	
镉	无火焰原子吸收分光光度法	0.04	
	火焰原子吸收分光光度法	0.05	
锌	火焰原子吸收分光光度法	6.0	
铬	二苯碳酰二肼分光光度法	2.0	
	无火焰原子吸收分光光度法	2.0	
砷	砷钼酸-结晶紫分光光度法	1.0	
	氢化物-原子吸收分光光度法	3.0	
	催化极谱法	2.0	
	原子荧光法	0.06	
硒	荧光分光光度法	0.1	
	二氨基联苯胺四盐酸盐分光光度法	0.5	
	催化极谱法	0.03	
油　类	荧光分光光度法	1.0	
	重量法	20	
	紫外分光光度法	3.0	
六六六、滴滴涕	气相色谱法	α-六六六:3 γ-六六六:4 β-六六六:3 δ-六六六:5 pp'-滴滴伊:4 op'-滴滴涕:11 pp'-滴滴滴:6 pp'-滴滴涕:18	
多氯联苯	气相色谱法	59	
狄氏剂	气相色谱法	2	
硫化物	亚甲基蓝分光光度法	0.3	
	离子选择电极法	0.2	可在现场测定
	碘量法	4.0	

续表 4-5

项　目	方　法	检出限 $w/10^{-6}$	备　注
有机碳	重铬酸钾氧化-还原容量法		
	热导法	3%	
含水率	重量法		
氧化还原电位	电位计法		现场测定

注:六六六、滴滴涕各组分,多氯联苯和狄氏剂的检出限单位为 pg;有机碳热导法的检出限数值以%表示。

五、海洋生物样品的采集与测试

1. 采集

海洋生物样品的来源主要包括:生物监测站的底栖拖网捕捞、近岸定点养殖采样(如贻贝和某些藻类)、渔船捕捞、沿岸海域定点置网捕捞及市场直接购买(包括经济鱼类、贝类和某些藻类)等。

海洋生物种类繁多,并不是所有生物都适合作为监测对象,选择样品一般考虑以下原则:

① 能积累污染物并对污染物有一定的耐受能力,其体内污染物含量明显高于其生活水体;

② 被人类直接食用的海洋生物或作为食物链被人类间接食用的生物;

③ 大量存在,分布广泛,易于采集;

④ 有较长的生命周期,至少能活一年以上的种类;

⑤ 生命力较强,样品采集后依然呈活体;

⑥ 固定生息在一定海域范围内,游动性小;

⑦ 样品大小适当,以便有足够的肉质供分析;

⑧ 生物种群中的优势种和常见种。

一般来讲,常选择贻贝、虾和鱼类来作样品。除要考虑上述选择原则外,还应根据不同目的选择采样地点。从考虑样品的代表性和评价环境质量出发,采样地点应主要设在近岸海域,如潮间带和近岸水域,不要设在靠近污染源的地方。采样时间应选择在生物生长处于比较稳定的时期,一般以冬末春初季节采样为好,如果为了了解在不同季节里生物体内污染物含量的变化情况,则在每个季节里都应采样。

贻贝样采集时,用清洁的刮刀从其附着物上采集贻贝样。选取足够数量的完好贻贝存于冷冻箱中。若需长途运输(炎热天气超过 2 h),应把贻贝样盛于塑料桶中,将现场采集的清洁海水淋洒在贻贝上,使样品保持润湿状但不能浸入水中。若样品处理须在采样 24 h 后进行,可将贻贝样存于高密度塑料袋中,压出袋内空气,将袋口打结或热封,将此袋和样品标签一起放入聚乙烯袋中并封口,存于低温冰箱中。

虾与中小型鱼样采集时,需按一定要求选取足够数量的完好生物样,放入干净的聚乙烯袋中,防止刺破袋子。挤出袋内空气,将袋口打结或热封,将此袋和样品标签一起放入另一聚乙烯袋中并封口,低温冷藏。只有在储存期不太长(热天不超过 48 h)时,方可使用冰箱或冷冻箱存放样品。

大型鱼样采集时，需要测量并记下鱼样的体长、体重和性别。用清洁的金属刀切下至少 100 g 肌肉组织，厚度至少 5 cm，在样品处理时，还需切除沾污或内脏部分。将样品存于清洁的聚乙烯袋中，挤出空气并封口，将此袋与样品标签一起放入另一聚乙烯袋中并封口，于低温冰箱中储存。若保存时间不太长（热天不超过 48 h）时，可用冰箱或冷冻箱存放样品。

2. 样品制备

样品采集后要进行适当处理，才能进行测定。

（1）贻贝样的制备。

用塑料刀或塑料刷除去贝壳外部所有的附着物。用蒸馏水或清洁的表层海水漂洗每一个样品个体，让其自然流干，拉出足丝。用天平称个体全重，并记下重量。

用另一把塑料刀插入足丝伸出口，切断闭合肌，打开贝壳。用蒸馏水或清洁的表层海水清洗贝壳内的软组织，用塑料刀和镊子取出软组织，让水流尽。

① 单个体样品：将软组织放入已称重的塑料容器内，再称重，记下鲜重，然后盖紧，贴上标签。用尺子测量并记录贝壳长度。

② 多个体样品：按上述步骤将至少 10 个样品个体的软组织放入已称重的塑料容器内，再称重，记下鲜重。于匀浆器中匀化样品，然后将匀浆样放回原塑料容器，再称重，并记录总重量，计算匀浆样重，贴上样品标签。各生物个体大小应相近，并在取出生物组织前分别测量其个体长度和总重量。

（2）虾样的制备。

① 单个体样品：用尺子量虾体长，将虾放在聚乙烯称样膜上，称重，记下长度和鲜重。用塑料刀将其腹部与头胸部及尾部分开，小心将其内脏从腹部取出，腿全部切除。将腹部翻下，用塑料刀沿腹部外甲边缘切开，用塑料镊子取下内侧外甲并弃去。用另一把塑料刀松动腹部肌肉，并用镊子取出肌肉。检查性腺，记录所鉴定的性别。用镊子将肌肉移入塑料容器中，称重并记录鲜重，然后盖紧容器，标上号码。将几个容器一起放入同一塑料袋中，并附一张样品登记清单，结紧袋口，于低温冰箱中保存。

② 多个体样品：按上述方法制备样品，仔细地记录各个体长度、鲜重、腹部肌肉重和性别。每个样品须包括 6 个以上性别相同、大小相近的个体肌肉。将样品放入匀浆器中匀化，然后转入已知重量的塑料容器中盖紧，标上号码，再称重，记下鲜重和其他数据。将几个塑料容器放在同一个塑料袋中，并附上样品登记清单，结紧袋口，于低温冰箱中保存。

（3）中小型鱼样的制备。

① 单个体样品：测量鱼的体长，并于聚乙烯称样膜上称重，记下体长和体重。检查性腺，记录所鉴定的性别。用蒸馏水或清洁的表层海水洗涤鱼样，将它放在工作台上，用塑料刀切除胸鳍并切开背鳍附近自头至尾部的鱼皮。在鳃附近和尾部，横过鱼体各切一刀；在腹部、鳃和尾部两侧各切一刀。四刀只切在鱼体一侧，且不得切太深，以免切开内脏，沾污肉片。用镊子将鱼皮与肉片分离，谨防外表皮沾污肉片。用另一把塑料刀

将肌肉与脊椎分离，并用镊子取下肌肉。将肌肉盛于塑料容器中，称重并记录重量。若一侧的肌肉量不能满足分析用量，取另一侧肌肉补充。盖紧容器，贴上标签或记号，记录所有数据，于低温冰箱中保存。

② 多个体样品：仔细记下各个体体长、鲜重、肌肉重，并鉴定性别。个体数不应少于 6 个，且性别应相同，大小相近。用匀浆器匀化鱼肌肉，将匀浆样转入已知重量的塑料容器中，盖紧，贴上标签并称重，记下匀浆样重和其他数据，置于低温冰箱中保存。

（4）大型鱼样的制备。

若必要，将现场采集的样品放在 −2～4 ℃冰箱中过夜，使部分解冻以便于切片。用蒸馏水或清洁的表层海水洗涤鱼样，置于清洁的工作台上。剔除残存的皮和骨，用塑料刀切去表层，再用另一把塑料刀重复操作一次，留下不受污染的均匀的肌肉。将肌肉放入塑料容器中，盖紧，贴上标签，称重，将全部数据记入记录表，样品存于低温冰箱中。

（5）干样的制备。

将按上述方法制备的新鲜试样 5～10 g 置于已知重量的称量瓶中，半开盖放入 105 ℃烘箱中，24 h 后取出，冷却称重。重复烘干操作，至前后两次烘干后的重量差小于总重量的 0.5%。计算干重和干湿比，以校正水分含量。干燥后的样品用玛瑙研钵磨碎，全部过 80～100 目（180～154 μm）尼龙筛，供痕量元素分析用。

对于类脂物含量高的生物样品，不能烘干至恒重，则应用冷冻干燥。准确称取 1～2 g 按上述方法制备的生物样品于干净的冷冻干燥的样品容器中，冷冻干燥 24 h 后称重一次。再次冷冻干燥 24 h，再称重。两次称重的重量差应小于总重量的 0.5%，否则，应继续干燥至符合要求。

3. 测定项目和方法

海洋生物体测定项目和方法见表 4-6。

表 4-6　海洋生物体测定项目、方法及检出限

项　目	分析方法	检出限 $w/10^{-6}$
汞	冷原子吸收光度法	0.01
	原子荧光法	0.002
铬	二苯碳酰二肼分光光度法	0.40
	无火焰原子吸收分光光度法	0.04
铜	无火焰原子吸收分光光度法	0.4
	阳极溶出伏安法	1.0
	火焰原子吸收分光光度法	2.0
砷	原子荧光法	0.2
	砷钼酸-结晶紫分光光度法	2.0
	氢化物-原子吸收分光光度法	0.4
	催化极谱法	2.0

续表 4-6

项目	分析方法	检出限 $w/10^{-6}$
铅	无火焰原子吸收分光光度法	0.04
	阳极溶出伏安法	0.3
	火焰原子吸收分光光度法	0.6
镉	无火焰原子吸收分光光度法	0.005
	阳极溶出伏安法	0.4
	火焰原子吸收分光光度法	0.08
锌	火焰原子吸收分光光度法	0.4
	阳极溶出伏安法	2.0
硒	荧光分光光度法	0.2
	二氨基联苯胺四盐酸盐分光光度法	0.5
	催化极谱法	0.03
石油烃	荧光分光光度法	0.2
多氯联苯	气相色谱法	43.1
六六六、滴滴涕	气相色谱法	α-六六六:5 γ-六六六:7 β-六六六:3 δ-六六六:9 pp'-滴滴伊:5 op'-滴滴涕:17 pp'-滴滴滴:8 pp'-滴滴涕:40
狄氏剂	气相色谱法	3

注:六六六、滴滴涕各组分,多氯联苯和狄氏剂的检出限单位为 pg。

第三节 海洋生态监测与应急监测

一、海洋生态监测

生态监测是指在地球的全部或者局部范围内观察和收集生命支持能力的数据并加以分析研究,以了解生态环境的现状和变化。国家海洋局在“中国海洋生态监测建设规划研究”中,对海洋生态监测的定义是:为了保护人类海洋生态环境,按照预先设计的时间和空间,采用可以比较的技术和方法,对海洋生物种群、群落要素及其非生物环境要素进行连续观测和评价的过程。

海洋生态监测是海洋生态环境管理的基础和重要组成部分。其基本目的是要掌握人为活动和自然因素对海洋生态系统的结构及功能的影响水平及其发展趋势,协调社会经济发展和海洋生态环境保护的关系。

我国管辖海域可划分为 5 个温度带(包括过渡带) 16 个海区。沿着海岸可分为各种很有代表性的海洋生态系统，如滩涂湿地、河口、海湾、红树林、珊瑚礁等生态系统。按海区离大陆的远近又可分为海岸、浅海、外海、大洋等生态系统，根据受人为活动影响程度的不同又可分为自然、人工及半自然（半人工）生态系统。如此纵横交错、排列组合，形成许多不同的海洋生态系统类型。

现有的我国海洋生态监测站及研究站按行政管理分类，均归属于其上级机构和涉海产业部门。按监测目的来分，中国科学院的研究站以深入认识和研究海洋生态系统及其结构、功能变化为主要目的；国家海洋局和国家环境保护局的生态监测站均以有效管理及保护海洋资源和环境为主要目的；其他生态监测站则多以为本行业生产服务或防止其生产活动对生态环境造成损害为目的。另外，由于监测经费和技术等原因，这些生态监测站和研究站尚不能全面开展正常的监测业务。因此，依靠现有这些为数极少的专业海洋生态监测站或研究站，既不能覆盖众多重要的海洋生态系统类型，也不能掌握我国整个管辖海域生态状况的全貌及其变化趋势。

为建成一个生态类型比较齐全、布局相对合理、基本覆盖我国管辖海域的生态监测站网，至少需要建立 60 个左右的海洋生态监测站。另外，应在渤海、黄海、东海及南海各设 1 个控制性海洋渔业生态监测站，对重要渔场及增养殖区进行控制性监测。这样，才能基本建成一个我国海洋生态监测网络骨架，可从大面上掌握我国海洋生态环境的概貌及其变化趋势。

海洋生态监测指标体系，是指应用生态学原理，结合海洋学和海洋生物学特点，从生态学角度归纳出的能够分析评价海洋生态环境质量及其变化趋势的一系列监测项目（或参数）。

《中国海洋生态监测网建设规划研究》把海洋生态监测指标体系设计为两大系列，即非生物生态指标系列和生物生态指标系列。在这两个系列中，又分别分为若干指标组。在各指标组内又分别列出其具体指标，见表 4-7。

表 4-7 海洋生态监测指标体系

指标系列	指标组	指 标
非生物生态指标	常规水质	pH、悬浮物、总有机碳、浊度、溶解氧、化学需氧量、生物需氧量
	常规底质	有机质、硫化物、粒度、氧化还原电位
	营养盐类	氨氮、亚硝酸盐、硝酸盐、磷酸盐、硅酸盐
	水文要素	水深、水温、盐度、海流、海浪、透明度、水色、海冰
	污染物	油类、六六六、滴滴涕、多氯联苯、硫化物、挥发酚、氰化物、放射性核素、汞、铜、铅、镉、锌、总铬、砷
	其 他	河流径流量
生物生态指标	浮游植物群落	细胞总数量、种类数、优势种及优势度、甲藻数量 / 硅藻数量
	浮游动物群落	生物量（或个体总数量）、种类数、优势种及优势度
	底栖动物群落	生物量、种类数、优势种及优势度、种类丰度
	潮间带生物群落	生物量、种类数、优势种及优势度

续表 4-7

指标系列	指标组	指　标
生物生态指标	微生物	异养细菌总数、异养细菌属组成、石油烃分解细菌数/异养细菌数、弧菌数/异养细菌数、化能无机菌数/异养细菌数、大肠杆菌群数、粪大肠杆菌群数
	渔业资源	渔获总量、渔获物种类、渔获鱼类年龄组成、增养殖种类的存活率、肥满度
	生产力	叶绿素 a、初级生产力、次级生产力

注：非生物生态指标的监测均按《海洋监测规范》(中华人民共和国国家标准 GB/T 17378—2007)和《海洋调查规范》(中华人民共和国国家标准 GB 12763—2007)执行。

由于人力、物力和财力的限制，不可能对指标体系中的全部指标进行监测，可选择方法相对简便、易于推广、对生态环境变化反应相对灵敏、具有直观性和良好显示度，或者虽相对稳定，但能较好地反映生态环境变化趋势，以及研究基础较好，便于分析和评价生态环境状况的指标作为各生态监测站的共同监测指标，如浮游植物群落指标组、潮间带生物群落指标组和底栖动物群落指标组中的各项指标，以及生产力指标组中的叶绿素 a。由于非生物生态指标在环境污染监测中被广泛采用，其中带有共性的指标有常规水质指标组、常规底质指标组及营养盐类指标组中的各项指标，这些指标也应作为各生态监测站的必测项目。

除必测项目外，各生态监测站应视其特点相应地增测一些指标。在污染区和接近污染源的生态监测站，增加污染物监测指标。例如，在港口、主要航道附近的生态监测站应增测油类指标；在工作区毗邻海域的生态监测站，应视工业类型增测一些重金属、氰化物、挥发酚等污染物指标；在大城市和大河口毗邻海区的生态监测站，则应根据生活污水和工业废水中的可能污染物，增测各种污染物及大肠杆菌群数等。当然，这些生态监测站在监测时可与环境监测站密切配合。珊瑚礁自然保护区的生态监测站，应特别重视珍稀珊瑚物种及其群数量，以及珊瑚礁生物群落的生物多样性，包括珊瑚的饵料生物，共生、共栖、竞争、敌害种类及其数量等。此外，破坏珊瑚礁生态系统的其他自然因素和人为因素，也应列为监测项目。自然保护区的生态监测站在监测时可与自然保护区的监测研究相结合。对于海洋渔业生物生态指标，在渔场可增测渔获总量、渔获物种类、渔获鱼类年龄组成，以及相应的一些非生物生态指标；在增养殖区则可增测增养殖生物的种类、存活率、生长率、肥满度等指标。这些生态监测站在监测时可与渔业生产和资源调查相结合。监测指标的选择，应根据评价需要而定，但目前该研究滞后，需要继续探索和研究。

二、海洋应急监测

海洋应急监测是指在突发性海洋污染损害事件发生后，立即对事发海区的污染物性质和强度、污染作用持续时间、侵害空间范围、资源损害程度等进行的连续短周期观察和测定。其目的主要是及时、准确地掌握和通报事件发生后的污染动态，为海洋污染损害事件的善后治理和恢复提供科学依据，为执法管理和经济索赔提供客观公正的污染损害评估报告。

突发性海洋污染损害事件的发生时间、地点往往是不可预见的，事件发生后对海洋环境和生态的危害往往较为严重，直接危及海洋生物资源甚至威胁人们的正常生活和工作。因此，突发性海洋污染损害的应急监测，要求在尽可能短的时间内完成，以便迅速掌握污染损害状况和污染物迁移、扩散趋势，为事件的处理决策、控制污染程度、减少环境和经济损失提供准确、可靠的依据。

由于污染损害事件的突发性强并难以预见，待事件发生后再制定应急监测计划往往会贻误时机，因此，要求对经常可能发生的污染损害事件（如溢油、赤潮等）预先制定应急监测计划。其应包括应急监测的工作原则、工作内容、工作程序以及相应的人员、设备条件保障等，以保证一旦发生污染损害事件，能够做到及时反应、快速启动。

海洋环境监测部门在接到突发性污染损害事件报警和监测通知后，应立即做出反应，向当事人（或知情者）了解事件发生的事实过程（包括事件发生的时间、地点、原因、方式、污染物种类、泄出量、影响范围、已造成的后果等），掌握事发海域及周围的环境条件、水动力学特征等因素，对污染物迁移速度、影响区域和对海洋环境可能产生的危害等进行初步分析和判断，在此基础上，对原定的应急监测预计划做适当调整，确定具体的监测方案后迅速启动。

1. 溢油应急监测

溢油应急监测预计划应包括溢油监测应掌握和收集的资料、事故类型和等级的确定原则、监测站的布设原则和方法。监测站的数量、密度及具体方法应依据事故类型和等级而定，通常的布站方法是以溢油点为中心作同心圆式、网络-断面式或放射式布站。

溢油应急监测首先应对事故现场进行观测，包括观测船舶或平台等设施的状态、准确地点、水深、油类排放方式、油类通过指定点的宽度和厚度，采集油样，录像，摄影，现场污染情况描述等。其次，需要跟踪漂油带，观测漂油带的宽度、长度、厚度、漂流方向、表层流等。同时，要观测油膜覆盖的范围、覆盖率、形状、色泽、厚度等。此外，还需要观测岛礁、海滩和渔具的受污染情况等。其监测项目包括：

（1）气象要素：风向、风速、气温、气压等。

（2）水文要素：水温、盐度、水深、表层海流、水色、透明度、海况等。

（3）水质：溶解氧、化学需氧量、pH、油类等。

（4）底质：沉积物类型、氧化还原电位、油类等。

事故发生后，应尽快收集和掌握有关资料和信息，如事故发生的时间和地点、造成事故的设施（如石油平台、船舶等）特征、装载油类的种类和数量、破损程度及泄漏口的关闭情况等。在综合分析判断的基础上，对上述预计划进行适当调整，迅速形成具体的应急监测方案，并付诸实施。

2. 赤潮应急监测

赤潮应急监测的目的是通过对赤潮发生区的跟踪监测，了解赤潮发生的范围、动向以及诱发赤潮消长趋势的诸因素，以便采取防范措施和加强对污染海产品的管理，避免发生误食中毒事件；同时，为开展赤潮防治和预测、预报提供科学依据。

赤潮应急监测站的布设应以获取该海区反映总体环境质量状况的代表性样品为目的。一般可根据赤潮发生的范围、漂移状态，在赤潮发生区的中心及周边设站采样。为了进行比较，还应在赤潮发生区外布设对照监测站。监测站数应视赤潮发生区范围的大小而定。

赤潮应急监测首先是现场观测，包括准确地点，周围环境，赤潮带形状、面积、色泽等。其次是跟踪赤潮带，包括赤潮带的宽度和长度变化、漂移方向、表面流等。其监测项目包括：色、臭、漂浮物、气压、风向、风速、气温、透明度、水色、水温、pH、溶解氧、化学需氧量、活性磷酸盐、亚硝酸盐、浮游生物、赤潮生物（赤潮生物样品要求尽可能地在现场进行定性、定量分析，做出初步鉴别，并保存一定量的标准样本，回实验室进一步分析鉴定）、叶绿素 a、底泥孢囊等。有条件的还应增加赤潮毒素项目。

赤潮发生后，监测部门应按上述预计划的要求做好充分准备，立刻赶赴现场，收集现场有关资料，在对预计划调整修订的基础上，尽快形成具体的监测方案，并付诸实施。

思考题与习题

4-1 海洋环境监测的目的和意义是什么？

4-2 海洋环境监测包含哪些内容？

4-3 大气、海水、海洋沉积物、海洋生物样品如何收集？

4-4 简述海洋生态监测与海洋环境监测的关系和区别。

4-5 溢油应急监测的内容有哪些？

第五章 海洋环境评价

海洋环境评价是指根据不同的目的要求和环境标准，对某一海域的水质、底质和生态环境状况进行的评价和预测。它为海域环境的规划和管理，以及污染防治提供科学依据。因此，海洋环境评价可以摸清海域环境的污染程度及其变化规律，便于全面掌握目前的海洋环境状况和采取有针对性的治理措施，同时还是制定海洋资源开发方案的首要工作。本章从海洋污染物扩散规律、海洋环境容量出发，介绍海洋环境评价的方法及内容。

第一节 海洋污染的基本计算

一、污染物排海量的计算

1. 污水排海量的确定

污水排海量的确定是污染源调查的重要内容，确定污水排海量的方法有推算法和实测法两种。

推算法根据用水量和耗水量推算污水排海量。其公式为：

$$Q_w = Q_c - Q_h \tag{5-1}$$

式中：Q_w——污水排海量，10^4 t/a；

Q_c——用水总量，10^4 t/a；

Q_h——消耗水总量，10^4 t/a。

实测法则通过对入海排污口的现场测定，得到污水的排海速度和污水排海管（渠）道的截面积，从而计算出污水排海量。其公式为：

$$Q_w = 10^4 SMT\rho \tag{5-2}$$

式中：S——污水排海速度，m/s；

M——污水排海管（渠）道的截面积，m^2；

T——年排放时间，s/a；

ρ——污水密度，取 1 000 kg/m^3。

2. 污染物排海量的确定

污水是污染物的载体，要想确定污染物的排海量，除了知道污水的排海量外，还需要知道污水中污染物的浓度。确定污染物排海量的方法有物料衡算法、经验计算法和实测法三种。

物料衡算法是指生产过程中投入的物料应等于产品所含此种物料的量与此种物料流失量的总和。如果物料的流失量全部由污水携带入海，则污染物的排海量就等于物料流失量。

经验计算法根据生产过程中单位产品的排污系数求得污染物的排海量。其公式为：

$$Q = KW \tag{5-3}$$

式中：Q——污染物的单位时间排海量，kg/h；

K——单位产品的经验排污系数，kg/t；

W——单位产品的单位时间产量，t/h。

实测法通过对入海排污口的现场测定，得到污染物的排海质量浓度和污水排海量，从而计算出污染物的排海量（这里取海水的密度为 1 000 kg/m^3）。其公式为：

$$Q = 10^6 CL \tag{5-4}$$

式中：Q——污染物排海量，t；

C——实测的污染物算数平均质量浓度，mg/L；

L——污水排海量，m^3。

3. 等标排放量法

等标排放量法的基本计算公式（这里取海水的密度为 1 000 kg/m^3）为：

$$P = \frac{M}{S} \times 10^{-9} \tag{5-5}$$

式中：P——等标排放量，L/a；

M——污染物排海量，t/a；

S——污染物的等标排放标准，mg/L。

污染物的等标排放量（这里取海水的密度为 1 000 kg/m^3）为：

$$P_{ij} = \frac{M_{ij}}{S_b} \times 10^{-9} \tag{5-6}$$

式中：P_{ij}——i 污染源的 j 污染物的等标排放量（$i = 1, 2, \cdots, n; j = 1, 2, \cdots, m$），L/a；

M_{ij}——i 污染源的 j 污染物的排海量，t/a；

S_b——选用的评价标准，mg/L。

因此，一个污染源的等标排放量等于该污染源各种污染物的等标排放量之和。而某一区域的等标排放量为该区域内所有污染源的等标排放量之和。某一污染源在区域中的贡献值（权重）为：

$$K = \frac{P_j}{P_r} \times 100 \tag{5-7}$$

式中：K——区域中 j 污染源的等标排放量权重；

P_j——j 污染源的等标排放量，L/a；

P_r——区域内所有污染源等标排放量之和，L/a。

二、污染物的迁移扩散

1. 污染物的迁移–转化

海洋环境中的污染物可以通过参与物理、化学或生物过程而产生空间位置的移动，或由一种地球化学相（如海水、沉积物、大气、生物体）向另一种地球化学相转移的现象称为污染物的迁移；污染物由一种存在形态向另一种存在形态的转变称为污染物的转化。迁移过程往往同时伴随形态转变，反之亦然。例如，工业废水中的六价铬在迁移入海过程中可以被还原为三价铬，三价铬在河口水域由于介质酸碱度的改变可形成氢氧化铬胶体，后者可在海水电解质作用下发生絮凝，沉降在河口沉积物中。可见，由于化学反应和水流输运，铬在迁移过程中价态和形态均发生了变化，并由水相转入沉积相。

污染物向海洋环境和在海洋环境中的迁移–转化过程主要有以下三种：

（1）物理过程。物理过程是指污染物被河流、大气输送入海，进入海水后不会发生化学形态的改变。例如，在海气界面间的蒸发、沉降，入海后在海水中的扩散和随海流运移，以及颗粒态污染物在海洋水体中的重力沉降等，都属于物理迁移过程。

（2）化学过程。化学过程是指污染物在被河流、大气输送入海后，由于环境因素的变化，经过氧化、还原、水解、络合或分解等，由一种物质变成了另外一种物质，并常常伴随有污染物形态的转变。

（3）生物过程。污染物经海洋生物的吸收、代谢、排泄和尸体的分解，碎屑沉降作用以及生物在运动过程中对污染物的搬运，使污染物在水体和生物体之间迁移，或从一个海区或水层转到另一海区或水层，或在海洋食物链中的传递，都属于生物迁移过程。微生物对石油等有机物的降解作用和对金属的烷基化作用也是重要的生物转化过程。

2. 污染物的迁移扩散方程

（1）污染物迁移扩散方程的一般形式。

$$\frac{\mathrm{d}P}{\mathrm{d}t}=S \tag{5-8}$$

式中：P——污染物质量浓度，mg/L；

S——单位时间内海水中污染物的增减量，mg/(L·s)。

（2）二维平均水质模型。

对于垂向混合比较均匀的浅海水域，可采用二维平均水质模型与二维环境动力模型配合使用。其方程表达式为：

$$\frac{\partial(HP)}{\partial t}+\frac{\partial(HuP)}{\partial x}+\frac{\partial(HvP)}{\partial y}=\frac{\partial}{\partial x}\left(HD_x\frac{\partial P}{\partial x}\right)+\frac{\partial}{\partial y}\left(HD_y\frac{\partial P}{\partial y}\right)+HS \tag{5-9}$$

式中：H——平均海平面以下水深（瞬时水深），$H=h+\xi$，m；

h——平均海平面水深，m；

ξ——平均海平面以上水深，m；

u, v——x, y 向对应的平均流速，m/s；

D_x, D_y——离散系数，m^2/s。

D_x, D_y 通常采用 Elder 公式计算：

$$(D_x, D_y) = 5.93H\sqrt{g}\,(u, v)/C \tag{5-10}$$

式中：g——重力加速度，m/s^2；

C——谢才系数，$C = H^{1/6}/n$，n 为曼宁系数。

求解式(5-9)的边界条件为：

① 在闭边界上，物质不能穿越边界，即 $\frac{\partial P}{\partial n} = 0$，$n$ 为闭边界的法线方向。

② 在开边界上，最理想的状况是具有实际观测资料。如无实际观测资料，则可取入口 $P = 0$ 或某一定值，出口满足 $\frac{\partial P}{\partial t} + V_n\frac{\partial P}{\partial n} = 0$，$V_n$ 为开边界的法向流速，n 为开边界的法线方向。

(3) 三维输运扩散模型。

对式(5-8)进行雷诺平均，对湍流引起的浓度变动项引入与 Fick 定律类似的湍流扩散系数，则有湍流平均运动的物质输运扩散方程为：

$$\frac{\partial P}{\partial t} + u\frac{\partial P}{\partial x} + v\frac{\partial P}{\partial y} + w\frac{\partial P}{\partial z} = \frac{\partial}{\partial x}\left(K_x\frac{\partial P}{\partial x}\right) + \frac{\partial}{\partial y}\left(K_y\frac{\partial P}{\partial y}\right) + \frac{\partial}{\partial z}\left(K_z\frac{\partial P}{\partial z}\right) + S \tag{5-11}$$

式中：P——污染物质量浓度，mg/L；

K_x, K_y, K_z——湍流扩散系数，m^2/s；

u, v, w——流速的东分量、北分量和垂向分量（常规三维直角坐标系），m/s。

结合连续性方程，式(5-11)可改写为：

$$\frac{\partial P}{\partial t} + \frac{\partial (Pu)}{\partial x} + v\frac{\partial (Pv)}{\partial y} + \frac{\partial (Pw)}{\partial z} = \frac{\partial}{\partial x}\left(K_x\frac{\partial P}{\partial x}\right) + \frac{\partial}{\partial y}\left(K_y\frac{\partial P}{\partial y}\right) + \frac{\partial}{\partial z}\left(K_z\frac{\partial P}{\partial z}\right) + S \tag{5-12}$$

上述模型仅适用于保守性物质。对于不同的污染物，可以根据其特性适当增加方程的项数，如计算温排水时需要考虑海面与大气的热交换，计算悬浮物时需要考虑悬浮颗粒的沉降等。

(4) 可降阶模型。

非保守性物质进入海洋后会发生一系列的生物、化学过程转化，从而使其浓度发生变化，计算时应考虑其降阶过程。以化学需氧量(COD)为例的降阶过程主要包括分解、沉降和溶出。

分解项在输运扩散方程中的形式为 $-BPH$，B 为分解速度，P 为化学需氧量的质量浓度，H 为水深。分解速度 B 与海水中有机物质量浓度的变化关系遵循：

$$\frac{dM}{dt} = -BM \tag{5-13}$$

式中：M——海水中有机物的质量浓度，kg/m^3。

将式(5-13)作时间积分得 $M = M_0 e^{-Bt}$，M_0 为 $t = 0$ 时有机物的质量浓度，B 可通过

现场或实验室测定。

沉降项在输运扩散方程中的形式为 $-W_cP$，W_c 为沉降速度，通常采用现场测定的方法测定，其计算公式为：

$$W_c = \frac{F}{AtC_0} = \frac{R - C_0V}{AtC_0} \tag{5-14}$$

式中：F——沉降通量，kg；

R——总沉降量，kg；

C_0——初始质量浓度，kg/m^3；

V——采样瓶体积，m^3；

A——采样瓶瓶口面积，m^2；

t——采样时间，s。

溶出项在输运扩散方程中的形式为 $+RM$，R 为溶出速度，M 为底泥中化学需氧量的质量浓度。溶出速度的表达式为：

$$R = \frac{1}{M}\frac{\mathrm{d}C}{\mathrm{d}t}\frac{V}{A} \tag{5-15}$$

式中：C——底泥上水的化学需氧量的质量浓度，kg/m^3；

V——底泥上水的体积，m^3；

t——时间，s；

A——底泥的表面积，m^2。

溶出速度 R 还与温度 T 和生化需氧量（DO）有关。其与温度的关系式为：

$$R = R_{18}\theta^{T-18} \tag{5-16}$$

式中：R_{18}——$T = 18$ ℃时的溶出速度，m/s；

T——温度，℃；

θ——温度修正系数。

其与生化需氧量的关系式为：

$$R = a - b\frac{D_O}{M} \tag{5-17}$$

式中：a，b——常数；

D_O——底泥上水的生化需氧量的质量浓度，kg/m^3；

M——底泥中生化需氧量的质量浓度，kg/m^3。

（5）二维平均水质模型的准分析解法。

将式（5-9）按照各项的物理意义在时间步长 $[n\Delta t \to (n+1)\Delta t]$（$n = 1, 2, \cdots, N$；$N$ 为计算步骤）内分为三个部分：

① 对流项 $\frac{\partial P_1}{\partial t} + u\frac{\partial P_1}{\partial x} + v\frac{\partial P_1}{\partial y} = 0$，初始条件为 $P_{10}(x, y, 0) = P(x, y, 0) = P_0(x, y)$ 和 $P_1(x, y, n\Delta t) = P_{10}(x, y, \Delta t)$。对流项方程为双曲型方程，具有向下游的极性。由特征线法可知，沿特征线浓度保持常数，即：

$$P_1[x,y,(n+1)\Delta t]=P_1[x-u\Delta t, y-v\Delta t, n\Delta t] \tag{5-18}$$

② 扩散项 $\frac{\partial P_2}{\partial t}=\frac{\partial}{\partial x}(D_x\frac{\partial P_2}{\partial x})+\frac{\partial}{\partial y}(D_y\frac{\partial P_2}{\partial y})$，初始条件为 $P_2(x,y,n\Delta t)=P_1[x,y,(n+1)\Delta t]$。扩散项方程为抛物型方程，假设 D_x，D_y 沿程变化较小，近似视作常数，则有 $\frac{\partial P_2}{\partial t}=D_x\frac{\partial^2 P_2}{\partial x^2}+D_y\frac{\partial^2 P_2}{\partial y^2}$，该式在初始条件下的解为：

$$P_2(x,y,t)=\iint_{\Omega}\frac{P_2(\xi,n,0)}{4\sqrt{\pi D_x t}\sqrt{\pi D_y t}}\exp\left[-\frac{(x-\xi)^2}{4D_x t}-\frac{(y-n)^2}{4D_y t}\right]\mathrm{d}\xi\mathrm{d}\eta \tag{5-19}$$

③ 源汇项 $\frac{\partial P_3}{\partial t}=f(P_3)$，初始条件为 $P_3(x,y,n\Delta t)=P_2[x,y,(n+1)\Delta t]$。一般取 $f(P_3)=a+bP_3$，则其准分析解为：

$$P_3=P_2\exp(bt)+\frac{a}{b}[\exp(bt)-1] \tag{5-20}$$

由于污染物在水体中迁移、扩散、转化的复杂性，准分析解必然存在较大误差，需要通过水质监测结果加以验证，应使得分析解的不确定度小于 30%。通过设置较大安全系数后，方能进行预测计算。

第二节 海洋环境容量及污染物总量控制

一、海洋环境容量

1. 海洋环境容量的概念

日本环境厅于 1968 年首先提出环境容量的概念。环境容量越大，可接纳的污染物就越多，反之则越少。海洋环境容量是海洋的自然属性之一，具有对污染物自然缓冲与同化、净化的能力。海洋的自净能力也就是海洋能容纳、消化污水或污染物的能力。这种能力主要依靠海洋本身的巨大容积和热力、风、浪、流等动力条件的驱动作用，以及海水中的地质、化学和生物作用，它们都可以在不同程度上稀释、消散污水和污染物可能造成的种种危害。可以说，海洋自净能力是人类十分宝贵的一项资源。

1986 年，联合国海洋环境保护科学问题专家组给出了环境容量的具体定义：环境容量是环境的特性，是指在不造成环境无法接受的影响的前提下，环境所能容纳的某特定的活动或活动速率，如单位时间内的排污量、倾废量或矿物提取量，并给出了计算方法。我国于 20 世纪 70 年代引入环境容量的概念，周密等把环境容量分为两部分：环境标准与环境本底之差确定的基本环境容量和由该环境单元的自净能力确定的变动环境容量（同化容量）。而在我国通用的环境容量的定义为：一定水体在规定环境目标下所能容纳的污染物量。

海洋环境容量是指在充分利用海洋的自净能力和不对其造成污染损害的前提下，

某一特定海域所能容纳的污染物的最大负荷量。它是根据海区的自然地理、地质过程、水文气象、水生生物以及海水本身的理化性质等条件，进行科学分析计算后得出的。海洋环境容量是充分利用海洋自净能力的一个综合指标，容量的大小即为特定海域自净能力强弱的指标。

环境容量通常可分为绝对环境容量和年环境容量两种形式。前者主要表征的是自然环境固有的特性，无法计算；后者主要表征的是污染物的特性，可以计算。通常所说的环境容量一般是指年环境容量。其实环境容量定义还隐藏着三层含义：污染物只要不超过一定的阈值就不会对环境造成影响；在不影响环境特性的前提下，任何环境容纳污染物的容量都是有限的；环境容量可以定量化。

在给出海洋环境容量的准确定义后，其概念主要应用于海洋环境质量管理。它在海洋环境管理中实行对个别污染物排放浓度的控制。当计算海洋中某项污染物总量是否超标时，只有采取总量控制的办法，才能有效地消除或减少污染的危害，避免排入的污染物过量。环境容量大小不仅取决于自然客观属性，而且取决于人为主观属性。

自然客观属性是指特定环境本体所具有的性质或条件，如海洋环境空间的大小、位置、形态等地质条件，潮流、温度等水文条件，以及污染物的理化性质等。

自然客观属性的不同在一定程度上决定了不同环境对特定污染物自净能力的不同。例如：如果排入某一海域的污染物只规定各个污染源容许排放的浓度，而不考虑环境的最大负荷量，则有可能出现虽然排放点污染物的排放量符合标准，但特定海域的污染物总量却超过标准的情况，造成污染损害；倘若将流入某一海域的污染物总量限制在允许容纳量之内，并在此总量下限制来自各个污染源的污染物负荷量，就可以使海域环境质量维持良好状态。

《中华人民共和国海洋环境保护法》第三条规定：国家建立并实施重点海域排污总量控制制度，确定主要污染物排海总量控制指标，并对主要污染源分配排放控制数量。温家宝在第六次全国海洋环境保护大会上指出：实行污染物排放总量控制制度，是减少环境污染源的“总闸门”。实行重点海域污染物排放总量控制制度是解决海洋问题、保护海洋生态环境的根本措施。应在已有专项及重点项目基础上，继续开展如长江口、珠江口和渤海等重点海域海洋环境容量研究，为制定污染物排放总量控制制度提供科学依据。

2. 海洋环境的自净能力及自净过程

海洋水体面积和体积都十分巨大，且无时无刻不在运动中。当污染物进入海洋以后，有的漂浮于水面，有的悬浮于海水中，有的溶解于海水中，还有的沉降于海底沉积物中。污染物不论以何种形式存在，在海水中都进行着物理、化学和生物过程。海水通过这三种过程的作用，将污染物部分或全部吸收、沉降、稀释或转化，使海洋环境恢复到原来状况，这就是海水的自净能力。

海洋环境容量与海水自净能力紧密相关，因为海洋环境容量的基本含义是指，在人类生存和自然生态不致受害的前提下，某一海洋环境所能容纳污染物的最大负荷量，或者说，由于海水的自净能力，海洋在保持生态平衡的前提下，所能容纳污染物的最大数量。海洋环境容量要求，既要考虑污染源排放污染物的容许浓度，又要考虑污染物排入海洋的数量。

海水具有一定的自净能力意味着它有一定的自净容量。自净容量定义为：一定时间范围内，目标海域通过自身固有的物理、生物、化学等迁移-转化过程去除自身海水介质中污染物的数量。污染物通过各种途径入海后，一部分可通过水动力输运、交换等物理作用迁移到相邻外海、大气等外边界介质中，而另一部分可通过物理、化学、生物迁移-转化过程分布于目标海域海水、生物、海底沉积物、悬浮物等内边界海洋介质中，由此海水水质环境得到净化。需要说明的是，这里所谓的迁移过程是指污染物从一种环境介质转移到另一种介质的过程，而转化过程是指污染物从一种溶解形态转变为另一种溶解形态的过程。另外，自净容量大于零表示污染物从目标海域中去除，而自净容量小于零则表示污染物在目标海域中富集。

相对于一个特定的海域来说，其环境容量是有限的，容量大小与海域空间的大小、海水对污染物的自净能力以及污染物的理化性质密切相关。海域空间越大，海水自净能力越强；污染物的理化特性越不稳定，海域的环境容量就越大。环境容量主要用于环境质量控制，并作为工农业规划的一种依据。污染物的排放量必须与环境容量相适应，如果超出环境容量就要采取措施，如降低浓度、减少排放量或采取治理措施。

海洋环境容量的大小不仅取决于目标海域对污染物的自净能力所固有的自然客观属性，而且取决于国家海水水质标准所确定的人为主观属性。然而，自净能力只能体现自然客观属性。这样，为了海洋环境容量计算，可将为维持目标海域特定海洋学、生态学等功能所要求的国家海水水质标准条件下的自净容量称为标准自净容量。显然，标准自净容量可同时体现目标海域自身的自然客观属性和人为主观属性。

在维持目标海域特定海洋学、生态学等功能所要求的国家海水水质标准条件下，污染物标准自净容量的大小主要取决于其物理、化学、生物迁移-转化过程。

（1）物理迁移-转化过程是指污染物在水动力作用下的输运过程和在海水与大气界面的交换过程等。

（2）化学迁移-转化过程主要包括污染物在海水介质中的光解、水解、络合、氧化还原等水化学反应过程，在海水与海底沉积物界面的吸附、离子交换、沉淀等地球化学反应过程，以及在悬浮颗粒介质中的沉积化学反应过程。需要说明的是，沉积化学反应过程是一种物理和化学相结合反应的过程，主要是指悬浮颗粒的沉积动力学作用与相伴发生的污染物在海水与悬浮颗粒界面上的地球化学作用的复合过程。

（3）生物迁移-转化过程主要是指污染物在浮游生物体内的积累过程以及相伴发生的生物释放过程和微生物降解过程。浮游生物体内的积累过程主要包括浮游植物富集或吸收污染物后，浮游动物通过摄取浮游植物从而将浮游植物体内的污染物富集到自己体内的过程，而生物释放过程是指伴随生物积累过程发生生物代谢及生物碎屑腐化、分解等作用而使生物体中污染物转化的过程。

这样，自净容量可分为物理自净容量、化学自净容量和生物自净容量。由于物理迁移-转化过程是指污染物在水动力作用下的输运过程和在海水与大气界面的交换过程，这些都属于迁移过程，因此，物理自净容量可分为水物理迁移自净容量和大气物理自净容量。另外，由于污染物水化学反应过程属于转化过程，而地球化学反应过程和沉积化学反应过程属于迁移过程，所以，化学自净容量可分为水化学转化自净容量、地球化学迁移自净容量和沉积化学迁移自净容量。同样，污染物在浮游生物体内的积累过程和相伴发生的生物释放过程分别属于生物迁移过程和转化过程，而微生物降解过程属于生物转化过程，因此，生物自净容量可分为生物迁移自净容量、生物转化自净容量和微生物转化自净容量。

3. 实际应用的海洋环境容量

由于各国海水质量标准不一，因此将实际应用的海洋环境容量定义为：在维持目标海域特定海洋学、生态学等功能所要求的国家海水水质标准条件下，一定时间范围内所允许的化学污染物最大排海量。

由于海水中化学污染物空间分布的实际不均匀性，海洋环境容量的大小应当与国家海水水质标准所界定的“指示水团”水域有密切的关系。根据“指示水团”水域的不同，可分别定义基准海洋环境容量、极小海洋环境容量和极大海洋环境容量。基准海洋环境容量是指在整个目标海域海水中化学污染物平均浓度符合一定等级国家海水水质标准条件下的海洋环境容量；极小海洋环境容量是指在整个目标海域海水中最高化学污染物平均浓度符合一定等级国家海水水质标准条件下的海洋环境容量；极大海洋环境容量是指在整个目标海域海水中最低化学污染物平均浓度符合一定等级国家海水水质标准条件下的海洋环境容量。

需要指出的是，基准海洋环境容量大于极小海洋环境容量，却小于极大海洋环境容量。在实际污染物排海总量控制管理中，应根据目标海域功能区划的实际要求和污染物的浓度分布特征，合理选用基准海洋环境容量、极小海洋环境容量或极大海洋环境容量。

另外，为了表示在一定等级国家海水水质标准条件下，目标海域所能容纳污染物的剩余能力，根据海洋环境容量实用定义，将目标海域达到一定等级国家海水水质标准时，额外需要或需要除去的排海污染物数量定义为剩余环境容量。剩余环境容量大于零表示目标海域可以容纳更多的污染物，而剩余环境容量小于零表示实际污染物排海总量已超过海洋环境容量。

根据国家海水水质标准所界定的“指示水团”水域不同，剩余环境容量同样也可划分为基准剩余环境容量、极小剩余环境容量和极大剩余环境容量。

4. 海洋环境容量的计算

水环境质量评价是水环境管理和水环境容量计算的基础，水环境质量评价方法是水环境质量评价的核心，有其独特的重要性。目前常用的环境质量评价模型可以分为以下三种类型：

（1）环境质量指数模型，如单因子环境质量指数评价方法、环境质量综合指数评价方法等；

（2）环境质量分级模型，如总分法、加权求和法、模糊数学法和灰色数学法等；

（3）环境质量综合评价的半定量模型，如生态图法、层次分析法和人工神经网络法等。

由此可以看出水质评价理论模型很多，但实际上很多评价方法的评价结果不够稳定，因而在水质管理实践中真正能够得以广泛采用的还是简单的单项水质标准，以此来评价水质级别。使用单因子环境质量指数评价法来评价海域的环境质量时，通常都采用百分之百的保证率，即常用“一次超标法”：无论有多少监测数据，只要任何一个因子有一次出现超标现象就认为该海域已超过拟定的环境质量标准。

海洋环境容量研究中本底浓度必须一致，才能科学地开展海洋环境容量计算，实施污染物总量控制。在某一特定海域内，根据污染物的地球化学行为计算环境容量的方法，因污染物不同而异。一般有以下几种：

（1）可溶性污染物以化学需氧量或生化需氧量为指标计算其污染负荷量，通常采用数值模拟中的有限元法和有限差分法，即通过潮流分析计算浓度场；

（2）重金属的污染负荷量以其在底质中的允许累积量表示；

（3）轻质污染物（如原油）的污染负荷量则通过换算水的交换周期求得。

二、污染物总量控制

污染物总量控制是指国家为了保障环境安全，本着经济社会发展与环境相协调的原则，在一定时空条件下对主要污染物排放的总量（或排放强度）实施控制的一种管理方法体系。污染物总量控制包括三方面的内容：一是排放污染物的总重量（体积与浓度的乘积），或排放强度（如单位 GDP 排放量）；二是排放污染物总量的空间范围；三是排放污染物的时间跨度。

污染物总量控制是以环境质量目标为基本依据，对区域内各污染源的污染物的排放总量实施控制的管理制度。在实施总量控制时，污染物的排放总量应小于或等于允许排放总量。区域的允许排污量应当等于该区域环境允许的纳污量。环境允许纳污量则由环境允许负荷量和环境自净容量确定。一个海域的允许纳污量是由该海域污染物允许负荷量及水体自净容量两者累加确定的。污染物总量控制管理比排放浓度控制管理具有较明显的优点：它与实际的环境质量目标相联系，在排污量的控制上宽严适度；由于执行污染物总量控制，可避免浓度控制所引起的不合理稀释排放废水、浪费水资源等问题，有利于区域水污染控制费用的最小化。

污染物总量控制制度在诸项环境管理制度和政策措施中发挥着纽带和桥梁作用。它激活了排污口规范化（包括在线监测）、排污申报登记注册、排污许可证制度等一批老制度；“孵化”了排污权交易、排污初始指标有偿获取、生态补偿等一批符合市场经济规律的环境管理制度；强化了环境影响评价、“三同时”制度，是建设项目审批和实行区域限制的一个重要的法律依据；拓展了排放标准的内涵，污染物总量控制指标与污染物排放标准具有同等法律地位，成为执行排污收费制度、限期治理制度的依据。污染物总量控制事关全局，是环境保护目标责任制的核心内容，是执行问题责任制的重要依据。污染物总量控制带动了环境保护能力的建设，特别是在线监测、监控能力建设。

第三节　海洋环境质量评价

一、海洋环境质量评价目的

环境评价工作的核心问题，是研究环境质量的好坏，并以其是否适用于人类生存和发展（当前是以对人类健康的适宜程度）作为判别的标准。就自然环境而言，地球表面各不同地带及不同地区的环境质量是有很大差别的，从热带到寒带，从湿润地区到荒漠地区，各地区的环境质量（包括物理的、化学的及生物的质量）是不同的。

目前，我国在环境科学研究工作中所谈的环境质量，一般侧重于工、农业的发展排放大量污染物而造成环境质量的下降。在判定环境受污染程度时，往往以国家规定的环境标准或污染物在环境中的本底值作为依据。随着环境科学的不断发展，人们对环境质量范围不断提出新的要求，不仅研究因环境污染引起的环境变化，而且应研究环境的舒适性问题。

通过区域环境质量的现状评价可以摸清区域环境的污染程度及其变化规律，从而为制定环境目标、环境规划，以及对区域环境污染进行总量控制提供可靠的科学依据。

海洋环境质量评价可分为海洋污染的危害程度评价和海洋工程及海洋资源开发的影响评价，分别简称现状评价和影响评价。现状评价的方法有指数法和聚类分析法。指数法是以污染物的实测浓度与该污染物的标准值之比，即以环境中污染物浓度超过标准的倍数来表示污染的严重程度。聚类分析法是指根据污染指数，应用聚类方法逐步归类，最后划分污染状况类型的方法。影响评价是指预测重大海洋工程可能对海洋环境造成的影响。它是在大量分析历史资料与现状海洋环境资料的基础上，根据该海域的环境特征，选用模型试验或数学模拟方式进行的。

环境质量现状评价程序如图 5-1 所示。在评价程序中，应该首先确定评价对象、评价地区的范围，明确评价目的，并根据评价目的确定评价精度。

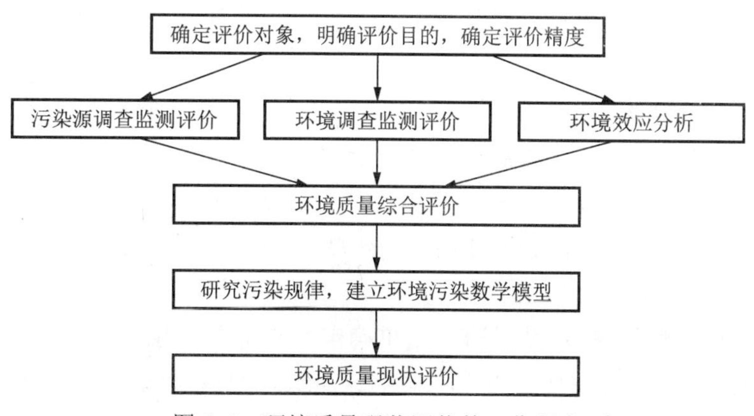

图 5-1　环境质量现状评价的工作程序

评价对象、目的不同，评价地区的范围不同，它们所要求的评价精度也就不同。通常城市评价的精度要求较高，而流域及海域评价的精度要求较低。

二、海洋污染源调查及评价

排入各海域的污染物的来源可分为陆源、大气沉降和海上污染源三部分。陆源排海污染物主要包括河流、排污口等排入近海海域的工业废水、城市生活污水、农业污水等，是各类污染物的主要来源。大气沉降主要包括降雨的湿沉降和气溶胶颗粒沉降的干沉降，是营养盐、重金属等化学污染物的一个重要来源。海上污染源是指产生污染源直接排放到邻近海水中的海上活动，如港口及船舶排污、沿海海水养殖业、海上油气钻探及生产等，是石油烃、营养盐等化学污染物的重要来源。

（1）陆源污染是指陆地上产生的污染物进入海洋后对海洋环境造成的污染及危害。陆源污染物种类最广、数量最多，对海洋环境影响最大。陆源污染物对封闭海区的影响尤为严重。陆源污染物可以通过临海企事业单位的直接入海排污管道或沟渠、入海河流等途径进入海洋。沿海农田施用化学农药以及在岸滩弃置、堆放垃圾和废弃物，也会对海洋环境造成污染危害。

（2）大气沉降是指大气中某些陆源化学物质经过远距离输送，然后通过大气干、湿沉降可达近海海域，甚至大洋。通过大气沉降输送到近海海域的化学污染物主要包括氮、磷等营养盐，铁等微量营养物质以及铅等重金属污染物。

（3）海上污染排放主要来源于港口及船舶排污、海水养殖等海上活动，以及溢油事故等突发事件，如沿海海水养殖废水排放是胶州湾营养盐、化学需氧量等污染物的重要来源。

海洋污染成因如图 5-2 所示。

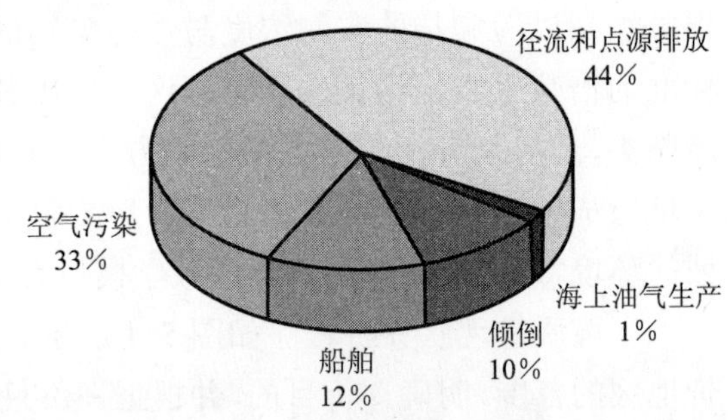

图 5-2　海洋污染成因

要了解海洋环境污染的历史和现状，预测海洋环境污染的发展趋势，污染源调查和评价是一项必不可少的工作。它是环境评价的首要部分，是海洋环境管理的基础。

1. 污染源调查方法

调查、评价和控制管理是紧密相连的三个环节。作为首要工作，污染源调查是一项范围广泛、深入细致的工作。调查前应先设计出一个适当的工作程序。污染源调查一般可分为普查、重点调查和污染源建档三个步骤，其工作程序见图 5-3。

（1）普查。

普查就是概略性的调查，从普查的结果确定需要重点跟踪的污染源。例如，对一海域的点源进行调查时，首先要取得可能影响该海域环境质量的生产、生活单位的名单，逐个对其规模、性质、排污情况进行概略的调研（陆源污染概况一般可从地方环保部门的监测报表中获取），从而确定重点调查对象。

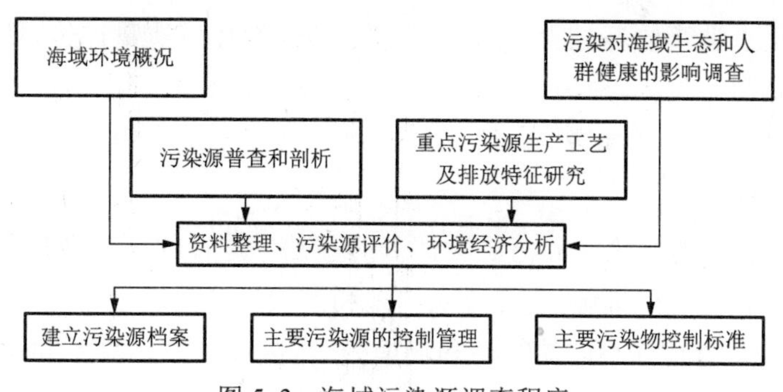

图 5-3　海域污染源调查程序

海洋污染源普查的内容一般包括：

① 排污单位概况。概况包括占地面积（如海上平台的占地面积即是平台面积）、地理位置、产品、产量、产值、原材料消耗量、用水量、生产设备情况等。

② 排污口位置。排污口所处位置的水动力条件的强弱，对环境质量影响很大，所以，掌握排污口位置对海洋污染源的调查和管理十分重要。对排污口位置进行调查后，应画出对应海域的排污口分布图。

③ 排放强度。被调查单位的单位时间污染物排放量、排放强度，通常以 kg/h、t/d 或 t/a 表示，可通过计算、估算或实地监测得到。

④ 污染源管理及污染治理情况。该内容包括环境保护管理制度、治理的投入、已采取的治理措施及其运行情况和已取得的效果等。

（2）重点污染源调查。

由普查确定的重点污染源，需要进行深入的调查和剖析，包括：

① 排放方式、排放规律。对废气要调查其排放高度与离岸距离；对废水要了解其是否清污分流，是否混合排放，是管道、阴沟还是明渠排放，是离岸排污还是沿岸排污，是直接排污还是借助河口排污；对废渣要查清是离岸海上倾倒还是滨岸堆弃。此外，还要了解其排放规律，如排放时间是否均匀，连续还是间歇。

② 污染物的物理、化学及生物特性。在重点调查中，要查清重点污染源所排放的污染物的特性，并根据其对环境影响和排放量的大小，提出需要进行评价和控制管理的主要污染源。

③ 对主要污染物进行追踪分析。对代表重点污染源特征的主要污染物进行追踪分析，以弄清其在生产工艺中的流失原因及重点发生源。对海上流动污染源和突发性污染事故要进行溯源分析，查出污染源和肇事者。

④ 污染物流失原因分析。从生产管理、能耗、水耗、原材料消耗量定额来分析，根据工艺条件计算理论消耗量，调查国内、国际同类型先进工厂的消耗量，与该重点污染源的实际消耗量进行比较，找出差距，分析原因。另外，还需进行设备分析（维修情况、生产能力是否平衡等）、生产工艺分析等，查出污染物流失的原因，并计算各类原因影响的比重。

（3）污染源建档。

在普查和重点调查的基础上，建立污染源档案，为环境质量评价、环境规划和环境管理提供基础资料。例如，对海上采油平台生产的原油和大宗进出口原油需建立油种鉴别指纹库，以便于当平台和油轮溢油发生时对污染源进行溯源鉴定。

2. *污染源评价*

污染源评价是在对污染源和污染物调查的基础上进行的。污染源评价的目的是要确定主要污染物和主要污染源，为污染源治理和区域污染治理规划提供依据。

由于各种污染物具有不同的特性和环境效应，因此要对污染源和污染物做综合评价，必须考虑到排污量与污染物的危害性两方面因素。为了使不同的污染源和污染物能够在同一尺度上加以比较，需要采用等标污染负荷这个特征参数来表示评价结果，或者说需要对污染物和污染源进行标准化比较，其目的就是使各种不同的污染物和污染源能够相互比较，以确定其对环境影响大小的顺序。

原则上要求一个区域内污染源排放出来的大多数种类的污染物都列入评价内容，但考虑到区域环境中污染源和污染物数量大、种类多，因此，在评价项目选择时，应保证对本区域引起污染的主要污染源和污染物列入评价内容。

主要污染物的确定：按评价区域污染物的等标污染负荷大小排列，计算累计百分比。累计百分比大于80%左右的污染物列为评价区域的主要污染物。

主要污染源的确定：按评价区域污染源的等标污染负荷大小排列，计算累计百分比。累计百分比大于80%左右的污染源列为评价区域的主要污染源。

采用等标污染负荷法处理容易忽略一些毒性大、流量小的污染物，这些污染物极易在环境中积累且没有被主要污染物所包括，然而对这些污染物的排放控制又是必要的，所以通过计算后，还应做全面的考虑和分析，最后确定出主要污染物和主要污染源。

三、海洋环境质量评价程序

海洋环境质量评价是指根据不同目的要求和环境质量标准，按一定的评价原则和方法，对海域环境要素(水质、底质、生物)的质量进行评价，为海域环境规划和管理以及污染防治提供科学依据。

海洋环境质量评价按环境要素分，可分为水质评价、底质评价、生物评价和综合评价；按评价区域分，可依评价范围命名，如中国近海海域环境质量评价、渤海海域环境质量评价、胶州湾环境质量评价等；按评价目的分，可分为一般评价和特殊评价；按评价的时间序列分，可分为回顾评价、现状评价和影响评价(预测评价)。

回顾评价是指根据一个海区历年积累的环境资料进行评价，从而可以回顾该海区环境质量的发展演变过程。现状评价是指根据环境监测资料对一个海区的环境质量现状进行评价。影响评价是指针对某一海区的海洋开发规划、海岸带开发规划、某项海岸工程或海洋工程，预测其对海区未来环境质量的影响及变化。

海域环境质量现状评价的基本程序如图 5-4 所示。回顾评价的工作程序与现状评价基本相同。海域环境影响评价多数情况下用于海岸工程建设项目或海洋油气资源开发项目，其工作程序可以参照一般建设项目的环境影响评价，如图 5-5 所示。图 5-5 中

Ⅰ代表准备工作，Ⅱ代表环境预测，Ⅲ代表对策分析。

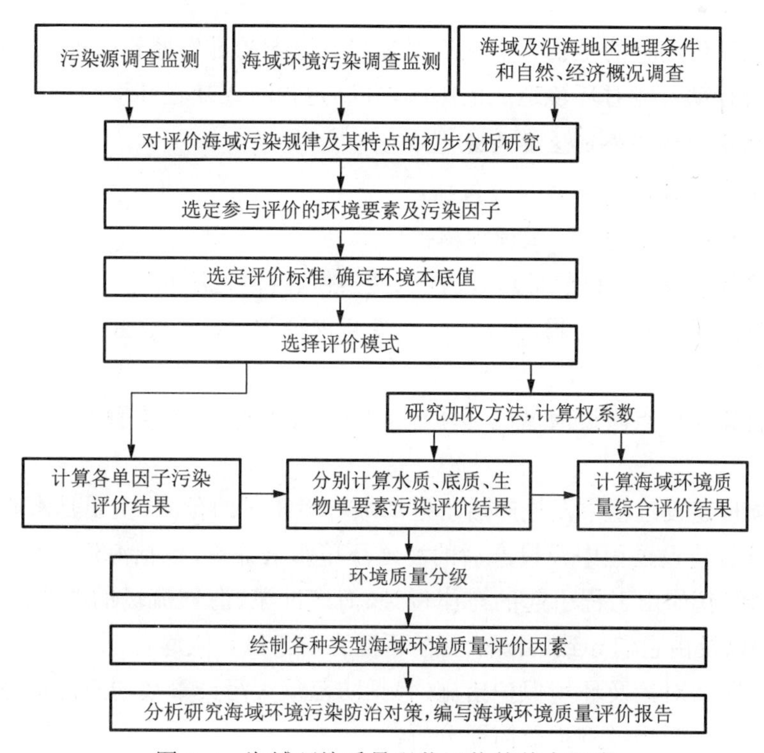

图 5-4　海域环境质量现状评价的基本程序

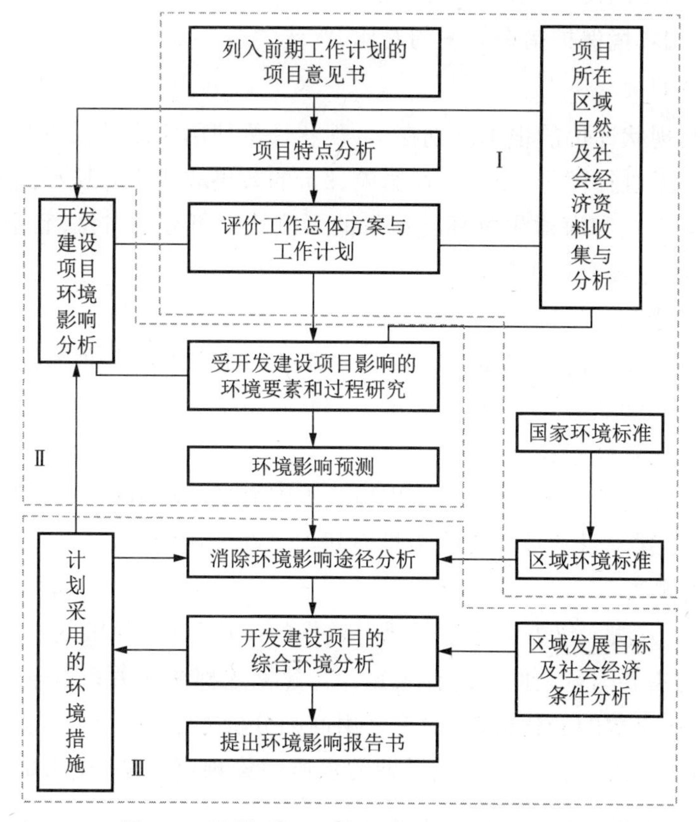

图 5-5　建设项目环境影响评价的基本程序

四、海洋环境影响评价

环境影响评价的目的是在人们进行对环境有影响的开发建设之前，通过调查研究，分析预测这种行动可能对环境造成的影响，并制定预防或减轻环境污染和破坏的措施。

1. 海洋环境影响评价的主要内容

海洋环境影响评价的主要内容包括：

（1）项目名称、地理位置、工程规模；

（2）项目所处海域的自然环境、海洋水文条件、海洋资源状况；

（3）项目建设过程中及投产后排放的废弃物种类、成分、数量、处理方式及排污口位置；

（4）项目建设地点附近海域的环境监测（水质、底质、生物监测）及环境质量现状评价；

（5）对项目建设过程中及投产后附近海域环境质量的预测（主要是水质预测）；

（6）对项目建设过程中及投产后的海洋环境影响评价，包括海洋环境污染影响，非污染性环境影响（如由工程引起的海岸侵蚀、海底冲淤、海域流场的改变及物理自净能力的降低等）以及由它们导致的海洋生态环境的破坏和其他危害；

（7）污染防治对策及环境保护措施（包括防范重大污染事故的应急措施）；

（8）海洋环境影响经济损益简要分析；

（9）结论，包括建设规模、性质、选址是否合理，环境措施是否切实有效，经济上是否合理可行，不同环境保护措施方案的对比、优选。

2. 海洋环境预测

影响评价与现状评价的根本区别在于：现状评价使用实测结果进行评价，而影响评价则使用预测结果进行评价，因此环境影响评价的效果取决于环境预测的质量。

由于对海洋底质和海洋生物环境质量的预测缺少可靠的方法，目前海洋环境预测主要指水质预测，主要有以下几种方法。

（1）定性预测法。

① 专家判断法：邀请各方面有经验的专家对可能产生的各种海洋环境影响，从不同角度提出意见和看法，然后采用一定的方法将意见综合，从而得出项目建设可能产生的海洋环境影响的定性结论。

② 类推法：根据建设项目的性质、规模及周围海域环境特征，寻找与其类似的已建项目，通过调查已建项目的环境影响来推断新项目的环境影响。

（2）定量预测法。

① 统计分析方法。该方法通过对已有数据的统计分析，寻求某一水质参数与影响这一水质参数的主要因素之间的统计关系。当建立这种统计关系后输入影响因素的变量，则可得出水质参数的变化值，一般多采用回归分析方法。

② 经验预测公式法。该方法是早期的水质污染预测方法，使用范围有局限性、准确度差，如元良公式法。

③ 数值模拟方法。由于数值模拟在环境预测工作中应用广泛，所以发展较快。例如，过去以有限差分法为主，现在有限元法也已得到广泛应用；过去多用固定边界模型，与潮滩地区的实际情况不符，现在已开始采用水陆边界随潮位涨落而变动的变边界数值模型；过去只能二维模拟，现在已可以三维计算；过去主要预测 COD 浓度分布，现在已扩展到预测油膜扩散及温排水扩散等。

3. 海洋环境影响分析

海洋环境影响分析的主要内容包括：

（1）由于排污造成的水质、底质、生物环境污染及其可能产生的危害；

（2）工程勘探、施工期间可能产生的环境危害；

（3）由开发活动导致的非污染性环境影响；

（4）突发性环境灾害事故。

第四节　海洋溢油对环境与生态损害评价

一、海洋溢油对环境与生态损害评价内容及程序

1. 评价内容

一般性的海洋溢油对环境与生态损害评价的内容，主要包括海洋溢油对环境与生态损害程度调查和海洋溢油对环境与生态损害评估两大部分。

海洋溢油对环境与生态损害程度调查是开展污染损害评估的前提与基础，其工作内容与通常意义上的污染监测内容不完全一致，主要包括海洋生物要素调查、海洋生境要素调查和溢油事故调查。其中海洋生境要素调查主要是对海洋水文、海洋气象、海水化学、海洋底质以及海洋敏感区等进行调查，查明海洋生物栖息的环境；海洋生物要素调查是污染损害程度调查的主要环节，主要对海洋生物群落结构（包括浮游动植物、游泳动物、底栖生物、潮间带生物以及微生物等）的调查和海洋生态系统功能的调查（包括初级生产力、细菌生产力等）。此外，海洋溢油对环境与生态损害程度调查还包括溢油事故调查，主要对溢油量、原油特性、溢油扩散面积、溢油挥发量、溢油回收量、溢油消除的措施、公众对溢油事故的意愿等进行全面调查，为司法索赔提供基础证据，为评估提供数据支持。

海洋溢油对环境与生态损害评估应包括三个方面的内容，即污染源诊断、损害对象及程度确定、生态损害评估。其中污染源诊断是前提，在明确溢油量的情况下，分析溢油的归宿，采用油指纹比对、溢油漂移扩散数值模拟以及遥感技术（包括卫星遥感、航空遥感等）查明溢油在任何时刻的位置、形状以及变化过程；同时在实验室开展原油生物毒性实验，弄清该种原油对海洋生物损害的剂量-反应关系。

损害对象及程度确定则是查明受到溢油影响和危害的对象，包括海水质量、海洋底质、海洋保护区，海岸、海洋生物等。通过收集历史资料，分析对比溢油前后上述污染损

害对象的变化及程度，为生态损害评估提供依据。

生态损害评估包括直接海洋生态损失评估和恢复海洋生态措施评估。直接海洋生态损失可以用环境容量损失、海洋生态服务功能损失衡量。恢复海洋生态主要是指两方面：一是海洋生境的恢复，即采用何种方法使受损的海洋生境（海水质量、海洋底质环境、海岸、海洋保护区、湿地、鸟类栖息地等）恢复到溢油前的功能；二是物种的恢复。最后，还需对公众意愿进行评估，通过经济评估，将上述各项进行货币化，即可得到海洋溢油对环境与生态损害的总损失费用。

2. 评价程序

溢油事件发生后，应立即开展现场调查监测工作，同时收集整理该海域大量的生态、环境、社会经济等资料，并对这些资料进行分析整理。通过遥感技术、油指纹比对、样品分析测试（包括生物毒性实验等）以及溢油漂移扩散数值模拟等技术，对污染源进行诊断，查明溢油量、溢油扩散范围及过程等，确定海水质量、海洋底质、海洋生物以及海洋保护区等是否受溢油的影响与危害。在进行历史资料对比、有关文献查阅等基础上分析污染损害对象的损害程度，同时采用成熟、可行的方法对污染损害对象进行损失评估，选择合适的海洋生境修复措施以及海洋生物恢复方法，对损害的海洋生态进行恢复。据此计算海洋溢油对环境与生态损害的总损失费用，如图 5-6 所示。

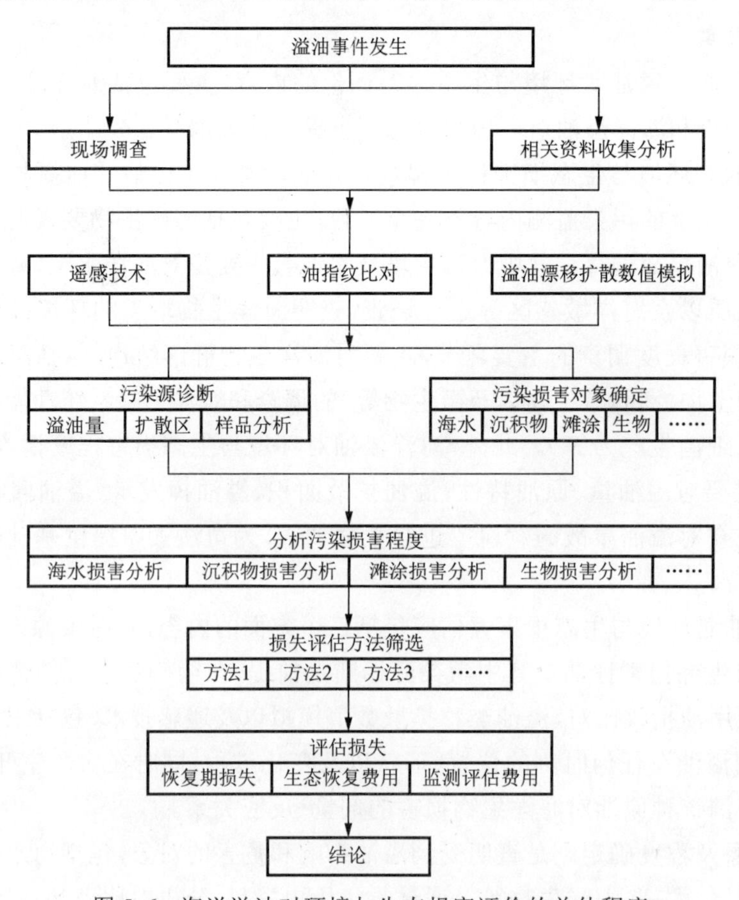

图 5-6　海洋溢油对环境与生态损害评价的总体程序

在整体技术路线中，最为关键的技术之一是污染源诊断，在损害评估工作中，主要采取海上现场监测、遥感技术、溢油漂移扩散数值模拟技术、现场走访调查以及油指纹比对等技术进行确定，如图 5-7 所示。

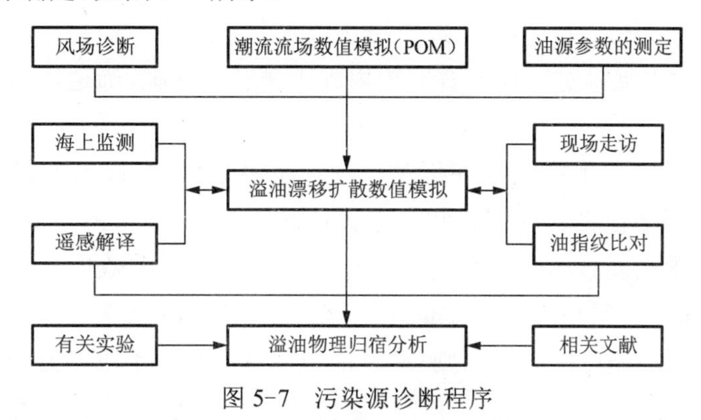

图 5-7　污染源诊断程序

通过对比历史同期资源情况及生态、环境状况，分析可能受此次溢油事故影响的对象。可采用两种方式分析污染损害对象，即从正问题的角度分析溢油事故发生后资源、生态与环境等的可能变化情况；从反问题的角度分析溢油事故可能对资源、生态与环境产生的直接或间接影响。污染损害的对象主要包括资源、海水质量（表层、中层、底层的化学参数，浮游生物、底栖生物情况及污染质量等目标）、滩涂以及海岸等，如图 5-8 所示。

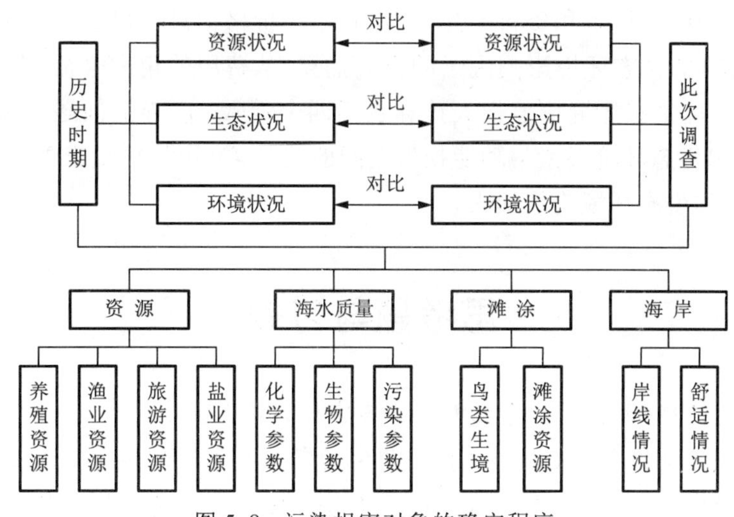

图 5-8　污染损害对象的确定程序

损害程度分析可采取三种方法：

（1）实验室生物毒性实验确定。查明石油对鱼、贝类（扇贝）等产生毒性的作用方式（呼吸、代谢、体表渗透、食物链传输）、类型（急性、亚急性、慢性中毒），并利用实验室生物毒性实验数据计算鱼、贝类等受到影响而造成的死亡数量。而原油对海洋生物的毒性影响实验，是从浮游植物、浮游动物、底栖动物和游泳动物中各选出一个或几个生物代表种，以室内毒性实验的方式进行的。

（2）利用 GIS 图形叠加等空间分析技术确定。首先开展海洋生态环境评价，然后在 GIS 平台上将溢油漂移扩散的范围、浓度等与海洋环境评价结果、历史同期海洋生态环境评价结果进行叠加，并分析三者之间的相互关系，确定不同扩散区域对海洋生态环境的影响程度。

（3）利用相关文献确定。通过查阅国内外大量有关文献，筛选出依据性强的实验、研究结果进行确定。

海洋溢油对环境与生态损害评价是一项涉及多学科、多技术的复杂的系统工作。评价的主要内容包括损害程度调查和损害评估两大部分，损害评估实施程序不但要充分利用现有的各项高新技术，如溢油鉴别技术、溢油漂移扩散数值模拟技术、卫星和航空遥感技术等，而且必须依赖于一定的室内实验、历史上海上事故海域的生态资料等，损害评估过程必须遵循可操作性原则，必须能与现有的观测手段充分结合。

二、生态环境价值损失评估

生态环境价值损失评估其实就是对生态环境在破坏前后的价值进行计量。生态环境价值计量是一项技术性很强的工作，涉及许多经济学的基本知识。

国内外开展了许多生态环境价值损失计算工作，主要从生态环境质量产生的效益和预防生态环境恶化的费用两个角度来评价计算。通常是将生态环境看成人类所需要的一种物品和劳务，尽量利用市场价格信息，直接计算该物品和劳务的生态环境效益和损失，对于那些资金、技术和资料不允许，没有市场价格信息可以参考且生态环境的经济效益难以估算的生态环境影响因子的损失估算，从费用的角度来估算是一种有效的方法。概括而言，生态环境价值损失计算包括四个步骤：① 弄清问题的类型和确定分析范围；② 找出生态环境要素与功能损失之间的关系；③ 用价值量来表示损害和效果；④ 综合评价总的生态环境价值损失。

思考题与习题

5-1 污染物的迁移-扩散过程包括哪些？各有什么特点？

5-2 海洋环境容量的准确定义和实际应用时的定义各是什么？有什么区别？

5-3 海水自净容量大于零、小于零各表示什么？剩余环境容量大于零、小于零各表示什么？

5-4 为什么污染物总量控制管理比排放浓度控制管理要好？

5-5 海洋环境质量评价的分类有哪些？

5-6 海洋环境影响评价的主要内容是什么？

5-7 简述溢油对海洋环境与生态的危害，以及海洋溢油对环境与生态损害评价的内容。

第六章 海洋环境污染控制技术

当海洋环境污染已经发生，包括污染物浓度超过海水自净容量和污染物仍持续不断地汇入时，就需要对已污染海域进行环境治理和对污染源进行源头控制。本章重点介绍海洋环境污染的控制技术，针对可能出现的典型海洋环境污染问题，包括海洋石油开采过程中的污水排放、废弃钻井液与钻屑排放、溢漏油、生活垃圾倾倒和海水养殖带来的水体污染、赤潮等问题，进行有针对性的环境治理或污染控制技术的阐述，同时介绍从源头控制陆源污染物的措施。

第一节 海洋石油开采过程中的污水处理

一、陆地污水的处理工艺

在介绍海洋石油开采过程中的污水处理前，先了解一下陆地污水的处理工艺，从而判断两者之间的区别和产生区别的原因。

陆地污水处理工艺较成熟，可分为物理处理法、化学处理法和生物处理法三种。通常一个好的污水处理工艺往往同时包含这三种方法，或至少是两种方法的有机组合。

1. 物理处理法

物理处理法的基本原理是利用物理作用使悬浮状态的污染物与废水分离。在处理过程中污染物不会发生变化，该法使废水得到一定程度澄清的同时，又可以回收分离下来的物质加以利用。其最大的优点是简单、易行、效果良好，并且十分经济。常用的物理处理法有过滤法、沉淀法、浮选法等。过滤法可以利用格栅与筛网，还可以利用粒状介质过滤；沉淀法则主要依靠重力沉降；浮选法又称气浮法，主要利用气泡黏附污水中的污染物，使其上浮至液面分离。

（1）格栅与筛网。

在排水工程中，废水通过下水道流入水处理厂，首先应通过斜置在渠道内一组金属制的呈纵向平行的框条（格栅）、穿孔板或过滤网（筛网），使漂浮物或悬浮物不能通过而被截留在格栅、细筛或滤料上。该步工序属于废水的预处理，其目的在于截留大颗粒物质和回收有用物质；初步澄清废水以利于后续的处理，减轻沉淀池或其他处理设备的负荷；保护抽水机械以免受到颗粒物堵塞而发生故障。

格栅构造如图 6-1 所示，通常是废水处理流程的第一道设施，用以截留水中粗大的悬浮物和漂浮物，保护水泵和其他处理设备。栅条截面多为 10 mm×40 mm，栅条空隙为 15～75 mm（15～35 mm 的空隙称为细隙，35～75 mm 的空隙称为粗隙）。清渣方法有人工与机械两种，栅渣应及时清理和处理。

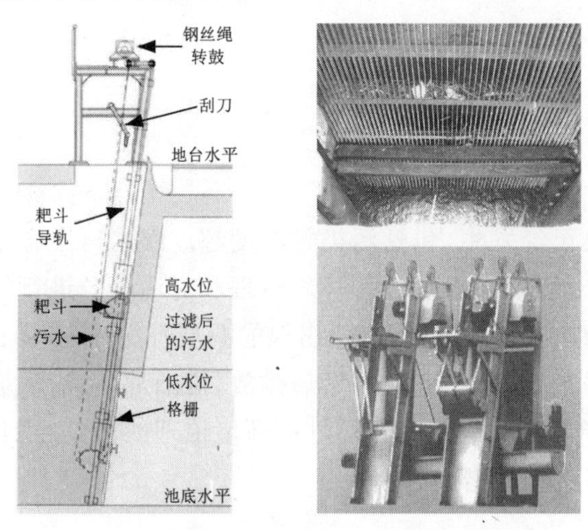

图 6-1　固定式钢丝绳牵引耙斗格栅

筛网主要用于截留粒度在几毫米到数十毫米的细碎悬浮态杂物，如纤维、纸浆、藻类等，通常用金属丝、化纤编织而成，或用穿孔钢板，孔径一般小于 5 mm，最小可为 0. 2 mm。筛网过滤装置有转鼓式、旋转式、转盘式、固定式振动斜筛等。但不管采取何种结构，必须既能截留污染物，又可便于卸料及清理筛面。

（2）粒状介质过滤。

废水通过粒状滤料（如石英砂）层时，其中细小的悬浮物和胶体就被截留在滤料的表面和内部空隙中。这种通过粒状介质层分离不溶性污染物的方法称为粒状介质过滤。

当废水自上而下流过粒状滤料层时，粒径较大的悬浮颗粒首先被截留在表层滤料的空隙中，从而使此层滤料空隙越来越小，截污能力随之变得越来越高，结果逐渐形成一层主要由被截留的固体颗粒构成的滤膜，并由它起主要的过滤作用。这种作用属于阻力截留或筛滤作用。

此外，废水通过滤料层时，众多的滤料表面提供了巨大的沉降面积。据估计，1 m^3 粒径为 0. 5 mm 的滤料中就有 400 m^2 不受水力冲刷影响而可供悬浮物沉降的有效面积，形成无数的小“沉淀池”，使悬浮物极易在此沉降下来。

由于滤料具有巨大的表面积，它与悬浮物之间有明显的物理吸附作用。另外，在水中砂粒表面常常带有负电荷，能吸附带正电荷的铁、铝等胶体，从而在滤料表面形成带正电荷的薄膜，并进而吸附带负电荷的黏土和多种有机物等胶体，在砂粒上发生接触絮凝。

在实际过滤过程中，阻力截留、重力沉降和絮凝作用往往同时存在。

过滤工艺包括过滤和反洗两个基本阶段。过滤即截留污染物，反洗即把污染物从滤料层中洗去，使之恢复过滤功能。

图 6-2 所示为重力式快滤池。过滤时，废水由进水管经闸门进入池内，并通过滤料层和垫层流到池底，而水中的悬浮物和胶体被截留于滤料表面和内层空隙中，滤过的水由集水系统经闸门排出。随着过滤过程的进行，污染物在滤料层中不断积累。当过滤水头损失超过滤池所能提供的作用水头（高低水位之差），或出水中的污染物浓度超过许可值时，即应终止过滤，并进行反洗。反洗时，反洗水进入配水系统（过滤时的集水系统），向上流过垫层和滤料层，冲去沉积于滤料层内的污染物，并夹带着污染物进入洗砂排水槽，由此经闸门排出池外。反洗完毕，即可进行下一循环的过滤。

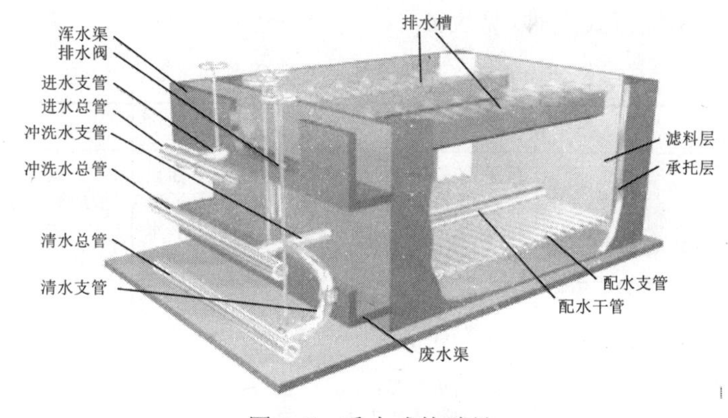

图 6-2　重力式快滤池

（3）沉降法。

沉降法是指利用废水中的悬浮颗粒和水密度不同的原理，借助重力沉降作用将悬浮颗粒从水中分离出来的水处理方法，应用十分广泛。沉降法根据水中悬浮颗粒的浓度及絮凝特性（即彼此联结、团聚的能力）可分为四种。

① 分离沉降（或称自由沉降）。

分离沉降是指颗粒之间互不聚合，单独进行沉降。在沉降过程中，颗粒呈离散状态，只受到本身在水中的重力（包括本身重力和水的浮力）和水流阻力的作用，其形状、尺寸、质量、下降速度均不改变，如含量少的泥沙在水中的沉淀。

② 混凝沉降（或称絮凝沉降）。

混凝沉降是指在混凝剂的作用下，废水中的胶体和细微悬浮物凝聚为具有可分离性的絮凝体，然后采用重力沉降予以分离去除。由于采用了混凝剂，因此该方法的混凝过程属于化学处理法，混凝后的重力沉降属于物理处理法。常用的无机混凝剂有硫酸铝、硫酸亚铁、三氯化铁及聚合铝，常用的有机絮凝剂有聚丙烯酰胺等，还可采用助凝剂如水玻璃、石灰等。混凝沉降的特点是在沉降过程中，颗粒互相接触碰撞而聚集形成较大絮体，因此颗粒的尺寸、质量和下降速度均会不断改变。

③ 区域沉降（又称拥挤沉降、成层沉降）。

当废水中悬浮物含量较高时，颗粒间的距离较小，颗粒间的聚合力能使其集合成为一个整体，并一同下沉，而颗粒相互间的位置不发生变动，因此澄清水和浑水间有一明显的分界面，且此分界面逐渐向下移动，此类沉降称为区域沉降。例如，高浊度水的沉淀池及二次沉淀池中的沉降多属此类。

④ 压缩沉降。

当悬浮液中的悬浮固体浓度很高时，颗粒互相接触、挤压，在上层颗粒的重力作用下，下层颗粒间隙中的水被挤出，颗粒群体被压缩，此类沉降称为压缩沉降。压缩沉降主要发生在沉淀池底部的污泥斗或污泥浓缩池中，作用过程较缓慢。

沉淀的主要设备是沉淀池。对沉淀池的要求是能最大限度地除去水中的悬浮物，以减轻其他净化设备的负担或对后续处理起一定的保护作用。沉淀池的工作原理是让沉淀处理的水在池中缓慢地流动，使悬浮物在重力的作用下沉降。沉淀池的类型主要有平流式、竖流式和辐流式三种，见表 6-1。

表 6-1　沉淀池类型及适用条件

类　型	优　点	缺　点	适用条件
平流式	① 对冲击负荷和温度变化适应能力较强； ② 施工简单，造价低	采用多斗排泥时，每个泥斗需单独设排泥管排泥，操作工作量大；采用机械排泥时，机件设备和驱动件均浸于水中，易锈蚀	① 适用于地下水位较高及地质较差的地区； ② 适用于大、中、小型污水处理厂
竖流式	① 排泥方便，管理简单； ② 占地面积小	① 池子深度大，施工困难； ② 对冲击负荷及温度变化适应能力较差； ③ 造价较高； ④ 池径不宜太大	适用于处理量不大的小型污水处理厂
辐流式	① 采用机械排泥，运行较好，管理亦较简单； ② 排泥设备已有定型设备	① 池水水流速度不稳定； ② 机械排泥设备复杂，对施工质量要求较高	① 适用于地下水位较高的地区； ② 适用于大、中型污水处理厂

平流式沉淀池中，废水从池的一端流入，按水平方向在池内流动，水中悬浮物逐渐沉向池底，澄清水从另一端溢出。池呈长方形，在进口处的底部设污泥斗，池底污泥在刮泥机的缓慢推动下被刮入泥斗内，见图 6-3。

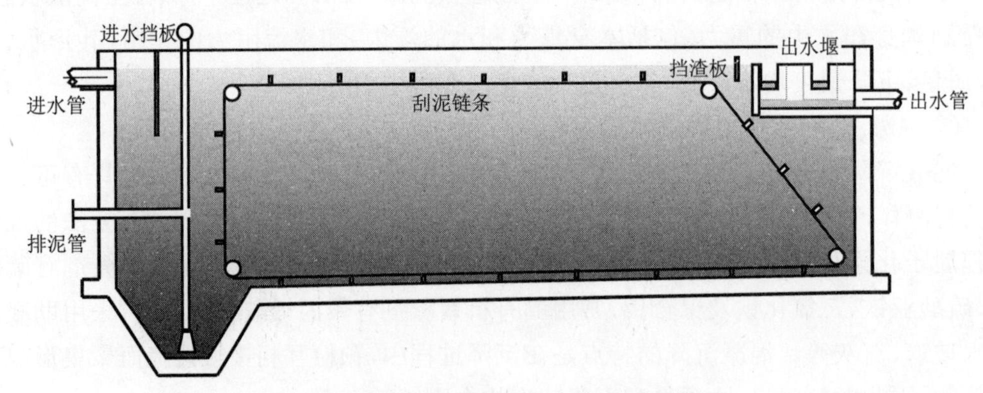

图 6-3　设有链带式刮泥机的平流式沉淀池

竖流式沉淀池多为圆形，如图 6-4 所示。水由中心管的下口流入池中，由于受到反射板的阻拦，水流会向四周发散，从而分布于整个水平断面上，缓缓向上流动。沉速超过上升流速的颗粒则向下沉降到污泥斗，澄清后的水由池四周的堰口溢出池外。竖流式沉淀池也可以做成方形，相邻池可合用池壁以使布置紧凑。

辐流式沉淀池也多为圆形，如图 6-5 所示，直径较大，一般在 20 m 以上，最大可达 100 m，池深较浅，约 2. 5～5. 0 m，适用于大型水处理厂。原水经进水管进入中心筒后，通过筒壁上的孔和外围的环形穿孔挡板，沿径向呈辐射状流向沉淀池周边。由于过水断面不断增大，流速逐渐变小，颗粒沉淀下来，澄清水从池周围溢出，汇入集水槽排除。沉于池底的泥渣由安装于桁架底部的刮板刮入泥斗，再借静压或污泥泵排除。

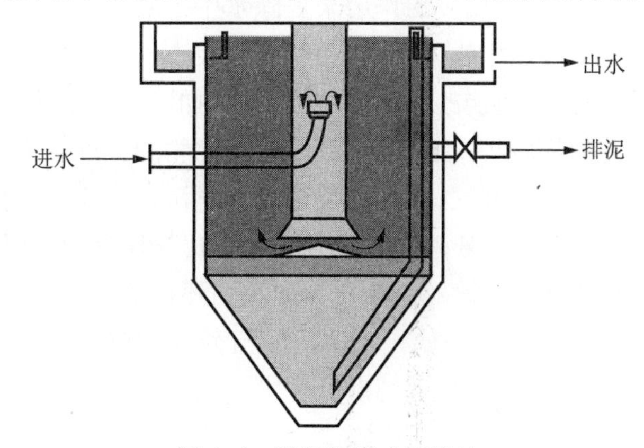

图 6-4　圆形竖流式沉淀池

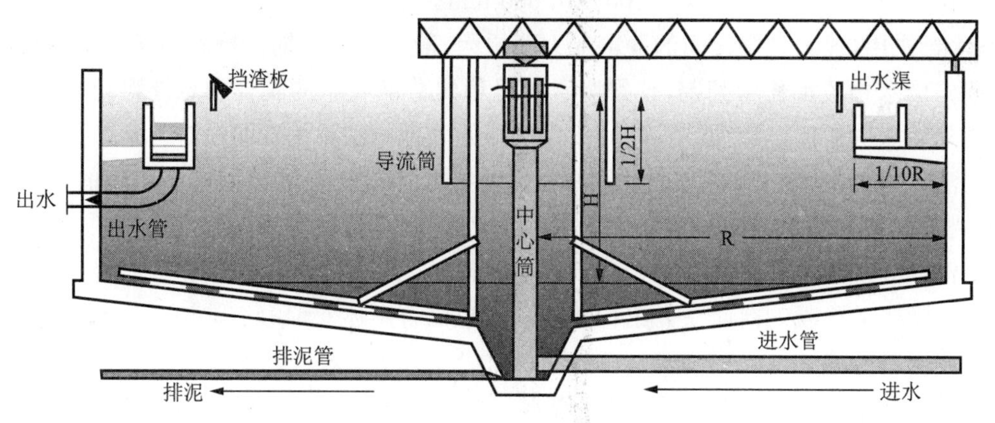

图 6-5　辐流式沉淀池

（4）气浮法。

气浮法是指在污水中通入空气，设法使水中产生微小气泡，有时还需加入气浮剂或凝聚剂，使水中污染物颗粒黏附在气泡上，随气体一起上浮到水面加以回收的方法。气浮过程包括气泡产生、气泡与颗粒的附着以及结合体上浮分离等连续步骤。图 6-6 为气浮池的工艺流程。

实现气浮法分离的两个必要条件是：

① 必须向水中提供数量足够的微小气泡；

② 必须使目的物呈悬浮状态或具有疏水性质，从而能附着气泡上浮。

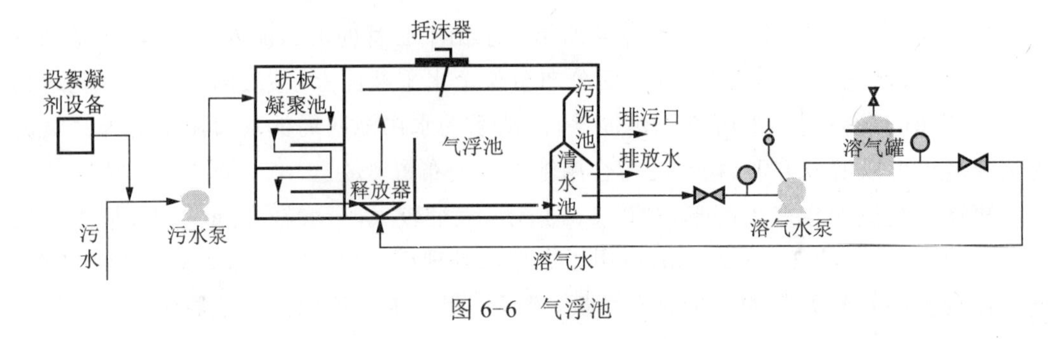

图 6-6　气浮池

2. 化学处理法

化学处理法是指利用化学反应的作用来去除水中杂质的方法。其主要处理对象是废水中无机的或有机的（难以生物降解的）溶解态或胶态的污染物。它既可使污染物与水分离，回收某些有用物质，也能改变污染物的性质，如降低废水的酸碱度、去除金属离子、氧化某些有毒有害的物质等，因此可使废水达到比物理处理法更高的净化程度。常用的化学处理法有混凝法、中和法、氧化还原法和化学沉淀法。但是化学处理法也有局限性，主要体现在：① 由于化学处理废水时常需采用化学药剂（或药材），运行费用一般较高，操作与管理的要求也特别严格；② 化学处理法还需要与物理处理法配合使用，在化学处理之前，往往需要沉淀和过滤等手段作为前处理，有时某些场合下，又需要采用沉淀和过滤等物理手段作为化学处理的后处理。

（1）混凝法。

粒径分别为 1～100 nm 和 100～10 000 mm 的胶体粒子和细微悬浮物，由于布朗运动、水合作用，尤其是微粒间的静电斥力等原因，能在水中长期保持悬浮状态，所以处理时需向废水中投加化学药剂，使得废水中呈稳定分散状态的胶体和悬浮颗粒聚集为具有沉降性能的絮体，然后通过沉淀去除，这样的处理方法称为混凝法。

混凝包括凝聚和絮凝两个过程。凝聚是指胶体脱稳并聚集为微小絮粒的过程，絮凝是指微小絮粒通过吸附、卷带和桥连而形成絮凝体的过程。

混凝处理工艺包括混合（药剂制备与投加）、反应（聚集）和絮凝体分离（沉淀）三个阶段。常用的混凝剂前面在介绍物理处理法中已有阐述。混凝沉淀池一般有分开式和综合式两种型式。

分开式混凝沉淀池由混合池（使废水和混凝剂快速混合）、絮凝物形成池和沉淀池三部分组成，如图 6-7 所示。废水和药剂在混合池中快速搅拌 1～5 min，在絮凝物形成池中滞留 20～40 min，用搅拌器慢慢搅拌，然后在沉淀池中滞留 3～5 h，沉淀池中同样设有自动排泥装置。

综合式混凝沉淀池主要指各种类型的澄清池。澄清池将微絮凝的絮凝过程和絮凝体与水分离过程综合于一个构筑物中完成。在澄清池中有高浓度的活性泥渣，废水在池中与泥渣接触时，其脱稳杂质便被泥渣截留下来，使水变得澄清。图 6-8 是一种机械搅拌加速澄清池，它可分为混合室、第一反应室、第二反应室、回流室、分离室和泥渣浓缩室几部分，可同时完成混凝处理的三个阶段，是混凝处理的常用设备。

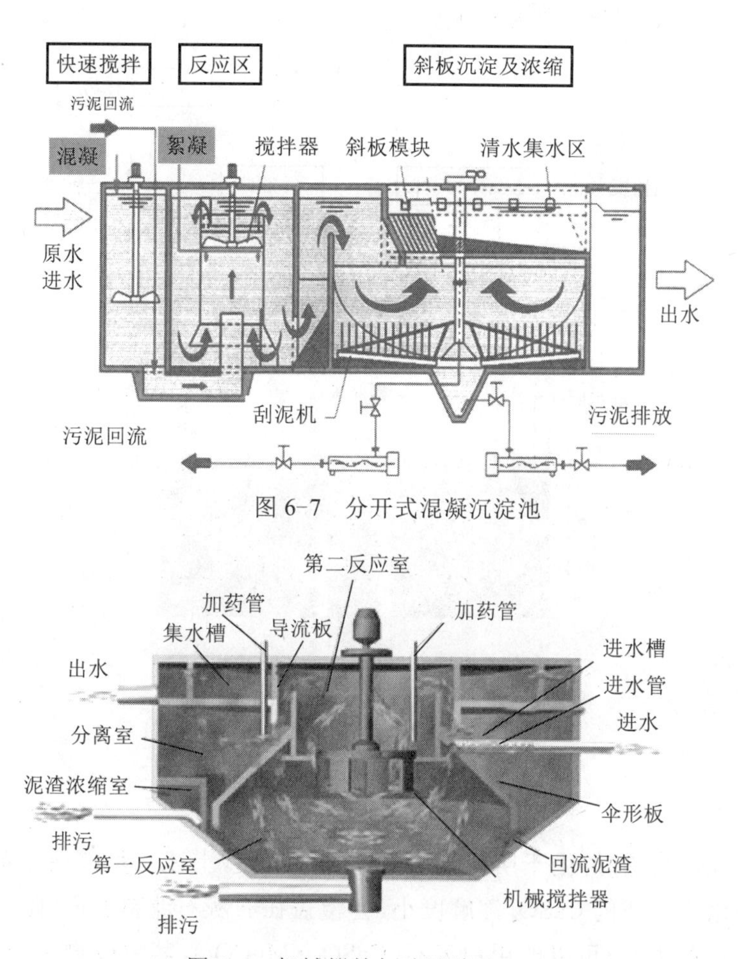

图 6-7　分开式混凝沉淀池

图 6-8　机械搅拌加速澄清池

混凝法在废水处理中可以用于预处理、中间处理和深度处理的各个阶段。它除了用于除浊、除色之外，对高分子化合物、动植物纤维物质、部分有机物、油类物质、微生物、某些表面活性物质以及汞、铜、铅等重金属都有一定的清除作用，应用十分广泛。其优点是设备费用低，处理效果好，管理简单；缺点是要不断向废水中投加混凝剂，运行费用较高。

（2）中和法。

中和法是指利用酸碱相互作用生成盐和水的化学原理将废水从酸性或碱性调整到中性附近的处理方法。

对于酸性废水，最常用的中和法是投药中和法和过滤中和法。投加的碱性药剂通常为石灰，具有廉价、原料普遍、易制成乳液投加等优点。另外还可采用苛性钠、碳酸钠和氨水为碱性药剂，它们具有组成均匀、易于贮存和投加、反应迅速、易溶于水且溶解度高等优点，但是价格相对昂贵。图 6-9 为典型的酸性废水中和法流程。

过滤中和法主要通过中和滤池实现，如图 6-10 所示。滤池用耐酸材料制成，内装碱性滤料。主要的碱性滤料有石灰石、大理石和白云石。酸性废水由上而下或由下而上流经滤料层得以中和处理。

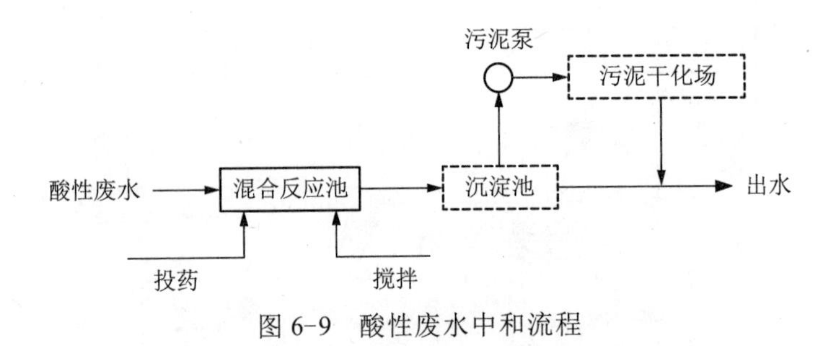

图 6-9　酸性废水中和流程

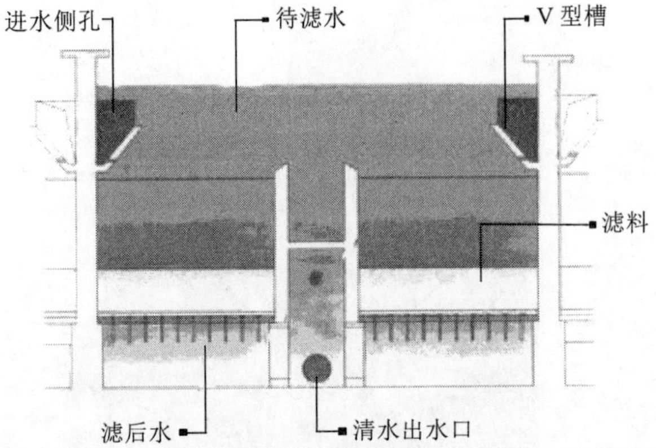

图 6-10　酸性废水中和滤池（由上而下过滤）

中和硝酸、盐酸时，由于所得钙盐有较大溶解度，上述三种碱性滤料均可采用。中和硫酸时，由于生成的 $CaSO_4$ 溶解度小，会覆盖在石灰石滤料表面，阻止中和反应继续进行，使滤料层失效，可以改用白云石（$CaSO_4 \cdot MgCO_3$），其生成物中一部分为 $MgSO_4$，溶解度大，不易结壳。但白云石来源少，成本高，反应速度慢。另外，也可以采用正确控制硫酸浓度的方法使中和产物 $CaSO_4$ 的生成量不超过其溶解度。

过滤中和法操作管理简单（控制 H_2SO_4 除外），出水 pH 值稳定，沉渣量少，只有废水体积的 0.1% 左右。碱性废水常采用废酸、酸性废水、烟道气（含有酸性废气 CO_2）进行中和处理，其工艺过程比较简单，主要是混合或接触反应。

（3）氧化还原法。

向废水中投加氧化剂氧化废水中的有毒有害物质，使其转变为无毒无害或毒性小的新物质的方法称为氧化法。此法几乎可以处理各种工业废水，如含氰、酚、醛、硫化物的废水，以及除色、除臭、除铁，特别适用于处理废水中难以生物降解的有机物。

在给水处理和废水处理中氯化处理被广泛地使用，使用时，水中将发生下列歧化反应：

$$Cl_2 + H_2O \rightleftharpoons HClO + HCl$$

$$HClO \rightleftharpoons H^+ + ClO^-$$

次氯酸（HClO）是强氧化剂，可氧化废水中许多污染物，常用于消毒、降低 BOD、消除异味和除色、氧化某些有毒有害物质（如氰化物、硫化物、酚）等。常用的氯化处理药剂有液氯、漂白粉、次氯酸钠和二氧化氯等。

另外一种氧化法是采用臭氧氧化。臭氧(O_3)是氧气的同素异构体,呈淡紫色,只有特殊气味,不稳定,在常温下即可逐渐自行分解为氧气(O_2)。臭氧是一种强氧化剂,它的氧化能力在天然元素中仅次于氟。

臭氧对各种有机基团均有较强的氧化能力,如蛋白质、氨基酸、有机氨、不饱和脂肪烃、芳香烃和杂环化合物、木质素、腐殖质等都易与臭氧发生反应。因此,臭氧在水处理中可用于除臭、除色、杀菌、除铁、除锰、除氰化物、除有机物等。臭氧氧化法的主要优点是对除臭、除色、杀菌、去除有机物和无机物都有显著效果;废水经臭氧处理后剩余在水中的臭氧易分解,不产生二次污染,且能增加水中的溶解氧;制备臭氧用的电和空气不必储存和运输;整个处理过程操作管理方便。臭氧氧化法的主要缺点是臭氧发生器耗电量大,并且在生成的臭氧化气体中臭氧浓度不高,仅为3%左右。

其他的氧化法还有空气氧化法及高锰酸钾($KMnO_4$)氧化法等。

在废水处理中,采用还原剂改变有毒有害污染物的价态,使其转变为无毒无害或毒性小的新物质的方法称为还原法。常用的还原剂有铁粉(屑)、锌粉(屑)、硫酸亚铁、亚硫酸氢钠以及电解时的阴极等。还原法常用于含铬、含汞废水的还原处理。

含六价铬废水的还原处理方法有亚硫酸氢钠法、硫酸亚铁石灰法、铁屑法等。以亚硫酸氢钠法为例,在酸性条件($pH < 4$)下,向废水中投加 $NaHSO_3$ 可将废水中的六价铬还原为毒性较小的三价铬:

$$2H_2Cr_2O_7 + 6NaHSO_3 + 3H_2SO_4 \rightarrow 2Cr_2(SO_4)_3 + 3Na_2SO_4 + 8H_2O$$

然后投加石灰[$Ca(OH)_2$]或氢氧化钠,有氢氧化铬沉淀析出:

$$Cr_2(SO_4)_3 + 3Ca(OH)_2 \rightarrow 2Cr(OH)_3\downarrow + 3CaSO_4$$

或

$$Cr_2(SO_4)_3 + 6NaOH \rightarrow 2Cr(OH)_3\downarrow + 3Na_2SO_4$$

处理含汞废水时,常用的还原剂有比汞活泼的金属(铁屑、锌粒、铝屑、铜屑等)及硼氢化钠等。金属还原汞时,将含汞废水通过金属屑滤料层,废水中的汞离子被还原为金属汞而析出,金属本身被氧化为离子而进入水中。置换反应速度与固液有效接触面积、温度、pH 值有关。还原出的汞粒(粒径为 10 μm)经分离或加热回收。

(4) 化学沉淀法。

化学沉淀法是指向废水中投加某些化学药剂,使其与废水中的溶解性污染物发生互换反应,形成难溶于水的盐类(沉淀物)从水中沉淀出来,从而除去水中污染物的处理方法。

化学沉淀法多用于在水处理中去除钙、镁离子以及废水中的重金属(如汞、镉、铅、锌等)离子。水中 Ca^{2+} 和 Mg^{2+} 含量的总和称为总硬度,它可分为碳酸盐硬度和非碳酸盐硬度。碳酸盐硬度可通过投加石灰使水中的 Ca^{2+} 和 Mg^{2+} 形成 $CaCO_3$ 和 $Mg(OH)_2$ 沉淀而降低。如需同时去除非碳酸盐硬度,可采用石灰-苏打软化法,使 Ca^{2+} 和 Mg^{2+} 生成 Ca^{2+} 和 Mg^{2+} 的沉淀而除去。因此,当原水硬度或碱度较高时,可先用化学沉淀法作为离子交换软化的前处理,以节省离子交换的运行费用。

去除废水中的重金属离子时,一般采用投加碳酸盐的方法,如利用碳酸钠处理含锌废水：

$$ZnSO_4 + Na_2CO_3 \rightarrow ZnCO_3 \downarrow + Na_2SO_4$$

此法优点是经济简便，药剂来源广，因此在处理含重金属废水时应用最广。其存在的问题是劳动卫生条件差，管道易结垢堵塞与腐蚀；沉淀体积大，脱水困难，至今国内外还没有一种经济有效的处理方法。

3. 生物处理法

生物处理法是指利用自然环境中微生物的生物化学作用来氧化分解废水中的有机物和某些无机毒物（如氰化物、硫化物），并将其转化为稳定无害的无机物的一种废水处理方法。它具有投资少、效果好、运行费用低等优点，在废水的处理中得到广泛的应用。

现代生物处理法根据微生物在生物化学反应中是否需氧分为好氧生物处理法和厌氧生物处理法两类。

（1）好氧生物处理法。

主要依赖好氧菌和兼性菌的生物化学作用来完成废水处理的工艺称为好氧生物处理法。该法需要氧气的供应，主要有活性污泥法和生物膜法两种。

好氧菌的生物化学过程见图 6-11。好氧菌在溶解氧足够的条件下吸收废水中的有机物，通过自身代谢活动，约有 1/3 的有机物被分解转化或氧化成 CO_2、氨、亚硝酸盐、硝酸盐、磷酸盐、硫酸盐等代谢产物，同时释放出的能量作为好氧菌自身生命活动的能源，此过程称为异化分解；另有 2/3 的有机物则作为其生长繁殖所需的构造物质，合成为新的原生质（细胞质），此过程称为同化合成。新的原生质就是废水生物处理过程中的活性污泥或生物膜的增长部分，通常称为剩余活性污泥，又称生物污泥，生物污泥经固液分离后还需做进一步的处理和处置。当废水中的营养物（主要是有机物）缺乏时，好氧菌则靠氧化体内的原生质提供生命的能源（称为内源代谢或内源呼吸），这将造成微生物数量的减少。

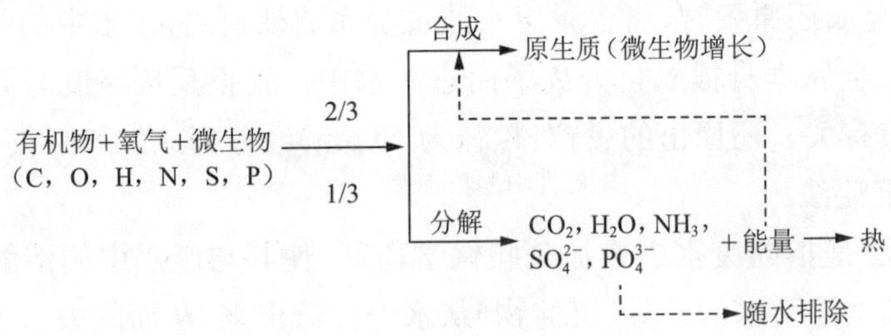

图 6-11　好氧生物处理的生物化学过程

用好氧菌处理废水不会产生带臭味的物质，且所需时间短，大多数有机物均能处理。在废水中有机物质量浓度不高（BOD_5 为 100～750 mg/L），供氧速率能满足生物氧化的需要时，常采用好氧生物处理法。

① 活性污泥法。

活性污泥法是处理废水常用的方法。它能从废水中去除溶解的可生物降解的有机物以及能被活性污泥吸附的悬浮固体和其他一些物质，无机盐类（磷和氮的化合物）也可部分地被去除。

向富含有机污染物并有细菌的废水中不断地通入空气(曝气)，一定时间后就会出现悬浮态絮花状的泥粒，这实际上是由好氧菌(及兼性菌)、好氧菌所吸附的有机物和好氧菌代谢活动的产物所组成的聚集体。它具有很强的分解有机物的能力，称为活性污泥。活性污泥易于沉淀分离，使废水得到澄清。这种以活性污泥为主体的生物处理法称为活性污泥法。

活性污泥法对废水的净化作用是通过两个步骤完成的：

第一步为吸附阶段。因活性污泥具有很大的表面积，好氧菌分泌的多糖类黏液具有很强的吸附作用，与废水接触后，在很短时间(10～30 min)内便会有大量有机物被活性污泥所吸附，使废水中的 BOD_5 和 COD 出现较明显的降低(可去除 85%～90%)。在这一阶段也同时进行吸收和氧化作用。

第二步为氧化阶段。好氧菌对已吸附和吸收的有机物进行分解代谢，使一部分有机物转变为稳定的无机物，另一部分合成为新的原生质，使废水得以净化；同时通过氧化分解使达到吸附饱和后的污泥重新呈现活性，恢复它的吸附和分解代谢能力。此阶段进行得十分缓慢。实际上在曝气池的大部分容积内都在进行着有机物的氧化和微生物原生质的合成。

活性污泥法系统由曝气池、二次沉淀池、污泥回流装置和曝气系统组成，见图 6-12。

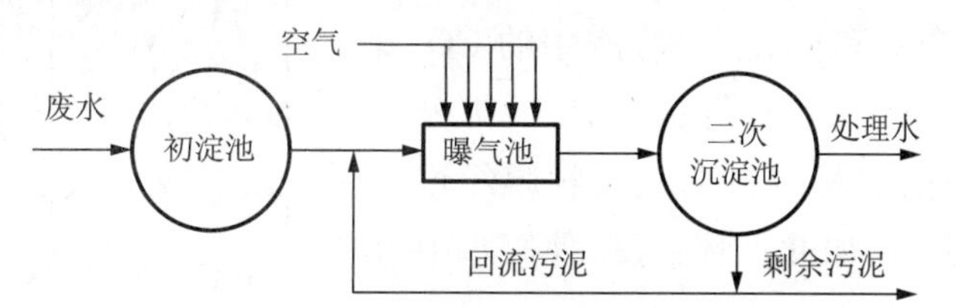

图 6-12　活性污泥法流程

待处理的废水，经沉淀等预处理后与回流的活性污泥同时进入曝气池，成为混合液。由于不断曝气，活性污泥和废水充分混合接触，曝气提供了足够的溶解氧，保证了活性污泥中的好氧菌对有机物进行分解。然后混合液流至二次沉淀池，进行污泥沉降与澄清水分离。上清液从二次沉淀池不断地排出，沉淀下来的活性污泥，一部分回流到曝气池以维持处理系统中一定的细菌数量，另一部分(即剩余污泥，主要是由好氧菌不断繁殖增长及分解有机物的同时产生的)则从系统中排除，由于其中含有大量活的好氧菌，排入环境前应进行消化处理以防止污染环境。

该系统在开始运行时，应先在曝气池内引满废水进行曝气，培养活性污泥。在产生活性污泥后，就可以连续运行。开始时，曝气池中应积累一定数量的活性污泥，当能满足废水处理的需要后，方能将剩余污泥排除。

② 生物膜法。

当废水长期流过固体滤料表面时，微生物在介质滤料表面上生长繁育，形成黏液性的膜状生物性污泥，称为生物膜。利用生物膜上的大量微生物吸附和降解水中有机污染物的水处理方法称为生物膜法。它与活性污泥法的不同之处在于微生物是固着生长于介质滤料表面，故又称固着生长法，活性污泥法则又称悬浮生长法。

生物膜法分为三种：

a. 润壁型生物膜法：废水和空气沿固定的或转动的接触介质表面的生物膜流过，如生物滤池和生物转盘等。

b. 浸没型生物膜法：接触滤料固定在曝气池内，完全浸没在水中，采用鼓风曝气，如接触氧化法。

c. 流动床型生物膜法：使附着有生物膜的活性炭、砂等小粒径接触介质悬浮流动于曝气池内。

生物膜净化废水的机理如图 6-13 所示。生物膜具有很大的表面积，在膜外附着一层薄薄的缓慢流动的水层，称为附着水层。在生物膜内外、生物膜与水层之间进行着多种物质的传递过程。废水中的有机物由流动水层转移到附着水层，进而被生物膜所吸附。空气中的氧气溶解于流动水层，通过附着水层传递给生物膜，供微生物呼吸之用。在此条件下，好氧菌对有机物进行异化分解和同化合成，产生的 CO_2 和其他代谢产物一部分溶入附着水层，一部分析出到空气中（即沿着相反方向从生物膜经过水层排到空气中去）。如此循环往复，使废水中的有机物不断减少，从而净化废水。

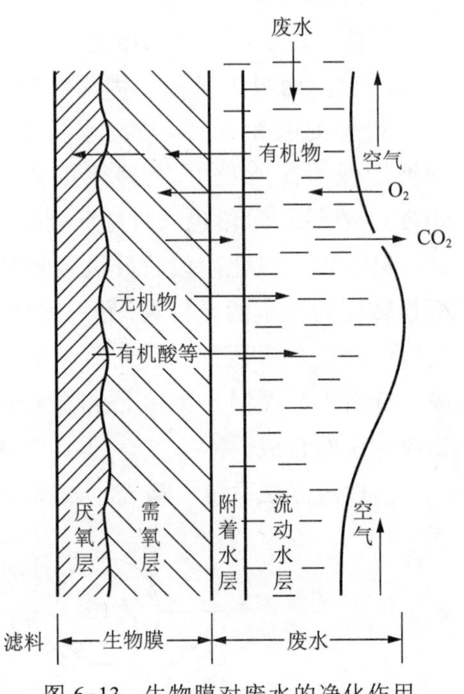

图 6-13　生物膜对废水的净化作用

当生物膜较厚或废水中有机物浓度较大时，空气中的氧气很快被表层的生物膜所消耗，靠近滤料的一层生物膜就会得不到充足的氧气供应而使厌氧菌发展起来，并且产生有机酸、甲烷、氨及硫化氢等厌氧分解产物。它们中有的很不稳定，有的带有臭味，将大大影响出水的水质。

生物膜厚度一般以 0. 5～1. 5 mm 为佳。当生物膜超过一定厚度后，吸附的有机物在传递到生物膜内层的微生物之前就已被代谢掉。此时内层微生物得不到充分的营养而进入内源代谢，因失去其黏附在滤料上的性能而脱落下来，随水流出滤池，滤料表面再重新长出新的生物膜。因此在废水处理过程中，生物膜经历着不断生长、不断剥落和不断更新的演变过程。

（2）厌氧生物处理法。

厌氧生物处理法主要依赖厌氧菌和兼性菌的生物化学作用来完成处理过程。该法要保证无氧环境，包括各种厌氧消化法。

好氧生物处理法的能耗较高，剩余污泥量较多，特别不适宜处理高浓度有机废水和污泥。厌氧生物处理法与好氧生物处理法的显著差别在于：① 不需供氧；② 最终产物为热值很高的甲烷气体，可用作清洁能源；③ 特别适宜于处理高浓度有机工业废水。

厌氧生物处理（或称厌氧消化）法，是指在无氧条件下，通过厌氧菌和兼性菌的代谢作用，对有机物进行生物化学降解的处理方法。用作生物处理的厌氧菌需由数种菌种接替完成，整个生物化学过程分为两个阶段，见图 6-14。

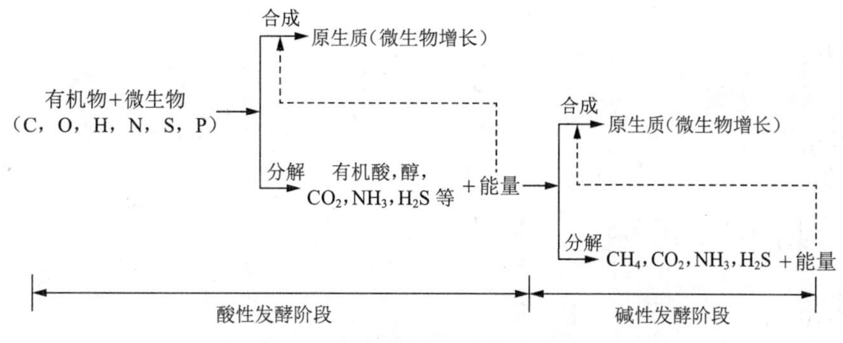

图 6-14　厌氧生物处理的生物化学过程

第一阶段是酸性发酵阶段。在分解初期，厌氧菌活动中的分解产物为 NH_3、有机酸（如甲酸、乙酸、丙酸、丁酸、乳酸等）、CO_2、醇、H_2S 以及其他一些硫化物，这时废水发出臭味。如果废水中含有铁质，则生成硫化铁等黑色物质，使废水呈黑色。此阶段内有机酸大量积累，pH 值随即下降，故称为酸性发酵阶段。参与此阶段作用的细菌称为产酸细菌。

第二阶段是碱性发酵阶段，又称甲烷发酵阶段。由于所产生的 NH_3 的中和作用，废水的 pH 值逐渐上升，这时另一群统称为甲烷细菌的厌氧菌开始分解有机酸和醇，其产物主要为 CH_4 和 CO_2。此时随着甲烷细菌的繁殖，有机酸迅速分解，pH 值迅速上升，所以称为碱性发酵阶段。

厌氧生物处理的最终产物为气体，以 CH_4 和 CO_2 为主，另有少量的 H_2S 和 H_2。厌氧生物处理必须具备的基本条件是：① 隔绝氧气；② pH 值维持在 6. 8～7. 8 之间；③ 温度应保持在适宜于甲烷细菌活动的范围（中温细菌为 30～35 ℃；高温细菌为 50～55 ℃）；④ 要供给细菌所需要的 N，P 等营养物质；⑤ 要注意在有机污染物中的有毒物质的浓度不得超过细菌的忍受极限。

厌氧生物处理法过去主要用于有机污泥的处理。近年来其在高质量浓度有机废水（BOD_5 为 5 000～10 000 mg/L 及其以上质量浓度）的处理中也得到发展，如屠宰场废水、酒精工业废水、洗涤羊毛油脂废水等。一般先用厌氧生物处理法处理，然后根据需要进行好氧生物处理或深度处理。

4. 工艺流程

图 6-15 和图 6-16 为两个典型的陆地污水处理工艺流程。由此可以清晰看到，污水净化过程通常需要经历物理处理、化学处理以及生物处理过程，其中物理处理常作为初级处理工序安排在整个工艺流程的前端，然后是化学处理和生物处理。但有的处理池同时肩负着物理处理和化学处理或生物处理的功能，如氧化池。

二、海洋采油污水处理

随着海上油田开采的深入，注水采油工艺已经开始使用。油井采出液需要进行油水分离，而分离出来的水还含有石油类物质、固体悬浮物、可溶性盐和油田化学添加剂等物质，不能直接排海。但海洋平台空间有限，不可能放置陆地污水处理的整套装备，也不可能有陆地污水处理工艺那么全面，这就需要有针对性的污水处理技术和紧凑高效的处理设施。

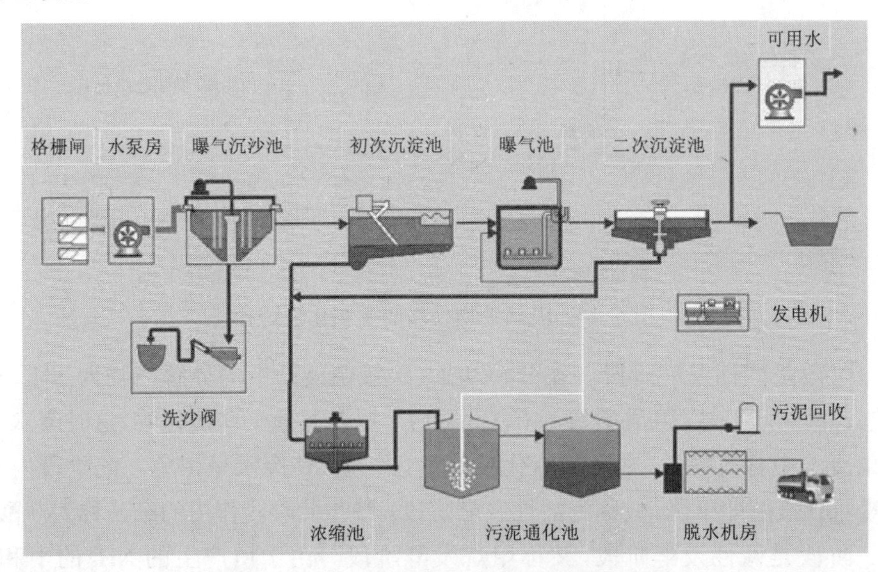

图 6-15　MT8150X 污水处理控制系统流程

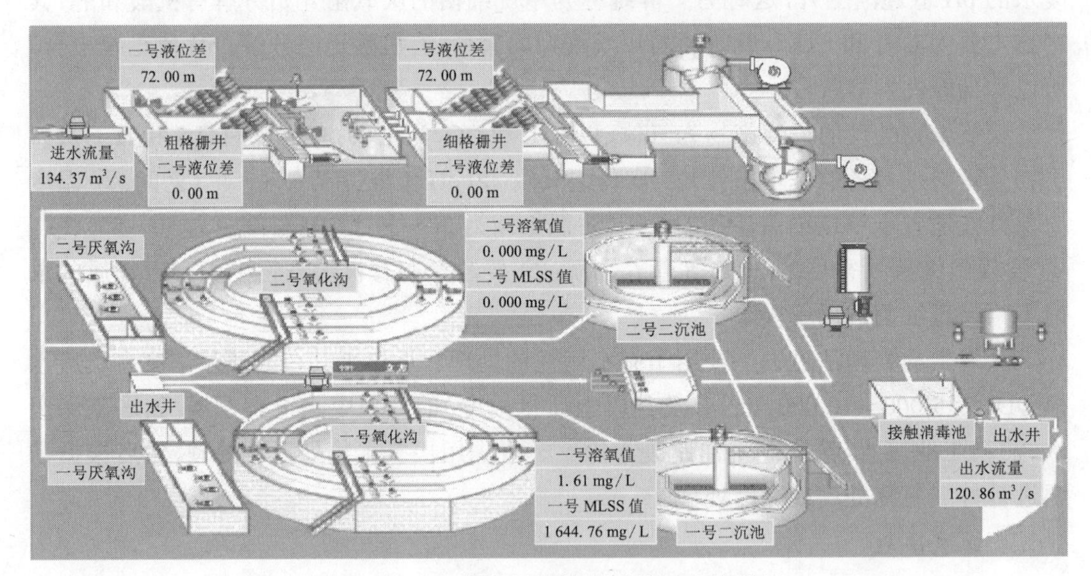

图 6-16　定远国清污水处理系统工艺流程图

同样，现有的海洋采油污水处理方法也有物理处理法、化学处理法和生物处理法三种。物理处理法包括重力沉降技术、气浮技术、过滤技术、水力旋流除油技术等；化学处理法主要通过添加化学药剂实现采油污水的达标排放；生物处理法有微生物处理技术和膜分离处理技术等。

1. 物理处理法

物理处理法中的重力沉降、过滤、气浮都与陆地污水物理处理法的机理相同，只不过装置不一样。海上的污水处理装置多为罐状或撬装式，体积相对较小，空间利用率高。

例如，水力旋流除油技术主要借助离心力加速油水分离，并兼顾了重力沉降，所采用的水力旋流器体积很小。

（1）重力沉降。

重力沉降除油罐利用油、水和悬浮物的密度差进行分离，主要用于采油污水的预处理阶段。陆地油水分离装置有卧式和立式两种，而海洋平台则一般采用立式油水分离罐。

重力沉降中，如果时间足够长，密度小于污水密度的浮油会上浮到除油罐液面，密度大于污水密度的悬浮物则会下沉到罐底。密度差越大，颗粒上浮或下沉的速度越大，反之则越小；污水的黏度越大，颗粒的上浮或下沉速度越小，反之则越大；颗粒的粒径越大，颗粒上浮或下沉的速度越大，反之则越小。由于油水的密度差较小，所以重力沉降除油罐需要较长的滞留时间，一般为 6～8 h，因而体积较大。对于稀油的采油污水，重力沉降可以去除大部分的油和悬浮物，而对于稠油污水和乳化严重的采油污水，重力沉降的效果不明显。为了提高重力沉降除油罐的除油效率和减小除油罐的体积，人们开发出了斜板沉降除油罐。斜板沉降除油罐在罐中的分离区加装斜板或斜管，利用浅层沉降的原理，缩短了颗粒上浮的时间，从而提高了分离的效率，见图 6-17。

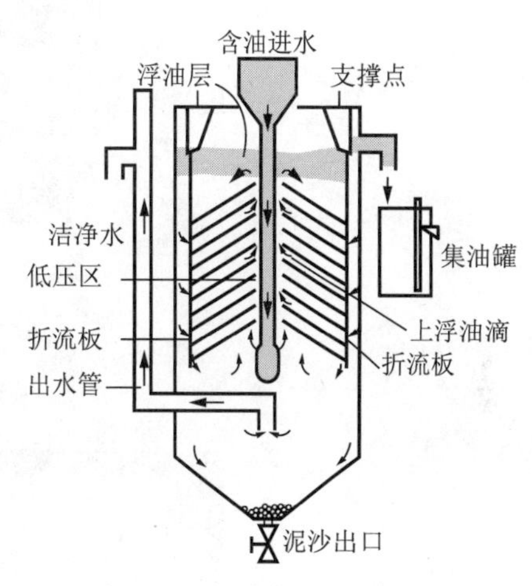

图 6-17　立式斜板沉降除油罐

（2）过滤。

这里的过滤分为两个方面：一方面是指采用多孔材料截留采油污水中的固体悬浮物，这与陆地污水处理的过滤相似，只不过将过滤池换成了过滤罐，见图 6-18；另一方面还包括使含油污水通过一个装有填充物（也称粗粒化材料）的装置，在油珠经过填充物时使油珠由小变大的过程，这一技术又称粗粒化技术。

常规过滤的过滤介质一般为石英砂、无烟煤、核桃壳、纤维球以及特种超细滤料等。滤料的装填可以是单层滤料，也可以是多层不同粒径或种类的滤料。对于单层滤料，过滤效率同滤料的粒径和填充的厚度有关，粒径越小，厚度越大，过滤效率越高，但阻力增大，一般厚度与粒径之比应大于 800；对于多层滤料，过滤效率还与滤料的级配有关。常规过滤的主要目的是去除悬浮物，一般对油的去除效率较低，同时油对滤料可能会产生不可逆转的影响。

随着过滤的进行，滤料对悬浮物的截留量逐渐增加，过滤的压力越来越大，过滤出水的水量越来越小，当压力或水量达到一定的数值时就必须对滤料进行反洗操作以恢复滤料的过滤性能。

海上过滤器主要有石英砂过滤器、核桃壳过滤器、无烟煤-石英砂双层复合滤料过滤器和多介质过滤器。图 6-19 为过滤器中常用的纤维球滤料和核桃壳除油滤料。过滤器一般对进水悬浮物和含油量有较高的要求，如果没有稳定良好的预处理作保障，过滤器基本不能正常运行。因此，过滤前应设计重力沉降工艺。

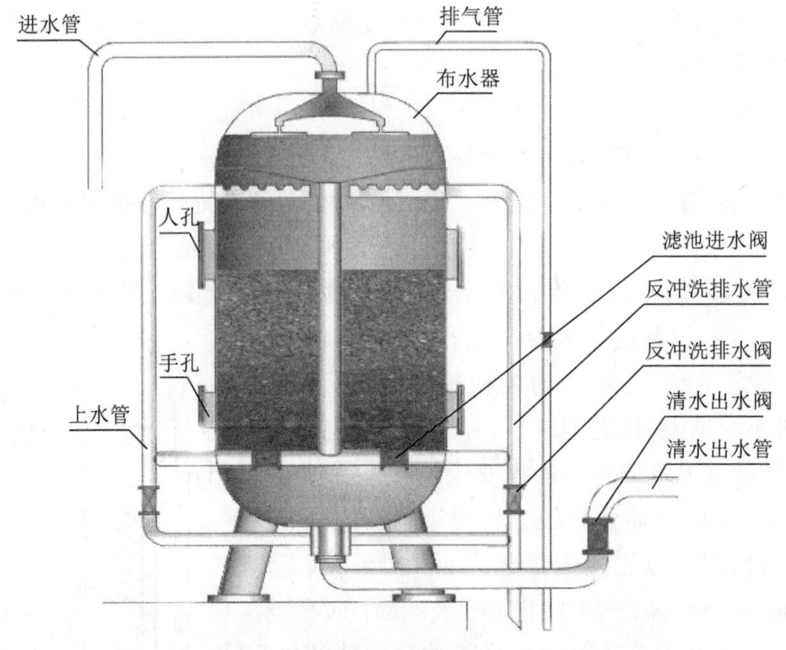

图 6-18 过滤罐

(a) 纤维球滤料

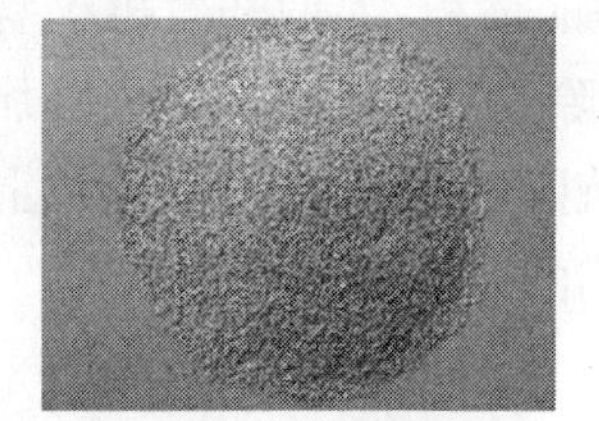

(b) 核桃壳除油滤料

图 6-19 过滤器中常用的滤料

粗粒化技术处理后的污水，含油量和油的性质并未发生变化，只是更易于使用重力沉降将油除去，同时粗粒化技术只能提高浮油的去除效果，因此粗粒化技术可以说是重力沉降除油技术的一个补充。粗粒化材料具有疏水亲油性，有粒状和纤维状两种，有天然的矿石如蛇纹石和石英砂，也有合成的材料如陶粒和聚丙烯塑料球等，其中蛇纹石使用相对较多。图 6-20 为内循环连续流粗粒化装置图。

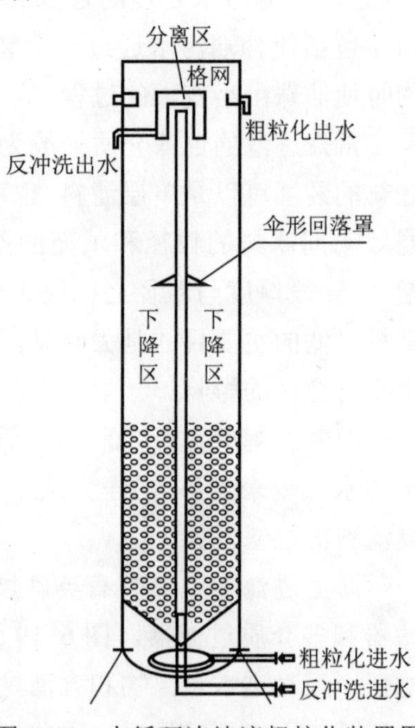

图 6-20 内循环连续流粗粒化装置图

（3）气浮。

气浮技术利用微小气泡吸附在悬浮物或石油类物质颗粒上，由气泡产生的浮力将悬浮物或石油类物质颗粒“托出”水面，从而达到改善水质的目的。气浮技术适用于处理悬浮物密度接近污水密度的采油污水。气浮技术一般同化学絮凝结合在一起使用，尤其是针对成分复杂、乳化较严重的含油污水。采用气浮工艺处理含油污水，必须在化学药剂的配合下，才能真正意义上发挥气浮技术的优势。无论气浮工艺多么先进，如果污染物不经化学药剂的破乳、脱稳和絮凝处理，气浮去除的效率都是很低的，同时，好的气浮工艺又可以减少化学药剂的用量。

气浮技术按气泡产生方法的不同可分为布气气浮、溶气气浮和电解气浮。布气气浮法是指利用机械剪切力，将混合于水中的空气粉碎成细小的气泡，以进行气浮的方法。按粉碎气泡方法的不同，布气气浮法又可分为水泵吸水管吸气气浮、射流气浮、扩散板曝气气浮和叶轮气浮。溶气气浮法根据气泡在水中析出时所受压力的不同可分为加压溶气气浮和真空溶气气浮两种类型。另外，根据处理设备分离区所受压力的不同，溶气气浮又可分为重力式和压力式两种。溶解气体的种类一般为空气，特殊情况下也用天然气或氮气。电解气浮法则利用多组电极在直流电的作用下于正负两极间产生氢气和氧气的微小气泡，以实现气浮。

布气气浮对设备要求较高，布气装置容易损坏，不易维护；电解气浮由于电耗较高，操作和维护不易，难以应用到实际工程中；加压溶气气浮具有结构简单，操作方便，占地面积小等优点，因而应用相对较多。

图 6-21 为回流加压溶气气浮工艺流程。它取一部分（30%～50%）处理后的水回流，对回流水加压（0. 3～0. 55 MPa 表压）和溶气，然后通过释放器骤然减压释放后进入气浮池，产生大量高度分散的微小气泡，与含油废水混合形成水、气、油的三相结合体，在界面张力、气泡上升浮力和静水压差力等多种力的共同作用下，促使微小气泡黏附在微小油滴上，使油滴的视密度小于水而上升到水面，形成泡沫，最后用刮渣设备将泡沫刮去，从而实现水中油粒被分离去除的目的。

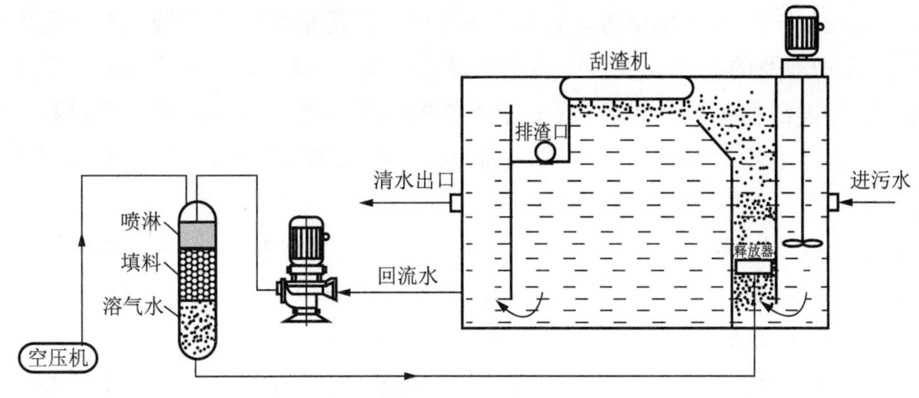

图 6-21　回流加压溶气气浮工艺流程

（4）水力旋流除油技术。

水力旋流技术是离心分离法的一种，利用液流高速旋转产生的离心力，将密度较小的油分离出来。如图 6-22 所示，含油污水以较高的流速沿切线方向流入旋流管，从而使水流形成旋转运动，由于旋流器的管径逐渐减小，水流的旋转速度逐渐增大，因此产生极大的离心力。该离心力促使流体内密度不同的物质进行分离。水密度大，沿旋流管的管壁继续向下运动直到出水口；油密度小，留在旋流管的中心，并向上移动，最终在水流相反方向的出口被分离出去。油水密度差越大，则分离效果越好。水力旋流器的最大特点在于其占地面积很小，是海洋平台油水分离处理工艺的理想设备。但需要注意的是，水力旋流器需要达到一定的旋流速度才能得到理想的除油效果，如果水量波动或者水中夹带气体，水力旋流器的除油效率将大大降低。

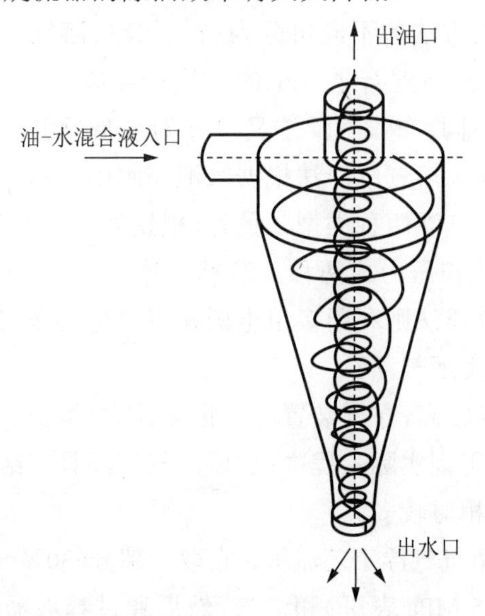

图 6-22　油水分离用水力旋流器

2. 化学处理法

化学处理法主要用于处理含油废水中不能单独用物理处理法或生物处理法去除的一部分胶体和溶解性物质，特别是乳化油，包括混凝沉淀法、化学转化法和中和法。它们的处理机理与陆地污水化学处理法的机理相同，只是采用的化学药剂有一定的针对性。另外，它们涉及的化学处理也在相应的罐体内发生，以节约平台空间。这里不再详细介绍化学处理法的工艺和设备，仅介绍添加的化学药剂。采油污水处理过程中常用的药剂主要有除油剂、混凝剂、助凝剂、杀菌剂、阻垢剂和缓蚀剂，另外还有用于调节水质的酸和碱。

除油剂一般是阳离子的有机聚合物，如阳离子聚丙烯酰胺、二甲基二烯丙基氯乙胺等。除油剂在除油罐之前加入，其目的和作用是尽可能地使乳化状的原油破乳而不破坏胶体状悬浮物的稳定性。

由于采油污水中含有大量的胶体状悬浮物和石油，仅靠物理处理的手段是很难有效地或大规模地去除掉这些胶体物质的，因此必须借助混凝剂和助凝剂将稳定的胶体体系脱稳，使胶体聚集成可以上浮或下沉的絮体以达到除油和悬浮物的目的。用于使胶体物质脱稳聚集的水处理剂一般称为混凝剂，用于帮助细小悬浮物长大的水处理剂一般称为助凝剂或絮凝剂，油田上一般将助凝剂和混凝剂统称为净水剂，用在气浮之前的混凝剂和助凝剂一般又统称为浮选剂。混凝剂一般有高价的无机盐，如 $Al_2(SO_4)_3$，$AlCl_3$，$FeCl_3$ 等，和无机盐聚合物，如聚合氯化铝、聚合硫酸铝、聚合硫酸铁、聚合硅酸铝铁等。近年来无机盐聚合物获得了很大的发展，已成功地用于各种污水的处理过程中。

助凝剂一般为合成的阴离子、阳离子和非离子型聚丙烯酰胺，天然高分子改性的多聚糖、甲壳素。图 6-23 为某一海洋平台采油污水处理过程中的混凝及气浮工艺布置，它将助凝剂和混凝剂添加到气浮之前的混凝器中，这样有助于强化气浮分离的效果。

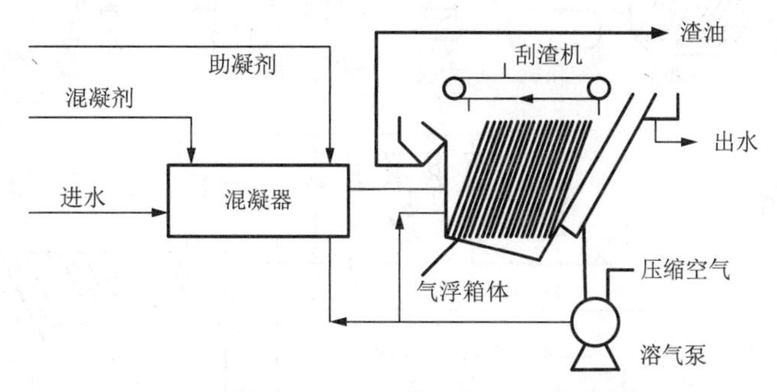

图 6-23　某海洋平台采油污水处理过程中的混凝及气浮工艺布置

采油污水处理过程中采用的杀菌剂分为两类：一类是氧化型杀菌剂，如次氯酸钠、次氯酸钙、二氧化氯等；一类是非氧化型杀菌剂，如十二烷基二甲基苄基氯化铵。

缓蚀剂的主要种类有无机盐类、有机盐类和芳香唑类，如铬酸盐、磷酸盐、硫酸锌、钼酸盐和有机磷酸盐等，另外还有被誉为绿色缓蚀剂的聚天东氨酸。

阻垢剂主要有有机磷酸盐和聚羧酸。

3. 生物处理法

针对海洋采油污水的生物处理法主要是生物膜法，采用膜生物反应器，如图 6-24 所示，以罐体的形式出现，占地面积有限。具体的生物膜作用机理与陆地污水处理相同，这里不再赘述。

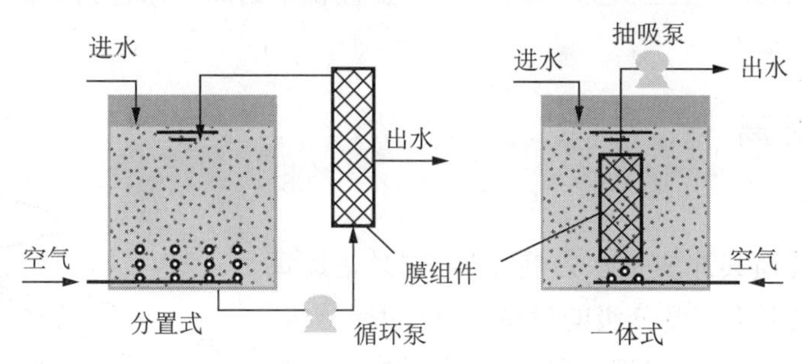

图 6-24　膜生物反应器

4. 工艺流程

图 6-25 为某海洋平台的污水处理工艺，主要包括重力除油罐（属于物理处理法）、混凝器（添加混凝剂与絮凝剂，属于化学处理法）、气浮机（属于物理处理法）三个主要的装置。

实际海洋采油污水的处理必须依据污水的物理化学性质、污染物的浓度、污水的处理量来设计出合理的流程，在满足达标排放标准的前提下，合理优化工艺流程及处理设备，尽可能减少占地空间。

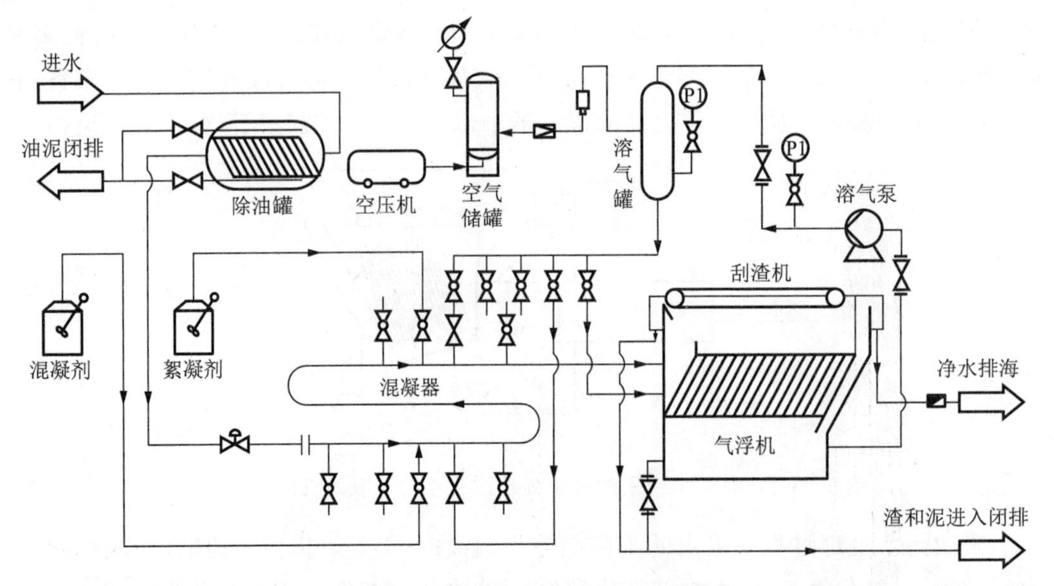

图 6-25 某海洋平台的污水处理工艺

第二节 海洋钻井过程中的废弃钻井液与钻屑处理

海洋钻井过程中的废弃钻井液与钻屑必须进行有效的处理，不能直接排海。目前，国外石油工业发达国家普遍重视钻完井废弃物处理技术的发展，从 20 世纪末开始，相应的处理设备和装置也处于国际领先水平，像美国、加拿大、法国等在钻完井过程中对废弃液、废弃物的处理上已经采用四级固控装置收集钻屑和淤泥，然后对其废弃物再分别进行固化或转运。

一、物理分离

1. 旋流分离

物理分离首当其冲的是水力旋流器，它是借助离心力实现按颗粒沉降速度分级的设备，广泛用于分级、脱泥、浓缩等作业。在水力旋流器中，钻井液旋转产生的离心力比重力大几十倍乃至百倍，使颗粒的沉降速度以相应的倍数增加，既可提高生产能力，又可降低分级(离)粒度下限，故水力旋流器适用于各种细粒、微细粒物料的分级，处理粒度上限为 0.4～0.043 mm。

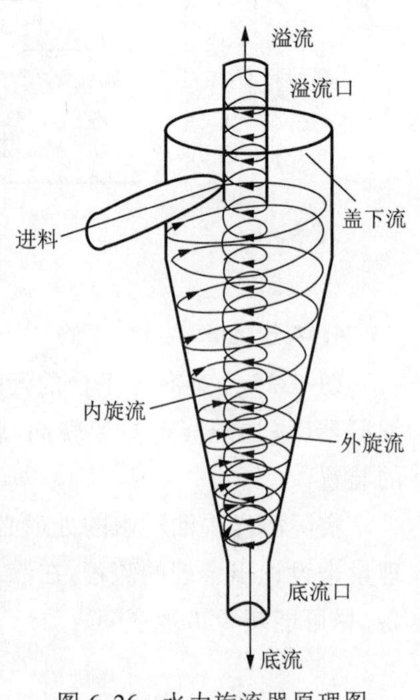

图 6-26 水力旋流器原理图

如图 6-26 所示，废弃钻井液中的颗粒从切向进料口随流体进入旋流器后，在器壁约束和向下倾角引流作用下形成旋转向下的高速外螺旋运动。由于器壁为圆锥面，流体密度较大的颗粒借助这一运动产生的惯性离心力向外运动抛向器壁，被迫与器壁碰撞降速而分离，再沿锥面落至底流管排出，同时经分离后的流体变更运动方向，产生向心的径向运动，沿中心线转而由下向上做内螺旋运动，通过上流管流出，其旋转方向与外螺旋转向相同。

2. **低温干化技术**

废弃钻井液可以采用污泥低温干化技术实现高效脱水。所谓低温干化是指利用热源提供的低于污泥燃点的热量，使污泥中的水分蒸发，达到减量效果的过程。如图 6-27 所示，通过浓缩和消化可以使污泥的含水率降到 90% 左右，经过机械脱水的污泥含水率可以降到 65% 左右，而通过低温干化可以使污泥含水率从 65% 降至 10% 左右。可见低温干化是现有污泥脱水方法中脱水效率最高的途径。

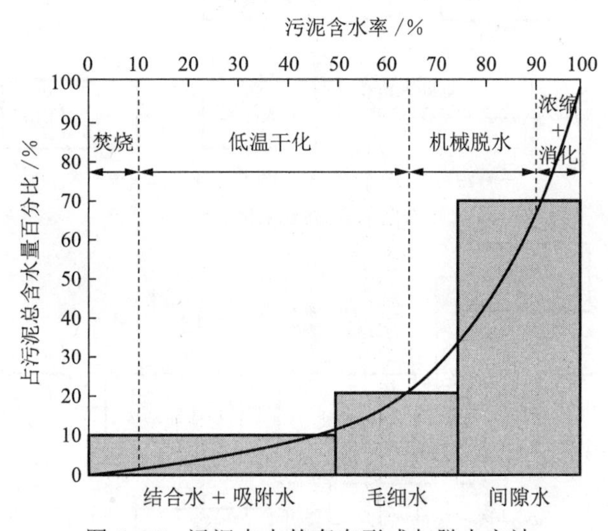

图 6-27　污泥中水的存在形式与脱水方法

根据热源传递给污泥的方式，污泥低温干化有两种形式：

(1) 接触式——污泥与导热介质之间有一个固定不变的接触面，热量通过这个接触面和导热介质传给污泥，使污泥中水分蒸发。

(2) 对流式——通过导热介质，如热风、烟气，直接与污泥颗粒接触，将污泥中释放的水蒸气带走。

污泥低温干化过程包含三个阶段：

(1) 物料预热阶段。对湿的污泥物料进行预热加温，使物料温度很快上升，同时有少量水分被气化。

(2) 恒速干化阶段。传给污泥物料的热量全部用来气化水分，因此污泥物料表面温度一直保持不变，水分按一定的速度气化。

(3) 降速干化阶段。由于污泥内部水的扩散慢于表面的蒸发，污泥表面逐渐变干，提供的热量只有一部分用于气化水分，而大部分则用来加热污泥物料，因此干化速率很快下降，污泥含量减少得很慢，直到平衡含水率为止。

为了保证导热介质与污泥有足够长的时间以完成热交换过程，可通过二段式污泥干化工艺来实现。污泥经过第一阶段干化过程，使初始含水率从 80% 左右降至 60% 左右，再经过第二阶段干化过程，可使含水率降至40%以下，并形成直径为1～8 mm的污泥颗粒。根据二段式污泥干化成粒装置在空间上的排列不同和热烟气进入干化成粒装置的方式不同，可分为并联式污泥干化工艺和串联式污泥干化工艺，见图6-28。其中，污泥储存库是污泥预处理系统，在该系统中利用储存过程的自然蒸发和系统的热尾气余热来降低污泥的初始含水率和提高污泥的初始温度，进而降低污泥干化能耗。

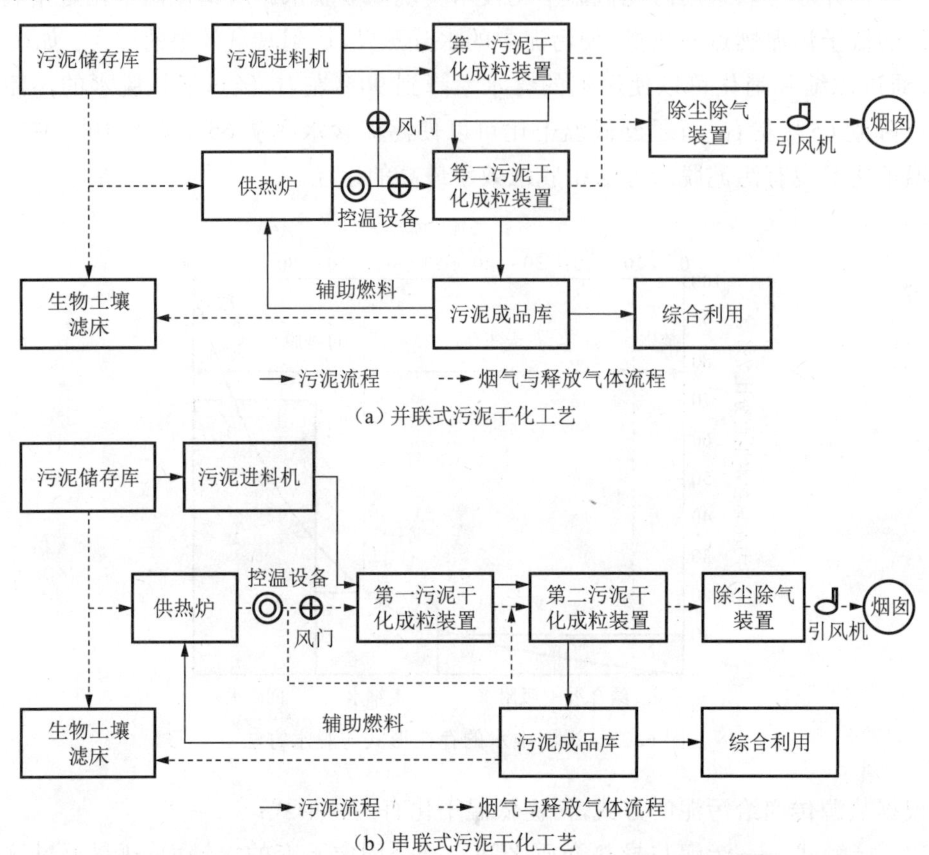

图6-28 并联式污泥干化工艺和串联式污泥干化工艺

3. 岩屑脱干法

岩屑脱干法是指将岩屑通过专用设备进行脱干处理，使岩屑含油量达到排放标准的方法。脱干后的岩屑经过固化处理后，再采用微生物法、物理法、混合法等方法进行无害化处理。岩屑脱干法主要有以下两种方案。

（1）岩屑甩干机脱干法。

岩屑甩干机脱干法适用于油基钻井液，可用于减少钻井岩屑液体含量，使其达到可直接排放的标准。SWACO公司VERTI-G型岩屑甩干机性能比较成熟，可使处理后直接排放的岩屑原油质量分数达2%～4%，占总排放量的85%，处理后的液相通过下一级离心机处理后，排出的岩屑原油质量分数达15%，占总排放量的15%，综合岩屑原油质量分数可达4.8%。VERTI-G型岩屑甩干机采用上部送料方式，内置高速离心滚筒，最大处理量可达到40 t/h，回收的清洁钻井液可以重新利用，目前已经在世界各地成功应用。

（2）干燥筛脱干法。

干燥筛脱干法同时适用于油基钻井液与水基钻井液，干燥筛数量可以根据使用情况增减。SWACO 公司 MONGOOSE 干燥筛具有良好的筛分、干燥效果，能够实现直线和平动椭圆两种振动轨迹，可在不停机的状态下通过控制箱的按钮调节运动轨迹，油基钻井液经干燥筛处理后的岩屑原油质量分数可降低 50%～60%。由于干燥筛下的钻井液回收罐中液体的固相含量很高，需要再经过两级离心机净化处理，处理后的岩屑原油质量分数可达到 25%，钻井液可以重新回收利用。MONGOOSE 干燥筛在墨西哥湾及世界各地钻井队均有使用。

4. 岩屑热分馏法

岩屑热分馏法是处理油基钻井液和钻井废弃物的一种有效方法，处理过的固体原油质量分数低于 1%。

目前，岩屑热分馏法在一些发达国家应用比较广泛，多为专业处理厂应用。基于运输及热分馏工艺要求，岩屑需要进行预脱水处理(可使用干燥筛脱干法)，将含水质量分数控制在 40%以内。岩屑通过进料系统进入燃烧室进行高温加热，加热过程产生的蒸汽经过过滤器、多级热交换器后再利用油水分离器进行油水分离，回收的原油可重新用于钻井液，或者可作为系统本身的燃料油，处理过的固相物质可用于填海或工程用材料。岩屑热分馏法的主要设备是加热炉，根据加热方法的不同可分为直接加热式、间接加热式和辐射加热式三种。直接加热式干燥过程中热风与岩屑直接接触，其换热原理是对流换热，典型设备有回转干燥器、带式流化床干燥器；间接加热式干燥过程中岩屑与热风被固体壁面分开，互不接触，其换热原理是传热过程，代表设备有转鼓干燥器；辐射加热式干燥的换热原理是辐射换热，设备有带式与螺旋式之分。直接加热式干燥的优点是热阻较小，干燥速率高，为较多处理厂应用；缺点是热风混入岩屑的挥发气体，导致废气处理量大。间接加热式和辐射加热式干燥的优点是废气处理量小，缺点是效率低。

二、固化技术

固化技术是指向废水基钻井液或钻井液沉积物中加入固化剂，使之转化成像土壤一样的固体(假性土壤)的方法，这种方法能较大程度地减少废弃钻井液中的金属离子和有机物，从而减少废弃钻井液对环境的影响与危害。该方法目前被认为是一种比较可靠的治理废弃钻井液的方法。随着对固化处理的持续研究与应用，迄今为止出现了很多种固化处理技术。按照所用固化剂的不同及其发生的固化过程，适用于处理废弃钻井液的主要固化处理技术可划分为以下几种。

1. 水泥固化处理技术

水泥固化是一种以水泥为固化剂，对废弃钻井液进行固化的处理方法。水泥是一种人造的无机胶结材料，主要成分是 SiO_2，CaO，Al_2O_3 和 Fe_2O_3。可用作固化处理的水泥品种很多，应用最普遍的是普通硅酸盐水泥。其固化原理是通过硅酸盐与水形成硅酸钙水合胶，待后者凝固后形成一种含有硅酸纤维和氢氧化物的物体，将有害物质包容，并逐步硬化形成水泥固化体。

水泥固化适用于处理含重金属的无机类型污染物。水泥固化主要优点为：① 设备与工艺简单，处理技术相对成熟；② 废弃物可直接处理；③ 总体成本较低；④ 对废弃物中化学性质的变动具有相当承受力。水泥固化也存在一些缺点，如：① 水泥固化体浸出速率较高；② 大量使用水泥会使固化体的增容比较高；③ 废弃钻井液若含有特殊盐类，会造成固化体破裂。虽然有如此缺点，水泥固化在工程应用中仍发挥着巨大作用，并且近年来在若干方面都进行了研究和改进，如用纤维和聚合物等增加水泥耐久性，还有人用天然乳胶聚合物改性普通水泥处理重金属废弃物，以提高水泥颗粒和废弃物间的键合力，而且聚合物填充进固化块中小的孔隙和毛细管，可降低重金属的浸出。

2. *石灰固化处理技术*

石灰固化是一种以石灰为主要固化剂，以活性硅酸盐类为添加剂，对含有硫酸盐或亚硫酸盐的废弃钻井液进行固化处理的方法。石灰固化原理是在有水分存在的条件下，石灰以及添加剂中的硅铝酸根同上述类型废弃钻井液发生反应，逐渐凝结、硬化，最终实现固化。

石灰固化的优点是：工艺、设备、操作简单；物料便宜；所处理的废弃钻井液不需要完全脱水和干燥；渗透性低。但石灰固化也存在一些问题，如因为添加石灰和其他添加剂，使得固化体体积膨胀较大以及重量增加较大，造成运送和处置有一定困难；易受酸类侵蚀；固化体结构强度较低，不如水泥固化。因而，石灰固化较少单独使用，通常与其他固化剂联合使用。

3. *粉煤灰固化处理技术*

粉煤灰是一种火山灰质混合材料，主要是由 SiO_2，Al_2O_3 等具有潜在活性的杂质组成的。粉煤灰固化原理是在有水分存在的条件下，二氧化硅和氧化铝受到钻井液中碱性物质激发，产生水化硬化作用，生成稳定的水化产物 CSH 和 CAH，CAH 受激发会再加速反应生成钙矾石，进一步提高废弃钻井液体系的凝胶组分和硬化质量，最终达到固化目的。粉煤灰固化具有施工速度快、经济实惠、固化效果好、环保再利用等优点，有着重要的经济效益和社会效益。

4. *水玻璃固化处理技术*

水玻璃是由碱金属氧化物和二氧化硅结合而成的可溶性碱金属硅酸盐材料，是一种无色透明的黏稠液体。水玻璃具有硬化、结合、包容等性能，能作为胶凝材料使用。水玻璃固化是指把水玻璃作为主要固化基材使用，辅以无机酸性物质（如硫酸、硝酸和磷酸），然后按一定配料比例混以废弃钻井液，进行中和与缩合脱水反应，使有害物质自动脱水，经凝结硬化，最后实现固化的方法。

水玻璃固化具有工艺操作简单，原料来源广且价格便宜，处理成本低，固化体耐酸性强，抗渗透性好，浸出率低等优点。不过此法目前尚处在试验阶段，一般只适用于极少量毒性大的废弃物处理。

5. *使用多种固化剂的联合固化处理技术*

通过有关文献和实验研究结果发现，没有某一种固化剂能够适用于固化处理任何类型的废弃钻井液,上述固化剂通常只适用于处理一种或几种钻井液,以无机物处理为主。所以,目前几乎所有油气田都采用多种固化剂联合使用,即配制复合固化剂用于处理废弃钻井液。

三、回注处理技术

对钻井液及钻井过程中产生的钻屑进行处理及回收利用,可有效地避免由于钻井造成的环境污染,同时可节约钻井液材料,降低钻井成本。世界许多海域都实行钻井废弃物零排放政策,如北海地区、泰国湾、墨西哥湾、俄罗斯的远东海域等。在当地钻井区块地质条件允许的情况下,采用钻屑回注技术处理钻井废弃物是最经济可行的方式。

1. 注入方式

钻屑回注有两种类型,分别是环空注入和专用回注井注入。环空注入是将废弃钻井液从两个套管的中间空隙注入,在外层套管的底部,钻屑被注入地层。专用回注井注入可以在所有的套管下方井段施工,也可以在所需的回注地层深度对套管进行射孔再注入。许多环空注入工程仅设计用来接收一口井的废弃物。在多井眼平台或者陆上钻台,钻取的第一口井一般用来接收第二口井的废弃物。通过连续作业,将钻井废弃物注入之前完钻的井。在此模式下,单一注入井的注入时间较短,一般不会超过几周或几个月。而其他注入施工,尤其是专用回注井,大约会在同一口井注入数月甚至几年。

2. 钻屑回注过程

钻屑回注可使用一些常规的油田设备进行简单的机械处理,如研磨、搅拌和泵入。首先,固体或者半固体的钻井废弃物被处理成可以回注的浆体。废弃物被收集和筛分去除大颗粒,防止颗粒堵塞泵体或地层。然后将液体加入固体中造浆,浆体通过研磨或者其他程序来减小颗粒等级。在注入前,浆体内加入各种添加剂,以得到合适的黏度和其他物理特性。接着,浆体通过回注井注入目标地层。

在浆体回注之前,目标地层需要经过前处理方可回注。首先注入清水使系统增压,开始压裂地层。当清水可以在破裂压裂下正常流动时,随即注入浆体。该批次浆体注入之后,再注入一些清水清洗井眼,然后停泵。当浆体中的液体部分返排后,地层压力逐渐下降,浆体中的固体最终留在地层中。

钻屑回注可以采用一次性的注入方式,也可以采用一系列的小批量间歇注入方式。在一些海上平台,由于钻井过程持续进行,没有足够的空间存放钻屑,所以必须通过钻一口新回注井才能保证回注不间断进行。大部分的回注都是设计为间歇回注方式。施工过程中,每天回注数小时,之后地层闭合,压力得到释放,然后第二天或者数日之后再继续注入。

如图 6-29 所示,钻井液的循环将钻屑从钻头处带到平台。在平台上,必须先将钻屑从钻井液体系中清除,然后再将流体泵回井筒。钻井液振动筛将钻屑与钻井液分开。收集的钻屑一般会沿螺旋推运器或气动钻屑运送系统在钻机周围移动。有时钻屑被储存在钻屑箱或者储存罐中,以备随后处理和注入。钻屑分选振动筛及混浆装置对钻屑进行筛选、研磨及混浆处理,然后在高压下将钻屑泵入注入井。如图 6-30 所示,钻屑回注技术工艺流程包括四个单元：

（1）钻屑传输系统：钻屑通过固控系统进行收集并通过传输系统运送到浆体处理单元。其他钻井废弃物，如过量的钻井液、雨水被另外收集并被转运。钻屑传输系统有螺杆泵传输器，也有真空输送系统、文丘里传输系统及重力排放槽等多种传输方式。

（2）浆体处理单元：把钻屑和水混合并通过特殊的研磨泵处理成预定颗粒级配分布的黏稠浆体。浆体处理单元有四个组件：浆体处理罐、研磨系统、分类筛、工艺控制部分元件。浆体处理罐包含折流系统和机械搅拌器。

（3）回注浆储存单元：带有泵及其他设备的存储罐。处理好的浆体将被输送到这里，以待浆体量足够后用回注泵回注。

（4）回注单元：将浆体以预定的速率和压力泵入到选定的地层中。

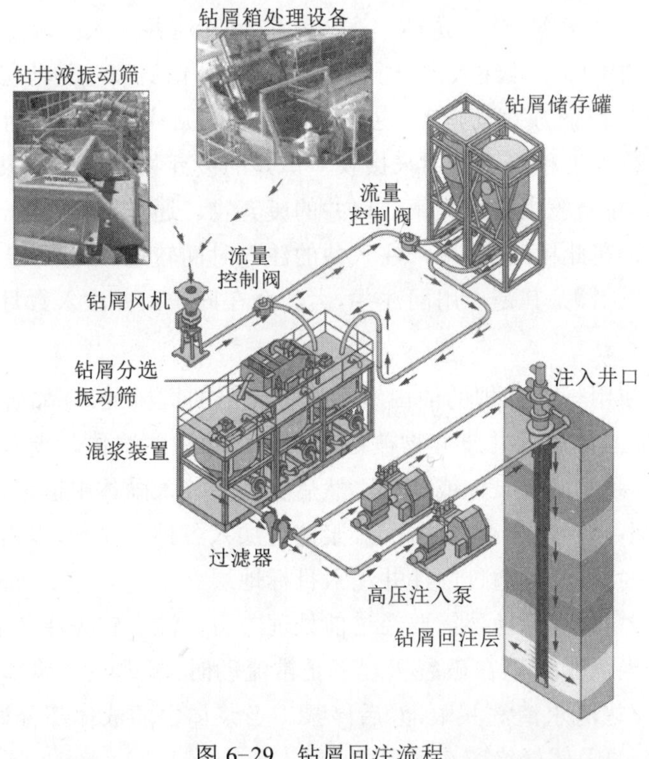

图 6-29　钻屑回注流程

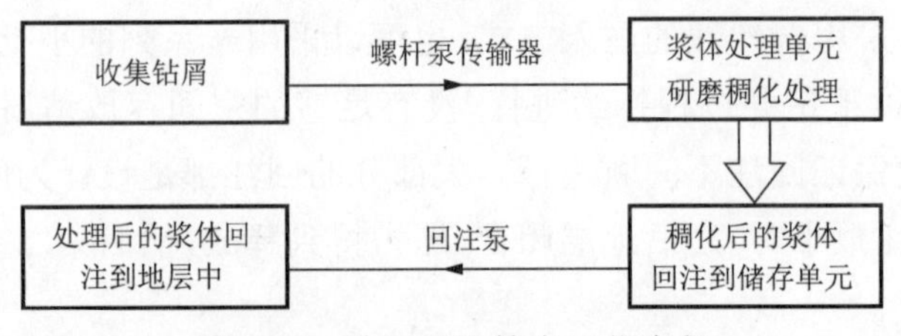

图 6-30　钻屑回注技术工艺流程

第三节　海洋溢漏油处理

在各种类型的海洋污染中，石油污染最令人关注。海洋石油污染，特别是溢油事故的发生，往往会造成大量鱼、贝类中毒，海兽死亡、海藻腐烂，并使一些渔场和海水养殖场被迫关闭，海岸设施、旅游胜地、海水浴场遭到破坏。此外，还常常发生火灾，烧毁海上设施和船舶，不仅造成巨大的经济损失，而且危及人类健康。

为了避免海上溢油事故的发生，人们采取了种种预防措施。但是，一旦发生海上溢油事故，采取与不采取处理措施，以及措施有效与否，后果大不相同。

海面溢油处理，也称海面溢油清除，在国外，又称"和油作战"。它的确好像异常紧急战斗，与此相关的战斗队伍一般具有准军事性质，如美国等西方国家的海岸警备队，日本的海上保安厅等。

一旦海上溢油事故发生，石油就会对海洋环境造成严重危害，因此必须采取积极有效的方法减少或消除石油的污染。

迄今为止海面石油污染的处理方法大致有以下几种：物理修复法、化学处理法和生物治理技术。

一、物理修复法

物理修复法就是借助于机械装置或吸油材料消除海面和海岸的石油污染。这是目前国内外常用的处理方法，适用于较厚油层的回收处理。

1. 围油栏

围油栏是一种物理防油扩散装置，如图 6-31 所示。由于油的密度小于海水的密度，从水面以下一定深度到水面以上一定高度设置垂直挡板，可以阻拦一定厚度的油膜，如将围油栏延长展开，就可以起到防止海面浮油扩散的作用。

图 6-31　围油栏

围油栏主要用来处理一些突发性的石油泄漏（封锁和控制到港、离港的油船，炼油厂，油库及触礁油船所发生的溢油）及海洋石油开采的喷油事故等，还可以控制海上漂浮的污染物和拆船过程中的污染，以及控制海滨浴场、海上渔场和河流、湖泊的污染。

石油泄漏到海面后，应首先用围油栏将其围住，阻止其在海面扩散，然后再设法回收。围油栏应具有滞油性强、随波性好、抗风暴能力强、使用方便、坚韧耐用、易于维修、海洋生物不易附着等性能。围油栏既能防止溢油在水平方向上的扩散，亦能防止原油凝结成焦油球在海面垂直方向上的扩散。

目前我国所有已投产的海上油田都配备了 400～500 m 及以上长度的围油栏。大连海域被石油污染后，辽宁海事局在溢油海域布设了 7 000 m 的围油栏，由 20 多艘清污船对海上油污进行清除。

现今的围油栏主要由浮体、裙布及重物三部分构成。

浮体的作用是使围油栏浮于水面，并阻止浮油从水面以上溢出。浮体一般分为固体和气体两类。固体类浮体多采用苯乙烯泡沫，也有采用聚苯乙烯泡沫或锯末的。气体类浮体采用的气体有压缩空气和二氧化碳，一般都采用压缩空气。

裙布位于浮体下方，其作用是阻止浮油从水下逸出围油栏。裙布通常由经表面处理的合成纤维布料制成，如尼龙防水布、维尼纶树脂布等。其中尼龙防水布和氯丁橡胶布应用较广。

重物也称配重体，其作用是使围油栏竖立于水中，并防止其随意飘动。重物可以用铅制成，也可用铁等金属制成。其形状可以是球形，也可以是链状或棒状。

为了提高每一节围油栏本身的拉伸强度，以及各节围油栏之间的连接强度，一般还需在围油栏的构造上增加补强绳或补强带。补强绳（带）的材质通常为尼龙、聚酯、聚乙烯等。

围油栏按照使用性质可分为常用型和急用型两类；按照体积、重量可分为轻型、中型和重型三类；按照材质可分为可燃性和不可燃性两类；按照置放和沉浮特点可分为浮上式、浮沉式、定置式和非定置式四类；按照结构可分为垂直屏体式、发泡浮体式、气体浮力式和气幕式四类。但一般将围油栏分成常规围油栏和特种围油栏两大类。

（1）常规围油栏。

常规围油栏包括固体浮式围油栏、充气式围油栏、折叠式围油栏和分离张力围油栏。

固体浮式围油栏是指采用圆柱形（或其他形状）聚苯乙烯为浮体的围油栏。浮体包在尼龙布中，尼龙布下垂成挡油裙布。裙布下缘装有配重体。固体浮式围油栏稳定性好、浮力大，一般不会发生波浪压过浮体的情况，但海水流速过大时，往往会被撞歪。同时，此种围油栏体积大，运输和储存都不方便。

充气式围油栏是指采用充气的气室作浮体的围油栏。这种围油栏的优点是气室中的气体可排掉，因此体积小，便于储存、运输和操作。其缺点是气室一旦扎破漏气，围油栏便下沉，失去围油功效。充气式围油栏的充气方式有三种：空压机充气、气瓶充气和气室具有张力自动吸入充气。

折叠式围油栏是指由许多钢质栏板通过柔性连接件连接而成的围油栏，钢质栏板上都有扁平的浮体，下部有配重体。折叠式围油栏的优点是可以折叠，缺点是稳定性差。为了使栏板在水中相对稳定，可在栏板底部装缓冲鳍板，以减弱风、浪、流的冲击。

分离张力围油栏具有张力绳和拉紧绳。呈一定间距分布的拉紧绳拴在围油栏屏体的顶部和底部。所有的拉紧绳都与张力绳连接，作用于围油栏屏体上的张力经拉紧绳传给张力绳，从而把围油栏屏体上的张力分离出去，使其能在水中垂直和水平运动。因此，这种围油栏具有很好的稳定性和乘波性。

（2）特种围油栏。

特种围油栏包括耐火围油栏、吸油围油栏、化学围油栏、气障、双体围油栏、浅水围油栏等。

耐火围油栏是一种由金属或耐火材料制成的围油栏。它虽然具有耐火性能，能在大火中使用，但价格昂贵，需求量小。

吸油围油栏是一种由吸油材料制成的围油栏。它不仅具有挡油作用，而且具有吸油功能。吸油围油栏用于海况恶劣的情况。

化学围油栏实际上是一种化学药剂，也称集油剂。它是一种表面活性剂，由于它能阻止油的水平扩散，改变水-油-空气三界面的张力平衡，因而能使薄油膜聚拢增厚。集油剂的使用不受风浪的影响，但当风浪方向与集油剂的驱动力方向相反时，其使用效率较低。

气障是将高压空气压入敷设在水下的管子里，然后自气孔喷出，在水中产生大量气泡，形成一道气体屏障，阻止浮油扩散。但它在风浪大的情况下不适用。

当水流速度大于 0.7 kn（1 kn = 1.852 km/h）时，一般围油栏内的油膜就会从围油栏裙布底部流失。为了弥补这一缺陷，研制出一种双体围油栏。双体围油栏有前栅和后栅，在水中两者以等间距张开，前栅和后栅的垂下部分以网连接。双体围油栏滞油性能好，但操作复杂。近年来，国外又研制成一种吸附式双体围油栏，它具有较大的表面积和很好的吸油速度，可以快速包围和清除海面溢油，其吸油效率可达自重的 25 倍。

浅水围油栏由英国一家公司推出。其上部是圆形充气浮室，下部有两个圆形充水的水室，水室与气室之间为带有配重体的裙布。浅水围油栏每段长 12 m，可以在现场连接，裙布底部的配重体连接在一起，以承受张力和便于锚定。涨潮时，围油栏气室漂浮在水面上，其功能与一般围油栏相似；退潮时，水室与裙布落在泥泞的海底，同样起到防止浮油从围油栏底部逸出的作用。这种围油栏适用于滩涂溢油的清除作业。

2. 油回收器

油回收器是指能在水面捕集浮油的机械装置。其种类很多，按回收方式可分为吸引式、吸附式、黏附式、倾斜板坡式、堰式、涡流式、带式、吸油材料吸附式等；按构造可分为吸引式、黏附式和堰式三类。

（1）吸引式油回收器。

吸引式油回收器以吸引为特征，功能类似家用吸尘器，可分为真空吸引、浮体吸引、混合气喷吸引、喷射泵吸引等。这类装置构造简单，在油层较厚的情况下吸油效率很高，但它对波浪的适应性较差，因此适合于平静的水面使用。此外，遇到薄油层时，其收油率较低。

（2）黏附式油回收器。

黏附式油回收器包括旋转板黏附式、黏附带式和黏附绳式等几种。它们利用多孔物质的毛细现象将油黏附到连续转动的多孔质鼓、带或拖把上，再将油绞挤出来；或黏到平滑的板状或带状体表面，再把油刮去。

黏附式油回收器回收油的能力与吸油材质及其使用方式有关，由于吸油材质寿命有限，需定期更换，因此比较麻烦。此外，黏附式油回收器易于吸附黏度高的油类，对黏度低的溢油回收效率较低。

（3）堰式油回收器。

堰式油回收器由一个装有浮体的圆筒构成。圆筒边缘与水面保持一致，由于重力作用油通过圆筒边缘进入筒内，再由泵将其抽入储油容器内。该装置适用于浅水，能回收各种油。它结构简单，结实耐用，但抗浪性较差，当风浪大时，回收的油中含有大量的水。

3. 油回收船

油回收船通常是双体船，两个船体之间装有一个由氨基甲酸乙酯制成的滚筒在海面旋转吸收浮油，见图 6-32。墨西哥湾漏油事故发生后，由台湾海陆运输公司制造的世界上第一艘大型浮油回收船“鲸”号也参与了海上石油清污工作。这艘浮油回收船利用鲸鱼吸水与排水原理，在船侧开凿 12 个吸水口，将浮油吸进船舱内，经油水分离后，再将海水排出。“鲸”号船身有 3 个半足球场长，10 层楼高，每天可抽取多达 50 万桶被原油污染的海水，即每天可收集大约 2 100×10^4 gal（7 948. 5×10^4 L）油水混合物并加以分离。分离后，油污被转移到另一艘船，而干净的海水则会被排放回墨西哥湾。

图 6-32　浮油吸收器

同样，在大连海域发生石油污染后，为了及时展开清污工作，国家海洋局调来了 4 艘大马力高效率的海上油回收船舶进行海域油回收作业。仅几天时间，这 4 艘船收集上来的油污多达 280 t。此外，还有 21 艘清油船、15 艘辅助船，以及 800 多艘渔船在大连海域清污，预计当日回收油污可达 160 t。

4. 吸油材料

利用吸油材料吸附海面溢油，是一种简单有效的治理溢油措施，适用于浅海和海岸边及比较平静的海域。

吸油材料是一种处理废油、回收泄漏油的功能性材料，常分为无机类、天然有机类、合成类三大类。无机类主要有黏土、石灰、硅石等；天然有机类有木棉、纸浆等；合成类包括聚丙烯纤维、聚氨酸泡沫、烷基乙烯聚合物等。其中聚丙烯纤维是当前使用最广泛的吸油材料，它是利用自身具有疏水亲油的特征和聚合物分子间的空隙吸油，这类吸油材料来源广泛、价格较低、使用安全，在含油废水净化处理中发挥着重要的作用。但其存在吸油量少、体积大、受压后再度漏油的问题，而且吸油的同时还吸水，不适于水面浮油回收，特别是对海面上大规模石油泄漏事故的处理难以奏效。

除了专用的吸油毡、吸油棉等吸油材料外，头发、丝袜、手套等也是良好的吸油材料。墨西哥湾漏油事件发生后，麦克罗利通过海獭的皮毛被石油浸透的现象，设想头发能够有效地吸收油分，并且实验验证了他的猜测。一般情况下，头发和皮毛能够吸收相当于本身重量 4～6 倍的油，1 lb（1 lb＝0. 454 kg）头发能够吸收多达 1 gal 原油。美国民众纷纷捐献毛发、尼龙丝袜等吸油材料来清除海水中的油污。同样，大连海域受到石油污染后，市民收集头发 25 kg 左右，手套 650 余副，丝袜 2 000 多双来拯救受污染的大连海洋环境。

几种常用吸油材料的特性见表 6-2。

表 6-2　几种吸油材料的重要特性

材　料	有效性	易用性	吸油性	湿态效率	不溢油性	回收容易性	原处理容易性
稻　草	++++	++	++++	+	+	++	+++
锯　末	++++	++++	++	+	+	+	++
处理后的锯末	+++	++++	++	+++	+++	+	++
泥　碳	+	+++	+++	+++	+++	+	+++
蛭　石	+	++++	+				
聚苯乙烯颗粒	++	++	+				
聚苯乙烯泡沫	++	++	++++	++++	+++	++	++++
聚丙烯纤维	++	+++	++++	++++	+	++++	+++
聚氯酯	+++	+++	++++	+++	+++	++++	++++

利用吸油材料处理海面溢油，其使用可分为四个阶段：

（1）吸油材料的施放。

现场使用吸油材料可有三种情况：第一种情况是当溢油量很少并尚未扩散时，施放吸油材料清除，或用来吸收溢出围油栏的少量浮油；第二种情况是在用油回收器或油回收船处理溢油后，油层变薄，回收率下降时，使用吸油材料做进一步清除；第三种情况是用来清除岸边、滩面等其他装置难以发挥作用的区域的溢油。施放吸油材料一般用人力抛撒。通常每块吸油材料重 200～300 g，质量轻，因此不需特殊的抛撒设施。

（2）吸油材料的回收。

吸油材料投入海中，吸收海面浮油后，应在 24 h 内回收。回收材料比施放困难，一般多采用人工捞取的方法，用一端安装有长 2～3 m 铁钩的竹竿或棒每次捞取一块，也有用顶端装有金属筐的起重机捞取的。用拖网捞取吸油材料效率较高，但事先要将分散在水面上的吸油材料尽量聚拢起来。如果海况恶劣，吸油材料大面积散开，则会给回收工作带来困难。

（3）吸油材料的转移。

回收的吸油材料要及时转移到船上或岸边的容器内，或用双层尼龙袋装运到陆上做最后处理。

（4）吸油材料的处理。

使用的吸油材料最终都会燃烧掉。天然纤维吸油材料一般只能使用一次，聚氨酯吸油材料可反复使用多次。吸油材料焚烧时会产生少量有害气体，应采取相应的防范措施。

二、化学处理法

1. 燃烧法

燃烧法是指用火点燃溢油使其自行消失的方法。这种方法所需后勤支持少且高效快速，但是它有可能对生态造成不良影响。石油燃烧产生的二氧化硫和三氧化硫会严重污染大气。硫氧化物对人体的危害主要是刺激人的呼吸系统，吸入后会诱发慢性呼吸道疾病，甚至引起肺水肿等心肺疾病。如果大气中同时有颗粒物质存在，颗粒物质吸附了高浓度的硫氧化物以后可以进入肺的深部，会大大增加危害程度。石油燃烧产生的氮氧化物和硫氧化物在高空中被雨雪冲刷、溶解，使雨成为酸雨；这些酸性气体成为雨水中夹杂的硫酸根、硝酸根和铵根离子，会严重污染土壤以及水体，造成生态失衡。

2. 化学药剂法

化学药剂法是采用投加化学药剂的方法来消除海水中的石油，常用的化学药剂包括溢油分散剂、凝油剂和集油剂等。

（1）溢油分散剂。

溢油分散剂是一种由表面活性剂、渗透剂、助溶剂、溶剂等组成的均匀透明液体。溢油分散剂可以减少石油和水之间的表面张力，使溢油在水面乳化形成O/W型乳状液，从而使石油分散成细小的油珠分散在水中，使溢油微粒易于与海水中的化学物质发生反应，或被降解石油烃的微生物所降解，最终转化成二氧化碳和其他水溶性物质，从而加速了海洋对石油的净化过程。

当今国际上主要使用的溢油分散剂有传统的分散剂、浓缩无水分散剂、浓缩加水分散剂。当油层较薄或因气候条件恶劣无法使用机械方法回收时，宜用溢油分散剂进行处理。海上使用时最好将溢油分散剂不加稀释，直接喷撒油面，在海上风浪作用下可使溢油乳化，如果使用破栅板、消防水龙或船舶螺旋桨等人工搅拌混合，则效果更好。溢油分散剂一般用量为溢油的1%～20%。它具有使用方便，效果不受大气、海水状况影响的优势，是在恶劣条件下处理溢油的首选方法，但是在使用过程中可能对生态环境造成破坏，因此溢油分散剂必须满足一定的使用指标。

根据《溢油分散剂技术条件》(GB 18188. 1—2000)，溢油分散剂作为一种符合环保要求的产品，必须同时满足表6-3所列的各项指标，其中燃点指标是为了确保储存和使用的安全性，避免高温，最好在15～35 ℃的环境下储存；运动黏度不宜太大，喷洒使用时利于泵出；鱼类急性毒性指标是为了防止造成二次污染；生物可降解性要求溢油分散剂能够在自然界微生物作用下降解；乳化率指标是根本性指标，其乳化能力的强弱决定了处理效果的好坏。

表6-3 溢油分散剂性能指标

项　目	指　标	项　目	指　标
外　观	橙黄，清澈	30 s乳化率/%	>60
pH值	6. 0～7. 5	10 min乳化率/%	>20
燃点/℃	>70	鱼类急性毒性半致死时间/h	>24
运动黏度(30 ℃)/($mm^2 \cdot s^{-1}$)	<50	生物可降解性(BOD_5/COD)/%	>30

（2）凝油剂。

凝油剂为白色或微黄粉末，密度小于1，不溶于水，对水体表面的各种油品，如原油、柴油、汽油、机油、植物油等皆有显著的亲和凝结作用，它可使石油在短时间内凝结成黏稠物或坚硬的果冻物。凝胶油块密度小于1，能漂浮于水面上，再通过一些机械方法进行回收，回收后的油块可用于炼油、与沥青混合铺路或直接用于锅炉燃油。其优点是毒性低，不受风浪影响，能有效防止油扩散。近几年国外报道的凝油剂有聚丙烯醇醚和聚氧烷基乙二醇醚、皮革纤维等，但尚未在实际中得到应用，仍处于实验阶段。

（3）集油剂。

集油剂通过改变油、水的表面张力使溢油聚集后再用其他方法回收，可以说集油剂是一种化学围油栏，适用于港湾、海域内，作为铺设围油栏之前的辅助手段。凝油剂是使溢油变成凝胶状凝固，而集油剂是将扩散的油聚集起来但不使其胶凝。集油剂的扩散速度，决定了其集油效果，而扩散速度取决于温度、集油剂的活性成分及溶剂的性质。

然而现在越来越清楚，在处理海洋石油污染时使用化学药剂，不论其有无毒性都是不适合的。这是因为：分散开和沉降的石油不仅依然存在于海洋环境中，而且变得更易于被生物吸收或同化；另外，许多化学药剂对生物的毒性比石油还强。因此，一些国家对使用化学药剂处理海洋石油污染做了一定的限制和规定。瑞典的生物学家认为，即使使用低毒性乳化剂，也会对海洋生物造成伤害。所以，瑞典在处理石油污染时一般不使用乳化剂。而在日本，考虑到沉降到海底的石油对底栖动物危害更大，因此几乎不使用沉降剂。

尽管这些化学药剂能在短时间内消除大量的石油，但是即使无害的药剂使用后也会不可避免地对环境造成一定的负面影响。例如，英国在处理海上石油污染时使用乳化剂，曾造成海鸟的大量死亡。1970年处理的20起事件中，被石油沾污的1 600多只长尾鸭中有360多只死亡。1969年被石油沾污的长尾鸭更多，达1万只以上，其中有2 000多只死亡。

同样为了缓解墨西哥湾的漏油压力，英国石油公司（BP）使用了至少190×10^4 gal的石油分解剂，据称这些分解剂属于禁用品。分解剂与石油结合后，会生成毒性更强的物质，并随着分散开的石油向沿岸扩散。这些有毒混合物中的芳烃碳氢化物是病因的罪魁祸首，能致癌、诱发有机体的突变和导致畸形。附近的渔民因受到了有毒分散剂的影响，表现出一系列的症状，如整夜盗汗、经常腹泻、身上出现许多白色小泡、喉咙痛等。据调查发现，墨西哥湾沿岸患有各种怪病的人数正快速增加。由此可见，使用化学药剂处理石油时要综合考虑所加药剂的种类、浓度及其可能产生的负面影响。

三、生物治理技术

生物治理就是利用微生物的新陈代谢作用来提高和扩大污染物降解的速度和范围，以减少污染现场有害物质的浓度或使其完全无害化，从而达到治理环境污染的目的。与物理、化学修复方法相比，生物修复对人和环境造成的影响最小，且修复费用仅为传统物理、化学修复的30%～50%。物理处理方法常存在吸收溢油效率低的问题，化学处理方法因投加药剂可能会带来一定的负面影响，而生物处理方法能够有效清除海面油膜和分解水中溶解的石油烃，并且费用低、效率高、安全性好，被认为是最可行、最有效的方法。

20世纪70年代初，美国率先开展了细菌消除海上石油污染的研究。早期的研究内容主要是筛选能氧化石油烃的海洋细菌，进行石油降解能力的测定和加速消除石油污染的生态环境条件的研究。

据报道，能够降解石油的微生物有200多种，分属70多个属，其中细菌约40个属。据统计，地球上通过渗透方式泄漏到海洋中的石油，平均每年都有130×10^4 t，这些石油之所以没有造成污染，都是因为深海中的诸如食烷菌属这类嗜油微生物的功劳。海洋中主要的石油降解菌属包括：无色杆菌属、不动杆菌属、产碱细菌属、节杆菌属、芽孢杆菌属、黄杆菌属、棒杆菌属、微球菌属、假细胞菌属等。

海洋生物除油污的基本原理就是利用微生物来加速降解和分解油中的石油烃类，使之转化为无毒或低毒的物质，从而减少对环境造成的危害。微生物对石油烃类的降解实际是一种生物氧化作用，其主要代谢途径有以下几种：

（1）将石油烃类分解为二氧化碳和水；

（2）将石油烃类转化为微生物的生命物质，如蛋白质、氨基酸、脂类和多糖等；

（3）将石油烃类转化为其他物质，如各种醇、苯酚、醛、脂肪酸等。

1. 生物表面活性剂的应用及影响

生物表面活性剂是用生物方法合成的表面活性剂，是微生物在一定条件下培养时，在其代谢过程中分泌产生的一些具有一定表（界）面活性的代谢物，其可以增强非极性底物的乳化作用和溶解作用，从而促进微生物在非极性底物中的生长。生物表面活性剂多数由细菌、酵母菌、真菌（霉菌）等产生。可以通过微生物发酵法生产生物表面活性剂的主要细菌大致可分为三类：

（1）严格以烷烃作为碳源的细菌，如棒状杆菌；

（2）以水溶性底物作为碳源的细菌，如杆菌；

（3）以烷烃和水溶性底物两者作为碳源的细菌，如假单胞菌。

生物表面活性剂在油水两相界面定向排列形成分子层，能降低界面的能量，即表面张力，多数生物表面活性剂可将表面张力减少至30 mN/m。微生物在与石油作用的同时，会产生有利于提高石油去除率的代谢产物，除产生生物表面活性剂外，还产生某些小分子的有机酸、有机溶剂等，既能降低油水间的界面张力，又能使油层的通透性增强。因此从这个角度讲，生物表面活性剂对微生物修复海洋石油污染有着至关重要的影响。一方面，它使石油烃类在水溶液有效扩散，并渗入微生物细胞内部被同化分解；另一方面，它可以通过调节细胞表面的疏水性能来影响微生物细胞与石油烃类之间的亲和力。据报道，紫红诺卡氏菌产生的海藻糖脂，用于地下沙石中石油的回收时，回收率提高了30%。

但是生物表面活性剂对微生物的生长并不总是有利的。在中性环境中，低浓度的阴离子型表面活性剂与石油烃类结合会形成带有负电荷的复合物，而细胞壁一般带有负电荷，这样两者之间会产生静电排斥作用，从而强烈抑制细胞与石油烃类的亲和，反而抑制了微生物的生长。另外，细胞与生物表面活性剂分子长期接触，不仅会对膜结构造成一定的破坏，而且将会引起膜活性的改变，干扰微生物正常的摄取同化机制。

另外，在石油降解过程中发挥作用的生物表面活性剂虽然是微生物代谢的产物，但产生界面活性物质的微生物和分解石油的微生物通常不是同一种微生物，这就形成了两种以上微生物共同分解石油的局面。因此，为了加快石油分解，通常采用纯化的生物表面活性剂和现场接种微生物产生生物表面活性剂两种方法相结合来进行石油降解。

2. 引进石油降解菌

用于生物修复的微生物有土著微生物、外来微生物和基因工程菌。土著微生物的降解潜力巨大，但通常生长缓慢，代谢活性低；受污染的影响，土著微生物的数量有时会急剧下降。另外，一种微生物可代谢的烃类化合物范围有限，石油污染地区的土著微生物很有可能无法降解复杂的混合物。因此，有必要引进外来菌种来促进石油降解。

在实际应用中，1990 年墨西哥湾和 1991 年得克萨斯海岸实施微生物接种后，有效地去除了海洋中的石油物质。但是，受污染环境中接种外来微生物也存在多重压力。引入高效降解菌不能对土著微生物保持长久竞争优势，同时会引起相应的生态和社会问题，因此，接入的降解菌必须经过详细的分类鉴定，以确定其中没有对人类及其他生物造成危害的致病菌。

3. 向土著微生物中添加营养物质

由于生物表面活性剂可能具有毒性并在环境中积累，而且引入高效降解菌不能对土著微生物保持长久竞争优势，同时会引起相应的生态和社会问题，因此对于投加营养盐进行石油污染海洋环境生物修复的研究相对较多。

在海洋石油的生物降解过程中，由于石油中含有微生物能利用的大量碳源，海水和滩海中有足够的微量元素，所以 N 和 P 成为主要的限制因子。营养物质缺乏就会抑制微生物对石油的降解，但是营养物质的添加并非越多越好，只有在一定的范围内才起促进作用。

1989 年，美国埃克森公司的“瓦尔德斯”号游轮在阿拉斯加州的威廉王子湾触礁，泄漏出 3.55×10^{4} t 原油，污染了 1 750 km 的海岸线。埃克森公司和美国环保局（EPA）的科学家采用亲油性肥料清除沙滩表面鹅卵石上黏附的油污，采用胶囊状的缓释肥清除滩体下部的石油。泄漏事故发生 16 个月后的定量分析表明，有 60%～70% 的石油被降解，并且未对环境产生负面影响。

目前，可进行石油污染海洋环境生物修复的营养盐主要有三种形式：

（1）缓释型。该类营养盐具有合适的释放速率，通过海潮可缓慢释放营养物质。

（2）亲油型。亲油肥料可使营养盐溶解到油中，在油相中螯合的营养盐可促进细菌在表面生长。

（3）水溶型。该类营养盐会被海水溶解，可以解决下层水体及沉积物的污染问题。

然而，如果海域发生大规模石油污染时，大范围的营养盐投入，一般会因投入量过剩而造成某种程度的富营养化，对海洋环境造成二次污染。

4. 基因工程菌

随着现代生物技术的发展，将降解多种污染物的降解基因转移到一种微生物细胞中，使其具有广谱降解能力成为可能。基因工程菌就是通过现代生物技术，将能降解多种污染物的降解基因转移到一种微生物的细胞中，获得分解能力得到几十倍甚至上百倍提高的菌种。不少学者设想培养一种能降解各种类型石油烃的特殊细菌。这个设想，经美籍印度科学家 Chakrabaty 等的努力，已逐渐变为现实。1976 年，Chakrabaty 和其同事首次将 3 个烃类降解质粒转移到 1 个铜绿假细胞菌中，培育出含有多种降解质粒的“超级细菌”。虽然该细菌遗传稳定性较差，在细菌繁殖过程中质粒容易丢失，尚难以在实际应用中发挥作用，但这已是利用细菌消除石油污染技术的一个里程碑。

研究人员发现海洋中的假单胞菌含有 8 种可降解石油烃类的质粒。美国通用电气公司通过重组 DNA 技术构建同时含有 4 种质粒的“超级细菌”，降解石油烃类的能力比母菌高几十倍到几百倍，降解同样面积海上石油，母菌需要一年以上，而“超级细菌”则只需要几个小时。

然而，由于基因工程菌对环境的潜在影响仍无法评估，因此对基因工程菌的利用受到欧美国家的严格立法控制，迄今还未见到其在石油污染海洋环境生物修复中实际应用的报道。

5. 真菌类微生物

除了细菌能在海洋石油降解中发挥巨大作用外，真菌类微生物的功劳也不可小觑。在真菌中，金色担子菌属、假丝酵母属、红酵母属、掷孢酵母属是最普通的海洋石油降解菌。此外，一些丝状真菌如曲霉菌属、毛霉菌属、镰刀霉菌属、青霉菌属等也是海洋石油降解的参与者。

1971 年，美国亚特兰大大学进行了用酵母清除石油污染的研究，发现某些酵母菌株天然存在于被石油污染的水中，其数量随石油污染范围的扩大而增多。研究表明，酵母菌株清除海洋石油污染与细菌等其他微生物相比有诸多的优点。例如，细菌受环境因素的影响较大，阳光能杀死细菌，海水的渗透压能够破坏细菌的细胞壁，这些都有碍细菌分解石油的效能，而酵母菌株对阳光的杀菌效应和对海水的渗透压都具有较强的抵抗力，而且很多种酵母菌株能很快吃掉石油，或者钻到油滴内部并在其中繁殖。这样，在海洋环境中的酵母菌株就不会受到原生物的伤害。

丝状真菌是海洋中常见的微生物，许多丝状真菌在净化海洋石油污染物的过程中起着重要的作用。丝状真菌的丝菌体在污染海域能提供较大的接触石油烃类的面积，其孢子比革兰式阴性细菌更能适应不良环境，如紫外线辐射、低营养、低 pH 值等，且易于保存及易于制成微生物制剂在污染现场使用等。

墨西哥湾漏油事故发生后，科学家发现一种“NY3”细菌，它具有产生鼠李糖脂的“非凡能力”，可以帮助清除墨西哥湾石油污染，降解石油中的有毒化合物。在这些泄漏的石油中，对鱼类、野生动物和人类毒害最为严重的一些物质来自多环芳烃，它们可以诱发癌症、破坏免疫系统、影响生物正常繁殖以及损害精神系统。“NY3”细菌可以降解墨西哥湾漏油事故中释放出来的多环芳烃、致癌和诱发变异的化合物。

尽管微生物可以降解石油，但是到目前为止还没有一种在短时间内彻底降解石油的有效办法，所以在微生物降解石油方面的研究仍任重道远。但是随着现代微生物学和基因组计划的进一步发展，更多微生物物种的发现和技术的应用，石油污染问题必将会得到更有效的解决。

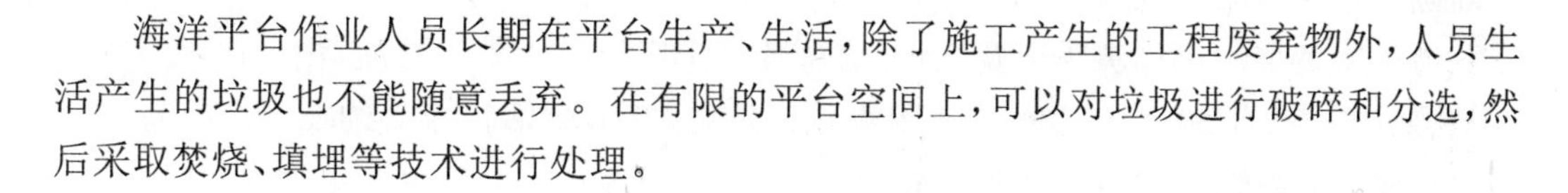

第四节　海洋平台生活垃圾的处理与处置

海洋平台作业人员长期在平台生产、生活，除了施工产生的工程废弃物外，人员生活产生的垃圾也不能随意丢弃。在有限的平台空间上，可以对垃圾进行破碎和分选，然后采取焚烧、填埋等技术进行处理。

一、破碎和分选

垃圾破碎的目的主要是改变垃圾的形状和大小，以适合进一步处理和利用的需要。经过破碎后的垃圾具有如下优点：① 可增大容量，减少容积，从而提高运输效率，降低运输费用；② 破碎后的细碎垃圾，有利于处置时压实垃圾土层，加快复土还原工程的速度；③ 破碎后的垃圾对垃圾分类、分拣有利，容易通过磁选等方法回收高品位金属；④ 有利于用焚烧法处理，提高垃圾焚烧的热效率。垃圾破碎通常采用颗式、锤式、滚压式、撕裂式和剪切式破碎机等进行破碎。由于平台生活垃圾尺寸有限，可以采用人工破碎或借助小型的机械破碎。

由于垃圾中有许多可以作为资源利用的组分，有目的分选出需要的资源，可达到充分利用垃圾的目的。垃圾的分选方法有手工分选、风力和重力分选、筛分分选、浮选、光分选、静电分选和磁力分选等。表 6-4 列出了各种分选方法的适用范围。

表 6-4　各种分选方法的适用范围

分选方法	预处理要求	分出的品种	功　能
手工分选	无	纸、木材、金属	使轻质垃圾（纸等可燃物）从重物中分离出来
风力和重力分选	破　碎	可燃物、金属	
筛分分选	破　碎	玻璃碎片	
浮　选	破碎，风力	玻璃碎片	
光分选	破碎，风力	玻璃碎片	
静电分选		玻璃碎片	
磁力分选	破碎，湿洗	铁　类	

平台垃圾分选可以先由人工预分选，堆放较久的垃圾可以采用小型的风机或天然风进行风力分选。

分选出的垃圾可以用拖船拖回岸上进行处理和卫生填埋，还可以就地焚烧。

二、焚烧

采用焚烧处置生活垃圾，可以使垃圾减重、减容，并可以使某些有害组分分解和去除，因此，焚烧是比较理想的处置方法。生活垃圾的焚烧工艺过程和焚烧危险废弃物的工艺过程大致相同，但由于垃圾焚烧温度一般在 800～1 000 ℃，所以其适用的炉型与焚烧危险废弃物的炉型不同。普遍采用马丁炉等靠炉箅传送垃圾的固定式焚烧炉，也有的采用流化床（沸腾床）焚烧炉等。

马丁炉的炉栅有活动式和固定式两种类型。活动式炉栅可随炉箅移动而慢慢移动，不断翻动燃烧着的垃圾层，因此，具有较高的燃烧效率。

流化床焚烧炉也称沸腾床焚烧炉，这种焚烧炉广泛用于处置石油、化工、造纸、核工业等废弃物，已有 50 多年历史。使用流化床焚烧炉时，生活垃圾必须在入炉前将垃圾中的金属、玻璃等杂物剔除，并进行粗碎。

流化床焚烧炉使废弃物在相当热的，由内部颗粒状填料（如沙子、灰渣、石灰石等）构成的沸腾层内进行焚烧，见图 6-33。其优点是：① 可适合各种固态、液态以及稠化的废弃物，尽管热值低；② 焚烧区无活动部分，运行安全可靠；③ 强烈的混合反应使有机燃料燃烧充分，能减少有毒氧化物和氟化物的产生；④ 焚烧温度较低，能抑制氮氧化物的产生；⑤ 通过加入合适的添加剂（如石灰）等，能将 S, Cl 和 F 在燃烧过程中氧化成化合物，从而减少了废气的危害，同时减少了加热面层的腐蚀作用。该炉的缺点是能源消耗较大，焚烧过程较迟缓，扬尘较多，需加强除尘措施。

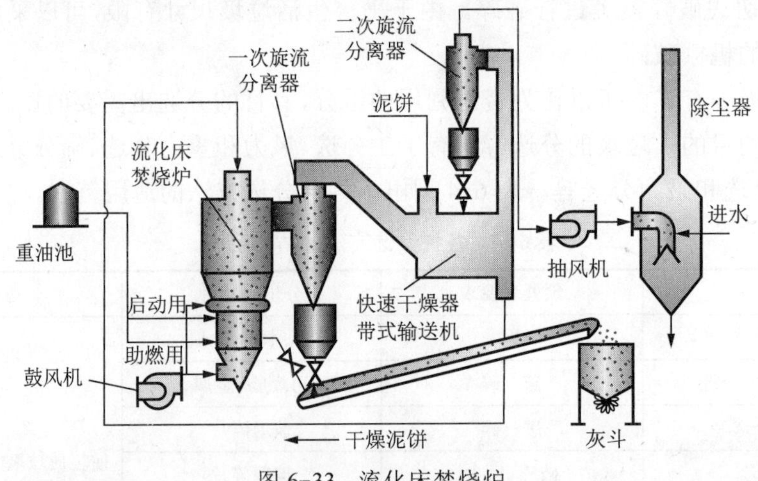

图 6-33　流化床焚烧炉

热解是处置垃圾较新的方法。该方法的处置过程分为两个步骤：第一步是在缺氧状态下的热分解，将垃圾分解为烟气和惰性的灰渣；第二步是烟气在高温状态下的完全燃烧，将有害气体完全分解，并且利用其他措施减少和控制 SO_2 及 NO_x 等的排放量，使尾气排放达到标准。

三、卫生填埋

通过破碎和分选的生活垃圾经船舶运回陆地后，可以进行卫生填埋。卫生填埋是处置生活垃圾最基本的方法之一。由于填埋场占地量大，征地困难，因此该方法只适用于处置无机物含量较多的垃圾。

1. 垃圾填埋后的产物

垃圾中可降解的有机物在填埋场中会产生大量的 CO_2, CH_4 等气体，同时产生浸出液。

垃圾在填埋开始阶段，将进行好氧分解，产生以 CO_2 为主的气体。随着垃圾被压实后空气量减少，氧气被耗尽，垃圾的厌氧分解开始，产生 CH_4, N_2, H_2, CO_2 及硫化物等。一般气体在施工头两年产生量最大，以后逐年减少，这个过程约延续 20 年。

垃圾中可降解的有机物分解时产生的液体和施工过程中流进填埋场的地表水、雨雪水等共同组成填埋浸出液。浸出液的成分随垃圾组分的不同有很大变化，表 6-5 为一般垃圾填埋场浸出液的典型化学成分。由于浸出液中含有大量的有机物，如将浸出液返回新的填埋垃圾中会加速垃圾的分解，使之早日达到稳定。浸出液的处理类似于高浓度有机物废水的处理。

表 6-5　填埋场浸出液的典型化学成分

成　分	变化范围 /($mg \cdot L^{-1}$)	典型值 /($mg \cdot L^{-1}$)	成　分	变化范围 /($mg \cdot L^{-1}$)	典型值 /($mg \cdot L^{-1}$)
BOD_5	2 000～30 000	10 000	pH	5. 3～8. 5	6
TOC	15 000～20 000	6 000	总硬度（以 $CaCO_3$ 表示）	3 000～10 000	3 500
COD	3 000～45 000	18 000	Ca	200～30 000	100
总悬浮物	200～1 000	500	Mg	50～1 500	250
氨态氮	10～800	200	K	200～2 000	300
有机氮	10～600	200	Na	200～2 000	500
硝酸盐	5～40	25	Cl	100～3 000	300
总　磷	1～70	30	N	100～1 500	600
正　磷	1～50	20	总　铁	50～60	—
碱度（以 $CaCO_3$ 表示）	1 000～10 000	3 000			

2. 卫生填埋作业方法

卫生填埋场根据地质条件的不同，可采用不同作业方法。

（1）平面作业法：平地填埋场采用此作业法，操作时把垃圾卸铺在平地上形成厚约 0. 4～0. 7 m 的长条，同时用人工或机械将垃圾压实，每个填台控制在 2～3 m 高，并覆盖 0. 2～0. 3 m 的土层再压实，如此便完成了一个填埋单元。

（2）填坑作业法：利用天然洼地、峡谷、沟壑、矿坑等进行垃圾填埋。

（3）沟填作业法：在地下水位低并有厚土层的场地，可采用此作业法。

（4）斜坡作业法：该作业法利用山坡地带填埋，占地少、填埋量大，故较经济。

第五节 海水养殖污染控制技术

随着海水养殖业的迅速发展，盲目扩大规模和投入的负面效应日益严重，造成养殖环境不断恶化。一般水产养殖中常用的化合物主要有为控制疾病向水体中添加的杀菌剂、杀真菌剂、杀寄生虫剂；为控制水生植物使用的杀藻剂、除草剂；为控制其他有害生物使用的杀虫剂、杀杂鱼剂、杀螺剂。此外，还包括为降低水生生物创伤使用的麻醉剂和为促进产卵或增进生长的激素以及为提高机体免疫力使用的疫苗。这些都将残留在海水中，恶化海水水质。

除了本章第一节介绍的污水处理方法外，针对海产养殖污水，还可以采用藻类修复、动力改善水质、海底曝光、健康养殖等方法来处理或控制。

一、藻类修复

大型藻类可以有效吸收、利用养殖环境中多余的营养物质，从而减轻养殖污水对环境的影响，并提高养殖系统的经济输出，因此被广泛应用于鱼、虾、贝类的综合养殖系统中。

大型藻类与鱼、虾、贝类等混养构成一种复合式养殖系统，该系统中大型藻类是自养型生物，鱼、虾、贝类是异养型生物，前者主要吸收水体中的无机营养盐，转化为有机体，后者主要依靠人工饲料，产生的污染物质会加速沿岸水体的富营养化过程。两者在生态功能上相互补充，共同构成一种复合式养殖系统。

因此，引入大型藻类是控制水体富营养化、增进食品安全和对污染水体进行生物修复的有效措施之一。但藻类对水体的净化作用、对营养盐的吸收速率随物理、化学和生物因素的变化而变化。实际采用时，需因地制宜，合理布置。

二、动力改善水质

利用水泵、压缩空气改善水质的方法称为动力改善水质。

利用水泵有选择性地抽取底层污水到海面曝气，水泵的吸水口需设于密度跃层的下方，以不改变上层水的流量和流速进行抽水。

利用压缩空气改善水质的方法是以压缩空气在水底层喷出气泡，供给氧气，增加海水交换，使底层缺氧水团上升，促使其表面曝气，受到这种表面曝气的表层水潜入下层，由此往底层补充溶解氧。由压缩空气产生的流动还可以使潮汐流叠加，因此可以增大跟外海的海水交换。水越深，气泡越小，效率越高。

三、海底曝光

用喷流曝气装置把溶解氧丰富的表层水向海底喷射，通过向底层水供给氧气和翻动表层泥使有机污泥扩散、分解，从而使底质的有机物大为减少。由于喷射作用，延长了底泥中的有机物在海水中的悬浮时间，即使海流较弱，也有大量悬浮有机物从渔场流出。

四、健康养殖

所谓健康养殖是根据养殖对象生长、繁殖的规律及其生理特点和生态习性，选择科学的养殖模式，通过对全过程的规范管理，增强养殖群体的体质，控制病原体的发生和繁衍，使养殖对象在安全、高效、人工控制的理想生态环境中健康、快速生长，从而达到优质、高产的目的。其方法有自然养殖法、休药期养殖法、人工生态养殖法、多品种立体养殖法等。目前，我国已经发展了贝藻混养、鱼藻混养等二元混养及鱼贝藻间多元混养的立体养殖模式。为了减少对环境的压力，利用不同层次营养级生物的生态学特征，在养殖过程中使营养物质循环重复利用，不仅可以减少养殖自身的污染，而且可以生产多种有营养价值的养殖产品。

水产动物的健康养殖应满足以下几方面的要求：① 能人为控制养殖生态环境条件，使环境能尽量满足养殖对象生长、发育的最适条件；② 养殖模式（包括各种防疫手段）能使养殖动物正常活动，实行正常的生理机能，并通过养殖对象的免疫系统抵御病原体入侵及环境的突然变化；③ 投喂适当的能完全满足其营养需求的饲料（最好是配合饲料）；④ 上市产品无污染，无药物残留，近似绿色食品；⑤ 利用资源最省。

针对饲料可能会引起水体污染这一状况，通过实施营养调控将水体污染降到最低限度的主要措施有如下几种。

（1）氮的营养调控。

养殖水体污染的很大一部分原因是水体中输入的氮量过高，因此提高饲料氮的利用率，降低输入水体中的氮的浓度，可在某种程度上控制污染。

利用脂肪对蛋白质的节约作用，降低饲料中蛋白质含量，增加脂肪含量，以减少氮的排泄。脂类的营养功能之一是节约蛋白质。赫兰德研究指出，鳙鲽饲料中的脂肪对蛋白质节省作用明显，而对鱼体生长率、饲料利用率影响不明显；付世建等研究了南方鲶鱼饲料脂肪对蛋白质的节约作用，发现高脂肪低蛋白饲料组的鱼体特定生长率、饲料利用率与低脂肪高蛋白饲料组无明显差异，而蛋白质效率高于后者。

利用氨基酸的互补作用，向饲料中添加游离氨基酸以平衡营养，从而提高现有的饲料蛋白质的消化吸收率，减少氨氮排泄量。凯勒等研究了大口黑护鲈鱼饲料中添加赖氨酸、蛋氨酸的效果，指出投喂蛋氨酸组的鱼饲料系数降低 0.8，明显提高了饲料利用率；Suprayudi 用 75%大豆粕饲料替代鱼粉添加精氨酸饲喂丝足鱼，结果其生长率、饲料系数、蛋白质效率及蛋白质和脂肪蓄积率与 50%替代组相同，说明精氨酸具有补充氨基酸的作用；张云贵等研究了河蟹低蛋白饲料中添加氨基酸的效果，结果显示氨基酸添加组增重效果优于高蛋白组，且饲料系数明显降低；张满隆等研究发现，在鲫鱼饲料中添加 0.25%蛋氨酸，鱼生长速度比对照组提高 4.96%，饲料系数降低 0.37%；蒋艾青等认为，青鱼饲料中添加组氨酸可提高生长速度，降低饲料系数。

另外，通过向饲料中加入黏合剂及增大饲料原料的粉碎细度，既可提高饲料在水中的稳定性，使其不易溶失和溃散，又可提高饲料的消化吸收率。

（2）磷的营养调控。

由于水产养殖动物对饲料中磷的消化吸收率较低，致使大部分磷以无效形式排入水中引起污染，因此减少饲料中磷的含量具有重要意义。

为了控制水中磷的含量，在不影响水产动物生长、饲料利用率、体质健康和繁殖的前提下，适当降低饲料中磷的含量。克鲁索等研究发现，虹鳟饲料中低含量磷加上高含量维生素 D_3 的这种搭配，可降低排入水中可溶性磷和粪便中磷的含量，说明可通过调节磷的代谢，降低饲料中磷的含量，而不影响饲养效果。

（3）矿物质的营养调控。

矿物质在水产动物机体代谢过程中起着非常重要的作用，利用矿物质调控饲料利用率非常有效。常仁亮等分别以 10%，20% 和 30% 的硒酵母代替鱼粉饲养中国对虾，结果显示硒酵母添加组的养殖效果优于对照组，且以 10% 添加量为最好，饲料系数比对照组降低 13.3%；魏文志等在异育银鲫饲料中分别添加亚硒酸钠和有机硒，结果发现有机硒组鱼增重比对照组和无机硒组分别提高 15.29% 和 14.59%，饲养系数分别降低 12.49% 和 12.35%；冷向军等在罗非鱼饲料中添加醋酸镁，结果显示饲料系数比对照组降低 9.6%，促进生长 16.4%。

（4）维生素的营养调控。

维生素在动物体内的功能主要是调节物质代谢和能量代谢，参与氧化还原反应。美国伊利诺亚大学科研人员在罗非鱼饲料中添加维生素 E，结果发现添加维生素 E 能促进鱼体增重和提高饲料利用率；来进美研究了不同剂型维生素 C 对罗非鱼生长的影响，认为添加维生素 C 组鱼体增重和饲料利用率均高于对照组，以添加维生素 C 磷酸酯镁和维生素 C 硫酸酯钾效果最好。

目前我国海水养殖污水生物处理研究还处于初始阶段。一方面，对于海水养殖污水处理的工艺选择、运行参数及处理能力与效能尚需进一步研究；另一方面，对降解污染物微生物的研究还有大量的工作需要进行。开展海水养殖污水生物处理方法和原理的基础研究，筛选适合的微生物固定化载体和对固定化方法进行优化；在调查和系统分析水质、水量、投菌量、营养物质、耗氧等诸多因素的基础上，建立完善的适合我国国情的海水养殖污水处理方法并加以推广，对于保护海洋环境以及海水养殖业的可持续发展有着十分重要的意义。

我国的浅海滩涂面积还存在一定的发展潜力，但空间再大，毕竟有限，更何况扩大养殖面积还存在与旅游开发、港口建设、自然环境保护与治理日益突出的矛盾。我国近海海域面积约 37×10^4 km^2，近年来随着沿海经济的高速发展和海洋资源开发利用力度的不断加大，污染程度日益加剧。相比之下，改良技术、依靠科学进步来促进海水养殖业的发展显得更为重要。尤其是传统的海水养殖业面临着各种严峻的挑战，要求必须用多学科的高新技术成果综合改造我国传统的养殖工艺，建立健康的养殖系统，才能保证我国海水养殖业的持续发展。

第六节　赤潮的控制技术

一、赤潮的预报

准确地预测、预报赤潮的发生是采取有效防治措施的基础，对于减少赤潮造成的损失和危害有着极为重要的作用。不少学者在研究有关赤潮多发水域的物理、化学和生物因素的基础上，对赤潮的预测、预报进行了多方面的探索，提出了多种赤潮预测、预报方法。目前，根据时间长短，可将赤潮的预测分为三种类型：长期预测、中期预测和短期预测。相应地根据预测结果分别发布长期赤潮预报、中期赤潮预报、短期赤潮预报。长期预报一般提前几个月发布，但其准确性相对比较差；中期预报通过对海水盐度、温度、赤潮生物数量等检测数据进行综合分析来判断赤潮发生的可能性，一般提前数周发布；短期预报通过检测水体中赤潮生物数量变化以及观察鱼、贝类健康状况来判断赤潮发生的可能性，提前几天公布，准确性比较高。

赤潮预报的常规方法主要包括数值预测法和经验预测法。数值预测法主要根据赤潮发生机理，通过各种物理—化学—生物耦合生态动力学数值模型模拟赤潮发生、发展、高潮、维持和消亡的整个过程而对赤潮进行预测；对大量赤潮生消过程监测资料进行分析处理则属于经验预测法，它基于多元统计方法，在选择不同的预报因子的同时，利用一定的判别模式对赤潮进行预测。

1. 潮汐预报法

潮汐预报法适用于以潮汐作用为主的近海海域。潮汐对赤潮生物的聚集与扩散起重要作用。潮水的涨落会引起海水交换，把底层丰富的营养盐输送到海水表层，于是赤潮生物在海水表层大量聚集，促进了赤潮的形成。例如，中国南海大鹏湾盐田海域，其水体交换主要依赖于潮汐、潮流，尤其是受潮汐影响较大，根据对其发生的影响分析，在水体交换缓慢的日潮期间更加有利于赤潮的发生。因此，对该海域进行赤潮预报可结合本地的天气预报和潮汐预报。

2. 垂直稳定度预测法

当海水水体成垂直混合时，底层营养盐向表层输送，引起海水垂直稳定度发生变化，这是赤潮易发生的环境典型迹象。因此，对赤潮发生进行预报可根据水体垂直稳定度的测定。

3. 近岸环流预测法

近岸环流预测法主要是通过对日本濑户内海地区赤潮发生的环流特性总结出来的。在濑户内海海域迄今为止发生的赤潮多与其水内环流方向有关，根据测定当进入纪伊水道的黑潮水系按逆时针方向旋转流动时，不发生赤潮；相反，如其按顺时针方向旋转流动时，一般会有赤潮发生。所以，对特定的海域根据其水内环流方向的不同可以进行赤潮预报。

4. 赤潮生物孢囊水温预测法

赤潮生物孢囊的萌发需要一定温度条件，赤潮生物孢囊从秋冬季节的低温海水中消失，沉入近海底泥中休眠，一旦水温达到20～22 ℃时便开始萌发。所以，可通过对各海区各种赤潮生物孢囊萌发所需要的适宜水温进行测定来预报赤潮。另外，随着水温的升高，长年累月沉积在海底的污染底泥里的营养盐再次溶解到海水中，赤潮生成、发展的条件之一就是由此构成的。

5. 微生物（细菌）数量预报方法

大量的研究认为：海洋微生物与赤潮的形成有密切关系，微生物是赤潮的诱导因素，它促使赤潮生物的大量繁殖。水质变化情况可以根据细菌数量变化规律来判断，可初步预测赤潮的发生。曾活水等通过观测厦门西海域发生的赤潮情况发现，赤潮发生前后微生物数量随着水体中营养盐含量的增加而增加。水体中的营养盐含量是赤潮发生的物质基础，从而可通过对水体微生物数量多少的变化来预测赤潮发生。

通过试验确定形成赤潮时水体中赤潮生物的细胞密度范围，一旦水体中赤潮生物密度达到这个范围，就满足了形成赤潮的条件，赤潮也就由此形成。表6-6和表6-7分别为赤潮生物判断指标及基准和几种主要赤潮生物形成赤潮时的细胞基准密度。

表6-6　有害赤潮生物判断指标及基准

指　标		基准值
浮游植物多样性指数 H		<1
浮游植物平均度 J		<0.2
叶绿素 a 质量浓度 /（$mg \cdot dm^{-3}$）		>10
赤潮生物量 /（个 $\cdot dm^{-3}$）	体长 <10 μm	$>10^7$
	体长 10～29 μm	$>10^6$
	体长 30～99 μm	3×10^5
	体长 100～299 μm	$>10^5$
	体长 300～1 000 μm	$>10^4$

表6-7　几种主要赤潮生物形成赤潮时的细胞基准密度

赤潮生物种类	细胞基准密度 /（个 $\cdot dm^{-3}$）
赤潮异弯藻	$>10^7$
裸甲藻	$>10^6$
骨条藻	$>10^6$
根管藻	$>10^6$
原甲藻	$>10^5$
夜光藻	$>10^4$

6. 生物系数指数法

生物系数指数是判断赤潮发生或判断赤潮严重程度的一种指标。采用 Shannon-

Weaver 公式：

$$d=\sum_{i=1}^{n} P_i \log_s^{P_i} \quad (6-1)$$

式中：P_i——第 i 种细胞密度与总细胞密度的比值；

S——样品中的浮游植物种数；

d——多样性指数。

当 $d<6$ 时就有可能发生赤潮，也有专家把 $d=1$ 作为赤潮发生的阈值。d 越小，赤潮也就越严重。所以，赤潮的发生与否可以根据微生物数量变化规律来判断。

这些因子从不同角度反应赤潮情况，但如果仅仅依据这些因子的海上调查数据进行预报，费时费力且无法大范围动态地进行预报，而卫星遥感技术弥补了这些方法的不足，被广泛应用，已成为研究大范围海洋现象的有力工具。

利用遥感技术可以监测大面积的赤潮。与海上调查观测方法相比，遥感技术具有迅速的多时相数据更新能力，可以快速及时地获取区域和全球尺度的海洋参量信息，这提供了新的思路来研究赤潮的动态及生长和繁殖机理。赤潮卫星遥感主要通过卫星资料反复对叶绿素 a 的浓度、水色、水温等因子进行检测。由于不同的传感器所对应的中心波长和波段宽度不同，所以对于不同的传感器，赤潮监测算法存在较大的差异。

二、赤潮的防治

1. 赤潮管理

赤潮预防控制治理工作是一项长期复杂的系统工程。我国应完善有关赤潮灾害治理的规章制度，并使其法制化。同时，明确治理赤潮灾害的责任主体，划分赤潮治理的责任区域，避免出现责任推诿现象。加强组织领导，统筹规划，采取综合治理措施，把赤潮防治工作落到实处，使其为人类创造巨大财富。

我国自 20 世纪 90 年代以来，对赤潮的研究取得了很大的进展，如对赤潮藻类的培养生物学和分类学的研究、对赤潮藻类的营养动力学及生理生态学特性的研究、对赤潮藻类毒素的研究及对赤潮模型、赤潮防治的研究。但现在还处于探索和尝试阶段，在今后研究工作中，还需进一步加强对与赤潮相关的生态学、海洋学等基础问题的研究，从赤潮形成机理上加深对赤潮的认识；积极开展赤潮毒素快速检测技术，进行赤潮对各类生物的毒性及潜在影响的评价，可根据波及范围，结合当地海洋资源、海产养殖情况及赤潮发生后对市场可能造成的冲击进行危害评价，及时有效地进行预测、预报，相应地制定实施一些针对性的措施，建立经济、有效的赤潮防御系统，进而使赤潮灾害造成的经济损失大大减少。同时，国家应该注重培养赤潮研究方面的人才，如在高等院校开设相关专业，鼓励支持科研院所开展相关课题，增设实验室；多方面工作相结合，促使实验室的科研结果较好地运用到实际的赤潮治理工作中。

另外，还需建立完善的赤潮监测预警体系，增强赤潮监测预警能力，建立赤潮信息管理系统，加强赤潮信息管理与服务，落实赤潮灾害损失评估工作，并建立赤潮灾害应急响应体系，减轻灾害损失。

2. 赤潮预防

防治赤潮灾害的基础是开展赤潮预测与实时监测，但人们应该保护和改善日益恶化的海洋生态环境，将防止水体的富营养化作为当前的重要任务。水体富营养化为赤潮生物大量增殖和赤潮形成提供了物质基础。在富营养化水体中，一旦遇到适宜的水温、盐度和气候等条件或对赤潮生物繁殖有促进作用的物质，赤潮生物就会以异常的速度大量繁殖，高度聚集而形成赤潮，进而对海洋产业造成损失和危害。因此，应尽快制定切实可行的办法，使工农业废水排放的管理和生活污水的处理工作得到加强，使海水养殖业的自身污染问题得到解决，使沿海富营养化和海洋污染程度得到减轻。

在世界各地沿岸水域、河口区、封闭性和半封闭性海湾及大中城市附近海域发生的赤潮大多数都与水体富营养化有关，因此，要控制海水的富营养化。采取的重要措施之一就是要实施入海污染物总量控制制度，使富含营养物质的工农业废水从源头上减少排放入海量，还可以通过提高营养养殖技术，从而减少养殖业对海洋环境产生的影响。充分利用水体，合理开发水资源。海水养殖的“合理密植”、投饵的科学性及科学的饵料组成都是预防海域发生富营养化的可行性方法。

沿海大中城市是经济建设的重要区域，只有建立良好的海洋生态环境，才能对防止或减少赤潮的发生起到可靠保障，为沿海经济建设创造良好条件。可以从以下几个方面入手：

(1) 努力减少有害物质进入海洋生态系统，防止水质恶化，不但要杜绝新污染源，还要对已受污染的海域采取有效的治理措施。

(2) 合理开发利用海洋自然资源，根据不同的功能和生态特点，制定正确的海洋开发利用规划，避免盲目开发；开发高新科技，提高海洋生态研究水平，开展不同海区环境容量的系统研究，使对海洋环境和资源的监测和科学研究能力得到进一步加强，从而为合理进行开发活动和管理工作提供科学依据。

(3) 对沿岸的生态环境提供良好的保护，在开发建设活动中，应尽量减少对沿岸自然生态环境的破坏，以防止水土流失，保持良好的海洋生态环境。这不仅有利于海水养殖业的健康、稳定、持续发展，而且对发展沿海经济等具有重要意义。

3. 赤潮治理

为了使赤潮发生时所造成的损失降到最小，人们探索了多种方法来治理赤潮。目前已经发展的赤潮治理技术主要有：物理法，如机械回收、围格栅等方法；化学法，如喷洒无机或有机药剂直接杀灭赤潮生物；生物法，如利用海洋植物、海洋微生物进行赤潮的防治。

(1) 物理法。

① 机械回收法。该法是通过配有吸水泵、离心分离机、凝集槽、混合槽等机械设备的赤潮回收专用船把含赤潮的海水吸到船上，然后加阻凝剂、加压过滤或离心分离并杀死赤潮生物。

② 建隔离带。该法是把赤潮发生区域与养殖区用围栏隔开，避免赤潮生物扩散后

污染其他海域，影响养殖业。

③ 超声波法。利用超声波法可以破坏高度聚集的赤潮生物细胞，但去除不同的赤潮生物需要不同频率的超声波进行照射，且超声波仅对表层高度密集的赤潮生物有效，对低密度或深沉的赤潮生物的破坏效果不佳。

(2) 化学法。

① 药物杀除法。

药物杀除法是利用特定的化学药剂直接杀死赤潮生物。用于杀死赤潮生物的药剂应具备以下特点：在低浓度时，就可以迅速杀死赤潮生物；剩余药剂在海水中容易分解和消失，对人体构不成大的危害，对非赤潮生物的有害影响小；药剂成本低。目前虽尚未发现完全符合上述特点的药剂，但实践表明，有一些药剂可以用于杀除赤潮生物。

最早用来治理赤潮的化学法是硫酸铜法，该法是用飞机或其他工具喷洒硫酸铜溶液，让硫酸铜缓缓溶解在水中来杀死赤潮生物。此法的有效范围仅限于内湾小面积海区，而对较大面积海区，由于海水不断流动，其药效难以发挥出来，并且因其有毒性，易造成二次污染，使用时需谨慎。在一定浓度范围内，过氧化氢可杀死赤潮藻类且对鱼类不造成任何伤害。另外，因为过氧化氢遇到水后会马上分解，所以污染程度极低。因此，过氧化氢对于杀灭船舶压舱水中的有毒赤潮生物孢囊可以发挥极大的作用。除了以上化学药剂外，还有次氯酸钠、氯气、甲醛等化学药剂也可用于治理赤潮。

相对于无机除藻剂而言，有机除藻剂的种类较多。有机除藻剂可分为人工化学物质和生物活性物质两类，主要是有机羧酸和有机胺。此类药剂具有药效时间长、对非赤潮生物影响小等优点。但由于其速效性差，易受潮流及自身扩散等因素的影响，所以使用量一般较大。

② 絮凝沉淀法。

絮凝沉淀法包括絮凝剂沉淀法和天然矿物絮凝法。

絮凝剂沉淀法是利用絮凝剂使赤潮生物凝集、沉降。现在国际上使用的絮凝剂有三大类：无机絮凝剂（电解质絮凝剂）、表面活性剂和高分子絮凝剂。铝和铁的化合物是普遍使用的无机絮凝剂，由于铝盐和铁盐在海水中具有胶体的化学性质，故对赤潮生物具有凝集作用，水体的 pH 值可以影响其作用效果。表面活性剂和高分子絮凝剂也是研究较多的赤潮生物絮凝剂，由于赤潮生物具有昼浮夜沉的垂直迁移规律，治理时的凝集过程主要在白天海水表层进行。在赤潮生物密集时使用该方法极为有效，而且所需时间较短，对非赤潮生物的影响比用化学药剂杀除小，还可以消除水体其他悬浮物。但是絮凝剂的价格通常相对较高，而且有些还是赤潮生物所需的微量营养物质。

天然矿物絮凝法是赤潮治理的一种很有发展前景的方法，杀灭和消除赤潮生物的有效方法是利用天然矿物对赤潮生物的絮凝作用。天然矿物以黏土矿物为主，其他矿物为辅。它具有来源丰富、成本低、污染程度低和吸附能力强等优点。

(3) 生物法。

赤潮治理的生物法是“以虫治虫”法，通过培养出赤潮生物的克星生物来捕食赤潮生物，这是一个新的研究方向。例如，弧菌可以破坏褐胞藻细胞膜；日本发现了一种可以破坏赤潮异弯藻细胞核的病毒。

我国是一个海洋大国，同时也是一个赤潮频发的国家，随着我国经济的迅速发展和对海洋开发与利用强度的增加，赤潮爆发的频度和强度都有进一步增加的可能，其也有可能对海洋生态系统和公众健康产生更加严重的危害。通过采取上述综合性的措施，再加上严格的管理、经济、法律等手段，随着科技工作者对其形成机制认识的不断加深，相信未来会遏制住我国近海生态系统不断恶化的势头，控制赤潮危害，使我国近海资源、生态、环境得到可持续发展。

第七节 陆源污染物的控制

一、控制政策

世界资源研究所的一项研究显示，世界上51%的近海生态环境系统因受与开发有关的活动导致环境污染和富营养化的影响而处于显著退化危险之中，其中34%的沿海地区正处于潜在恶化的高度危险中，17%处于中等危险中，而导致这些危险的最主要原因是陆源活动对海洋的危害。

我国对陆源污染物的控制政策的发展经历了起步、形成、发展和完善四个阶段。

1. 起步阶段

我国海洋环境保护立法的起步阶段是在1972—1982年间，这也是防治陆源污染物污染海洋环境的开始。1972年，联合国在瑞典首都斯德哥尔摩召开人类环境大会，这标志着环境问题已经开始列入世界各国发展的日程。我国政府十分重视海洋环境的保护工作，国务院于1974年颁布了《中华人民共和国防止沿海水域污染暂行规定》，1982年颁布了《中华人民共和国海洋环境保护法》（简称《海洋环境保护法》），其中的第四章明确地把防治陆源污染物对海洋环境的污染损害制度写入《海洋环境保护法》，包括第29条至41条，这是我国防治陆源污染物污染海洋法律制度的开端。

2. 形成阶段

我国防治陆源污染物污染海洋环境法律制度形成阶段是在1982—1992年间。1982年8月，《中华人民共和国海洋环境保护法》的颁布不仅标志着我国防治陆源污染物污染海洋环境工作开始进入法制化轨道，而且带动了防治陆源污染物污染海洋环境立法的全面开展。为了更好地贯彻施行《中华人民共和国海洋环境保护法》，国务院相继颁布了多个相关行政法规，包括1983年12月颁布的《中华人民共和国海洋石油勘探开发环境保护管理条例》和《中华人民共和国防止船舶污染海域管理条例》，1984年5月颁布的《中华人民共和国水污染防治法》，1990年5月颁布的《中华人民共和国防治海岸工程建设项目污染损害海洋环境管理条例》，1990年6月颁布的《中华人民共和国防治陆源污染物污染损害海洋环境管理条例》。

随着从《中华人民共和国海洋环境保护法》到《中华人民共和国防治陆源污染物

污染损害海洋环境管理条例》等多个相关行政法规的先后颁布，我国海洋环境保护的法律体系框架已经形成，海洋环境保护也有了法律的保证。而我国的防治陆源污染物污染海洋环境法律制度从《中华人民共和国海洋环境保护法》的一章规定到《中华人民共和国防治陆源污染物污染损害海洋环境管理条例》的颁布，则标志着我国防治陆源污染物污染海洋环境法律制度在立法上跨进了一大步，法律制度已经初步形成。

3. 发展阶段

联合国环境和发展首脑会议于 1992 年 6 月在巴西里约热内卢召开，会议通过以可持续发展为核心的《21 世纪议程》。我国根据该议程于 1994 年 3 月 25 日颁布了《中国 21 世纪议程》（即《中国 21 世纪人口、环境与发展白皮书》），对我国防治陆源污染物污染海洋环境的制度做出了规划。《中华人民共和国水污染防治法》修改草案于 1996 年 5 月 15 日通过，《中华人民共和国海洋环境保护法》于 1999 年 12 月 25 日修订通过，《中华人民共和国环境影响评价法》于 2002 年 10 月 28 日通过。这些法律法规的实施，直接有效地从源头上控制了污染物的排放，减轻了陆源污染物对海洋的压力。

4. 完善阶段

为了充分履行法律赋予海洋行政主管部门“监督陆源排污”的行政职责，2003 年国家海洋局组织开展了沿海主要陆源入海排污口调查和重点排污口及其邻近海域环境监测工作，基本查清了全国主要陆源入海排污口的数量和分布情况，掌握了重点排污口的排污状况及其邻近海域环境质量状况、陆源污染物排放对周边重要海洋功能区的影响，为 2004 年全面加强对陆源入海排污的监督管理工作奠定了基础。

2006 年在北京召开的“保护海洋环境免受陆源污染全球行动计划”第二次政府间审查会上，国家环保总局发布了《中国保护海洋环境免受陆源污染国家报告》，这一报告将成为今后我国编制国家行动计划的基础技术文件。其基本思路、制定原则、行动分期和行动目标为我国今后的防治陆源污染物污染海洋环境制度的进一步完善奠定基础。报告显示，2005 年全国远海海域水质和大部分近岸海域水质良好，局部近岸海域污染严重；近岸海域海水水质均有不同程度的好转，黄海和南海水质总体较好，渤海水质一般，东海水质最差；全国沿海各省、自治区、直辖市中，海南、广西、山东和广东省（自治区）近岸海域海水水质较好，上海、浙江近岸海域海水水质较差。报告还指出，我国海洋保护工作主要面临四个问题：一是城市污水处理效率不高，基础处理设施建设滞后；二是工业污染防治工作有待进一步加强；三是面源污染对海洋环境的影响日益增大；四是环境监管工作面临挑战。

我国是“保护海洋环境免受陆源污染全球行动计划”的参加国之一，又是西北太平洋行动计划、南中国海与泰国湾项目及黄海大海洋生态系统项目等区域性计划的成员国。《中华人民共和国海洋环境保护法》《中华人民共和国防治陆源污染物污染损害海洋环境管理条例》《江河入海污染物总量及河口区环境质量监测技术规程》《陆源入海排污口及邻近海域监测技术规程》等相关法律法规对我国陆源污染防治进行了规范。

二、排放限制

1. 生产水

生产水的排放质量浓度限值见表 6-8。生产水的生物毒性容许值应符合《海洋石油勘探开发污染物生物毒性第 1 部分：分级》（GB 18420.1—2009）中的相关要求。

表 6-8　生产水排放质量浓度限值

项　目	等　级	质量浓度限值/（$mg \cdot L^{-1}$）			
石油类	一　级	一次容许值	≤30	月平均值	≤20
	二　级		≤45		≤30
	三　级		≤65		≤45

月平均排放质量浓度按下式计算：

$$MC = \frac{\sum_{i=1}^{n} DC_i \times M_i}{\sum_{i=1}^{n} M_i} \tag{6-2}$$

式中：MC——月平均排放质量浓度，mg/L；

DC_i——该月第 i 天的平均排放质量浓度，mg/L；

M_i——该月第 i 天的生产水排放总量，L；

n——该月的生产水总排放天数。

2. 钻井液和钻屑

非水基钻井液（油基钻井液和合成基钻井液）不得排放入海。在渤海海域不得排放非水基钻井液钻屑，不得排放钻井油层的水基钻井液和钻井油层的水基钻井液钻屑。对于其他海域，当回收水基钻井液、水基钻井液钻屑和非水基钻井液钻屑确有困难时，经所在海区主管部门批准后，可向海域排放。所排放的水基钻井液、水基钻井液钻屑和非水基钻井液钻屑应达到表 6-9 中的相关要求。

表 6-9　钻井液和钻屑排放限值

排放污染物类型	污染参数	等　级	排放要求/限值
水基钻井液和水基钻井液钻屑	含油量	一　级	除渤海不得排放钻井油层钻屑和钻井油层钻井液外，其他一级海区要求含油量≤1%
		二　级	≤3%
		三　级	≤8%
	Hg（重晶石中最大值）	一级、二级和三级	≤1 mg/kg
	Cd（重晶石中最大值）	一级、二级和三级	≤3 mg/kg
非水基钻井液钻屑	含油量	一　级	除渤海禁止排放钻井油层钻屑外，其他一级海区要求含油量≤1%
		二　级	≤3%
		三　级	≤8%

续表 6-9

排放污染物类型	污染参数	等 级	排放要求/限值
非水基钻井液钻屑	Hg（重晶石中最大值）	一级、二级和三级	≤1 mg/kg
	Cd（重晶石中最大值）	一级、二级和三级	≤3 mg/kg

3. 含油污水

海上钻井设施的机舱、机房和甲板含油污水，在渤海禁止排放，全部实施铅封。对于其他海域，要求其排放质量浓度低于 15 mg/L。

4. 生活污水

固定式和移动式平台及其他海上钻井设施排放的生活污水应符合表 6-10 的规定要求。生活污水中 COD 的质量浓度应符合《污水海洋处置工程污染控制标准》(GB 18486—2001)的相关要求。

表 6-10 生活污水的排放要求/排放质量浓度限值

项 目	等 级		
	一 级	二 级	三 级
COD	≤300 mg/L		≤500 mg/L
粪 便	经消毒和粉碎等处理		—

5. 固体垃圾

固定式和移动式平台及其他海上钻井设施排放的固体垃圾应符合表 6-11 的相关规定要求。

表 6-11 固体垃圾的排放要求

项 目		距最近陆地		
		一 级	二 级	三 级
生产垃圾		禁止排放或弃置入海		
生活垃圾	食品废弃物	禁止排放或弃置入海	颗粒直径小于 25 mm	
	其他垃圾	禁止排放或弃置入海		

思考题与习题

6-1 海洋采油污水与陆地污水的处理工艺上有什么不同？具体原因是什么？

6-2 海洋采油污水的物理处理方法有哪些？

6-3 钻屑的回注过程是什么？

6-4 如何有效合理地配合使用围油栏、油回收器和吸油材料？

6-5 生物治理溢油有哪些方法？

6-6 藻类修复养殖污水的机理是什么？

6-7 赤潮的治理有哪些方法？

附　录

海洋环境保护相关法规及标准

附录1　中华人民共和国海洋环境保护法

附录2　中华人民共和国海洋石油勘探开发环境保护管理条例

附录3　防治船舶污染海洋环境管理条例

附录4　中华人民共和国海洋倾废管理条例

附录5　防治海洋工程建设项目污染损害海洋环境管理条例

附录6　海洋石油开发工业含油污水排放标准

附录7　海洋石油勘探开发污染物生物毒性第1部分:分级

附录8　海水水质标准

附录1　中华人民共和国海洋环境保护法

第一章　总　则

第一条　为了保护和改善海洋环境，保护海洋资源，防治污染损害，维护生态平衡，保障人体健康，促进经济和社会的可持续发展，制定本法。

第二条　本法适用于中华人民共和国内水、领海、毗连区、专属经济区、大陆架以及中华人民共和国管辖的其他海域。

在中华人民共和国管辖海域内从事航行、勘探、开发、生产、旅游、科学研究及其他活动，或者在沿海陆域内从事影响海洋环境活动的任何单位和个人，都必须遵守本法。

在中华人民共和国管辖海域以外，造成中华人民共和国管辖海域污染的，也适用本法。

第三条　国家建立并实施重点海域排污总量控制制度，确定主要污染物排海总量控制指标，并对主要污染源分配排放控制数量。具体办法由国务院制定。

第四条　一切单位和个人都有保护海洋环境的义务，并有权对污染损害海洋环境的单位和个人，以及海洋环境监督管理人员的违法失职行为进行监督和检举。

第五条　国务院环境保护行政主管部门作为对全国环境保护工作统一监督管理的部门，对全国海洋环境保护工作实施指导、协调和监督，并负责全国防治陆源污染物和海岸工程建设项目对海洋污染损害的环境保护工作。

国家海洋行政主管部门负责海洋环境的监督管理，组织海洋环境的调查、监测、监视、评价和科学研究，负责全国防治海洋工程建设项目和海洋倾倒废弃物对海洋污染损害的环境保护工作。

国家海事行政主管部门负责所辖港区水域内非军事船舶和港区水域外非渔业、非军事船舶污染海洋环境的监督管理，并负责污染事故的调查处理；对在中华人民共和国管辖海域航行、停泊和作业的外国籍船舶造成的污染事故登轮检查处理。船舶污染事故给渔业造成损害的，应当吸收渔业行政主管部门参与调查处理。

国家渔业行政主管部门负责渔港水域内非军事船舶和渔港水域外渔业船舶污染海洋环境的监督管理，负责保护渔业水域生态环境工作，并调查处理前款规定的污染事故以外的渔业污染事故。

军队环境保护部门负责军事船舶污染海洋环境的监督管理及污染事故的调查处理。

沿海县级以上地方人民政府行使海洋环境监督管理权的部门的职责，由省、自治区、直辖市人民政府根据本法及国务院有关规定确定。

第二章 海洋环境监督管理

第六条　国家海洋行政主管部门会同国务院有关部门和沿海省、自治区、直辖市人民政府拟定全国海洋功能区划，报国务院批准。

沿海地方各级人民政府应当根据全国和地方海洋功能区划，科学合理地使用海域。

第七条　国家根据海洋功能区划制定全国海洋环境保护规划和重点海域区域性海洋环境保护规划。

毗邻重点海域的有关沿海省、自治区、直辖市人民政府及行使海洋环境监督管理权的部门，可以建立海洋环境保护区域合作组织，负责实施重点海域区域性海洋环境保护规划、海洋环境污染的防治和海洋生态保护工作。

第八条　跨区域的海洋环境保护工作，由有关沿海地方人民政府协商解决，或者由上级人民政府协调解决。

跨部门的重大海洋环境保护工作，由国务院环境保护行政主管部门协调；协调未能解决的，由国务院作出决定。

第九条　国家根据海洋环境质量状况和国家经济、技术条件，制定国家海洋环境质量标准。

沿海省、自治区、直辖市人民政府对国家海洋环境质量标准中未作规定的项目，可以制定地方海洋环境质量标准。

沿海地方各级人民政府根据国家和地方海洋环境质量标准的规定和本行政区近岸海域环境质量状况，确定海洋环境保护的目标和任务，并纳入人民政府工作计划，按相应的海洋环境质量标准实施管理。

第十条　国家和地方水污染物排放标准的制定，应当将国家和地方海洋环境质量标准作为重要依据之一。在国家建立并实施排污总量控制制度的重点海域，水污染物排放标准的制定，还应当将主要污染物排海总量控制指标作为重要依据。

第十一条　直接向海洋排放污染物的单位和个人，必须按照国家规定缴纳排污费。

向海洋倾倒废弃物，必须按照国家规定缴纳倾倒费。

根据本法规定征收的排污费、倾倒费，必须用于海洋环境污染的整治，不得挪作他用。具体办法由国务院规定。

第十二条　对超过污染物排放标准的，或者在规定的期限内未完成污染物排放削减任务的，或者造成海洋环境严重污染损害的，应当限期治理。

限期治理按照国务院规定的权限决定。

第十三条　国家加强防治海洋环境污染损害的科学技术的研究和开发，对严重污染海洋环境的落后生产工艺和落后设备，实行淘汰制度。

企业应当优先使用清洁能源，采用资源利用率高、污染物排放量少的清洁生产工艺，防止对海洋环境的污染。

第十四条　国家海洋行政主管部门按照国家环境监测、监视规范和标准，管理全国海洋环境的调查、监测、监视，制定具体的实施办法，会同有关部门组织全国海洋环境监测、监视网络，定期评价海洋环境质量，发布海洋巡航监视通报。

依照本法规定行使海洋环境监督管理权的部门分别负责各自所辖水域的监测、监视。

其他有关部门根据全国海洋环境监测网的分工，分别负责对入海河口、主要排污口的监测。

第十五条　国务院有关部门应当向国务院环境保护行政主管部门提供编制全国环境质量公报所必需的海洋环境监测资料。

环境保护行政主管部门应当向有关部门提供与海洋环境监督管理有关的资料。

第十六条　国家海洋行政主管部门按照国家制定的环境监测、监视信息管理制度，负责管理海洋综合信息系统，为海洋环境保护监督管理提供服务。

第十七条　因发生事故或者其他突发性事件，造成或者可能造成海洋环境污染事故的单位和个人，必须立即采取有效措施，及时向可能受到危害者通报，并向依照本法规定行使海洋环境监督管理权的部门报告，接受调查处理。

沿海县级以上地方人民政府在本行政区域近岸海域的环境受到严重污染时，必须采取有效措施，解除或者减轻危害。

第十八条　国家根据防止海洋环境污染的需要，制定国家重大海上污染事故应急计划。

国家海洋行政主管部门负责制定全国海洋石油勘探开发重大海上溢油应急计划，报国务院环境保护行政主管部门备案。

国家海事行政主管部门负责制定全国船舶重大海上溢油污染事故应急计划，报国务院环境保护行政主管部门备案。

沿海可能发生重大海洋环境污染事故的单位，应当依照国家的规定，制定污染事故应急计划，并向当地环境保护行政主管部门、海洋行政主管部门备案。

沿海县级以上地方人民政府及其有关部门在发生重大海上污染事故时，必须按照应急计划解除或者减轻危害。

第十九条　依照本法规定行使海洋环境监督管理权的部门可以在海上实行联合执法，在巡航监视中发现海上污染事故或者违反本法规定的行为时，应当予以制止并调查取证，必要时有权采取有效措施，防止污染事态的扩大，并报告有关主管部门处理。

依照本法规定行使海洋环境监督管理权的部门，有权对管辖范围内排放污染物的单位和个人进行现场检查。被检查者应当如实反映情况，提供必要的资料。

检查机关应当为被检查者保守技术秘密和业务秘密。

第三章　海洋生态保护

第二十条　国务院和沿海地方各级人民政府应当采取有效措施，保护红树林、珊瑚礁、滨海湿地、海岛、海湾、入海河口、重要渔业水域等具有典型性、代表性的海洋生态系统，珍稀、濒危海洋生物的天然集中分布区，具有重要经济价值的海洋生物生存区域及有重大科学文化价值的海洋自然历史遗迹和自然景观。

对具有重要经济、社会价值的已遭到破坏的海洋生态，应当进行整治和恢复。

第二十一条 国务院有关部门和沿海省级人民政府应当根据保护海洋生态的需要，选划、建立海洋自然保护区。

国家级海洋自然保护区的建立，须经国务院批准。

第二十二条 凡具有下列条件之一的，应当建立海洋自然保护区：

（一）典型的海洋自然地理区域、有代表性的自然生态区域，以及遭受破坏但经保护能恢复的海洋自然生态区域；

（二）海洋生物物种高度丰富的区域，或者珍稀、濒危海洋生物物种的天然集中分布区域；

（三）具有特殊保护价值的海域、海岸、岛屿、滨海湿地、入海河口和海湾等；

（四）具有重大科学文化价值的海洋自然遗迹所在区域；

（五）其他需要予以特殊保护的区域。

第二十三条 凡具有特殊地理条件、生态系统、生物与非生物资源及海洋开发利用特殊需要的区域，可以建立海洋特别保护区，采取有效的保护措施和科学的开发方式进行特殊管理。

第二十四条 开发利用海洋资源，应当根据海洋功能区划合理布局，不得造成海洋生态环境破坏。

第二十五条 引进海洋动植物物种，应当进行科学论证，避免对海洋生态系统造成危害。

第二十六条 开发海岛及周围海域的资源，应当采取严格的生态保护措施，不得造成海岛地形、岸滩、植被以及海岛周围海域生态环境的破坏。

第二十七条 沿海地方各级人民政府应当结合当地自然环境的特点，建设海岸防护设施、沿海防护林、沿海城镇园林和绿地，对海岸侵蚀和海水入侵地区进行综合治理。

禁止毁坏海岸防护设施、沿海防护林、沿海城镇园林和绿地。

第二十八条 国家鼓励发展生态渔业建设，推广多种生态渔业生产方式，改善海洋生态状况。

新建、改建、扩建海水养殖场，应当进行环境影响评价。

海水养殖应当科学确定养殖密度，并应当合理投饵、施肥，正确使用药物，防止造成海洋环境的污染。

第四章 防治陆源污染物对海洋环境的污染损害

第二十九条 向海域排放陆源污染物，必须严格执行国家或者地方规定的标准和有关规定。

第三十条 入海排污口位置的选择，应当根据海洋功能区划、海水动力条件和有关规定，经科学论证后，报设区的市级以上人民政府环境保护行政主管部门审查批准。

环境保护行政主管部门在批准设置入海排污口之前，必须征求海洋、海事、渔业行政主管部门和军队环境保护部门的意见。

在海洋自然保护区、重要渔业水域、海滨风景名胜区和其他需要特别保护的区域，不得新建排污口。

在有条件的地区，应当将排污口深海设置，实行离岸排放。设置陆源污染物深海离岸排放排污口，应当根据海洋功能区划、海水动力条件和海底工程设施的有关情况确定，具体办法由国务院规定。

第三十一条 省、自治区、直辖市人民政府环境保护行政主管部门和水行政主管部门应当按照水污染防治有关法律的规定，加强入海河流管理，防治污染，使入海河口的水质处于良好状态。

第三十二条 排放陆源污染物的单位，必须向环境保护行政主管部门申报拥有的陆源污染物排放设施、处理设施和在正常作业条件下排放陆源污染物的种类、数量和浓度，并提供防治海洋环境污染方面的有关技术和资料。

排放陆源污染物的种类、数量和浓度有重大改变的，必须及时申报。

拆除或者闲置陆源污染物处理设施的，必须事先征得环境保护行政主管部门的同意。

第三十三条 禁止向海域排放油类、酸液、碱液、剧毒废液和高、中水平放射性废水。

严格限制向海域排放低水平放射性废水；确需排放的，必须严格执行国家辐射防护规定。

严格控制向海域排放含有不易降解的有机物和重金属的废水。

第三十四条 含病原体的医疗污水、生活污水和工业废水必须经过处理，符合国家有关排放标准后，方能排入海域。

第三十五条 含有机物和营养物质的工业废水、生活污水，应当严格控制向海湾、半封闭海及其他自净能力较差的海域排放。

第三十六条 向海域排放含热废水，必须采取有效措施，保证邻近渔业水域的水温符合国家海洋环境质量标准，避免热污染对水产资源的危害。

第三十七条 沿海农田、林场施用化学农药，必须执行国家农药安全使用的规定和标准。

沿海农田、林场应当合理使用化肥和植物生长调节剂。

第三十八条 在岸滩弃置、堆放和处理尾矿、矿渣、煤灰渣、垃圾和其他固体废物的，依照《中华人民共和国固体废物污染环境防治法》的有关规定执行。

第三十九条 禁止经中华人民共和国内水、领海转移危险废物。

经中华人民共和国管辖的其他海域转移危险废物的，必须事先取得国务院环境保护行政主管部门的书面同意。

第四十条 沿海城市人民政府应当建设和完善城市排水管网，有计划地建设城市污水处理厂或者其他污水集中处理设施，加强城市污水的综合整治。

建设污水海洋处置工程，必须符合国家有关规定。

第四十一条 国家采取必要措施，防止、减少和控制来自大气层或者通过大气层造成的海洋环境污染损害。

第五章　防治海岸工程建设项目对海洋环境的污染损害

第四十二条　新建、改建、扩建海岸工程建设项目，必须遵守国家有关建设项目环境保护管理的规定，并把防治污染所需资金纳入建设项目投资计划。

在依法划定的海洋自然保护区、海滨风景名胜区、重要渔业水域及其他需要特别保护的区域，不得从事污染环境、破坏景观的海岸工程项目建设或者其他活动。

第四十三条　海岸工程建设项目的单位，必须在建设项目可行性研究阶段，对海洋环境进行科学调查，根据自然条件和社会条件，合理选址，编报环境影响报告书。环境影响报告书报环境保护行政主管部门审查批准。

环境保护行政主管部门在批准环境影响报告书之前，必须征求海洋、海事、渔业行政主管部门和军队环境保护部门的意见。

第四十四条　海岸工程建设项目的环境保护设施，必须与主体工程同时设计、同时施工、同时投产使用。环境保护设施未经环境保护行政主管部门检查批准，建设项目不得试运行；环境保护设施未经环境保护行政主管部门验收，或者经验收不合格的，建设项目不得投入生产或者使用。

第四十五条　禁止在沿海陆域内新建不具备有效治理措施的化学制浆造纸、化工、印染、制革、电镀、酿造、炼油、岸边冲滩拆船以及其他严重污染海洋环境的工业生产项目。

第四十六条　兴建海岸工程建设项目，必须采取有效措施，保护国家和地方重点保护的野生动植物及其生存环境和海洋水产资源。

严格限制在海岸采挖砂石。露天开采海滨砂矿和从岸上打井开采海底矿产资源，必须采取有效措施，防止污染海洋环境。

第六章　防治海洋工程建设项目对海洋环境的污染损害

第四十七条　海洋工程建设项目必须符合海洋功能区划、海洋环境保护规划和国家有关环境保护标准，在可行性研究阶段，编报海洋环境影响报告书，由海洋行政主管部门核准，并报环境保护行政主管部门备案，接受环境保护行政主管部门监督。

海洋行政主管部门在核准海洋环境影响报告书之前，必须征求海事、渔业行政主管部门和军队环境保护部门的意见。

第四十八条　海洋工程建设项目的环境保护设施，必须与主体工程同时设计、同时施工、同时投产使用。环境保护设施未经海洋行政主管部门检查批准，建设项目不得试运行；环境保护设施未经海洋行政主管部门验收，或者经验收不合格的，建设项目不得投入生产或者使用。

拆除或者闲置环境保护设施，必须事先征得海洋行政主管部门的同意。

第四十九条　海洋工程建设项目，不得使用含超标准放射性物质或者易溶出有毒有害物质的材料。

第五十条　海洋工程建设项目需要爆破作业时，必须采取有效措施，保护海洋资源。

海洋石油勘探开发及输油过程中，必须采取有效措施，避免溢油事故的发生。

第五十一条　海洋石油钻井船、钻井平台和采油平台的含油污水和油性混合物，必须经过处理达标后排放；残油、废油必须予以回收，不得排放入海。经回收处理后排放的，其含油量不得超过国家规定的标准。

钻井所使用的油基泥浆和其他有毒复合泥浆不得排放入海。水基泥浆和无毒复合泥浆及钻屑的排放，必须符合国家有关规定。

第五十二条　海洋石油钻井船、钻井平台和采油平台及其有关海上设施，不得向海域处置含油的工业垃圾。处置其他工业垃圾，不得造成海洋环境污染。

第五十三条　海上试油时，应当确保油气充分燃烧，油和油性混合物不得排放入海。

第五十四条　勘探开发海洋石油，必须按有关规定编制溢油应急计划，报国家海洋行政主管部门的海区派出机构备案。

第七章　防治倾倒废弃物对海洋环境的污染损害

第五十五条　任何单位未经国家海洋行政主管部门批准，不得向中华人民共和国管辖海域倾倒任何废弃物。

需要倾倒废弃物的单位，必须向国家海洋行政主管部门提出书面申请，经国家海洋行政主管部门审查批准，发给许可证后，方可倾倒。

禁止中华人民共和国境外的废弃物在中华人民共和国管辖海域倾倒。

第五十六条　国家海洋行政主管部门根据废弃物的毒性、有毒物质含量和对海洋环境影响程度，制定海洋倾倒废弃物评价程序和标准。

向海洋倾倒废弃物，应当按照废弃物的类别和数量实行分级管理。

可以向海洋倾倒的废弃物名录，由国家海洋行政主管部门拟定，经国务院环境保护行政主管部门提出审核意见后，报国务院批准。

第五十七条　国家海洋行政主管部门按照科学、合理、经济、安全的原则选划海洋倾倒区，经国务院环境保护行政主管部门提出审核意见后，报国务院批准。

临时性海洋倾倒区由国家海洋行政主管部门批准，并报国务院环境保护行政主管部门备案。

国家海洋行政主管部门在选划海洋倾倒区和批准临时性海洋倾倒区之前，必须征求国家海事、渔业行政主管部门的意见。

第五十八条　国家海洋行政主管部门监督管理倾倒区的使用，组织倾倒区的环境监测。对经确认不宜继续使用的倾倒区，国家海洋行政主管部门应当予以封闭，终止在该倾倒区的一切倾倒活动，并报国务院备案。

第五十九条　获准倾倒废弃物的单位，必须按照许可证注明的期限及条件，到指定的区域进行倾倒。废弃物装载之后，批准部门应当予以核实。

第六十条　获准倾倒废弃物的单位，应当详细记录倾倒的情况，并在倾倒后向批准部门作出书面报告。倾倒废弃物的船舶必须向驶出港的海事行政主管部门作出书面报告。

第六十一条　禁止在海上焚烧废弃物。

禁止在海上处置放射性废弃物或者其他放射性物质。废弃物中的放射性物质的豁免浓度由国务院制定。

第八章　防治船舶及有关作业活动对海洋环境的污染损害

第六十二条　在中华人民共和国管辖海域，任何船舶及相关作业不得违反本法规定向海洋排放污染物、废弃物和压载水、船舶垃圾及其他有害物质。

从事船舶污染物、废弃物、船舶垃圾接收、船舶清舱、洗舱作业活动的，必须具备相应的接收处理能力。

第六十三条　船舶必须按照有关规定持有防止海洋环境污染的证书与文书，在进行涉及污染物排放及操作时，应当如实记录。

第六十四条　船舶必须配置相应的防污设备和器材。

载运具有污染危害性货物的船舶，其结构与设备应当能够防止或者减轻所载货物对海洋环境的污染。

第六十五条　船舶应当遵守海上交通安全法律、法规的规定，防止因碰撞、触礁、搁浅、火灾或者爆炸等引起的海难事故，造成海洋环境的污染。

第六十六条　国家完善并实施船舶油污损害民事赔偿责任制度；按照船舶油污损害赔偿责任由船东和货主共同承担风险的原则，建立船舶油污保险、油污损害赔偿基金制度。

实施船舶油污保险、油污损害赔偿基金制度的具体办法由国务院规定。

第六十七条　载运具有污染危害性货物进出港口的船舶，其承运人、货物所有人或者代理人，必须事先向海事行政主管部门申报。经批准后，方可进出港口、过境停留或者装卸作业。

第六十八条　交付船舶装运污染危害性货物的单证、包装、标志、数量限制等，必须符合对所装货物的有关规定。

需要船舶装运污染危害性不明的货物，应当按照有关规定事先进行评估。

装卸油类及有毒有害货物的作业，船岸双方必须遵守安全防污操作规程。

第六十九条　港口、码头、装卸站和船舶修造厂必须按照有关规定备有足够的用于处理船舶污染物、废弃物的接收设施，并使该设施处于良好状态。

装卸油类的港口、码头、装卸站和船舶必须编制溢油污染应急计划，并配备相应的溢油污染应急设备和器材。

第七十条　进行下列活动，应当事先按照有关规定报经有关部门批准或者核准：

（一）船舶在港区水域内使用焚烧炉；

（二）船舶在港区水域内进行洗舱、清舱、驱气、排放压载水、残油、含油污水接收、舷外拷铲及油漆等作业；

（三）船舶、码头、设施使用化学消油剂；

（四）船舶冲洗沾有污染物、有毒有害物质的甲板；

（五）船舶进行散装液体污染危害性货物的过驳作业；

（六）从事船舶水上拆解、打捞、修造和其他水上、水下船舶施工作业。

第七十一条　船舶发生海难事故，造成或者可能造成海洋环境重大污染损害的，国家海事行政主管部门有权强制采取避免或者减少污染损害的措施。

对在公海上因发生海难事故，造成中华人民共和国管辖海域重大污染损害后果或者具有污染威胁的船舶、海上设施，国家海事行政主管部门有权采取与实际的或者可能发生的损害相称的必要措施。

第七十二条　所有船舶均有监视海上污染的义务，在发现海上污染事故或者违反本法规定的行为时，必须立即向就近的依照本法规定行使海洋环境监督管理权的部门报告。

民用航空器发现海上排污或者污染事件，必须及时向就近的民用航空空中交通管制单位报告。接到报告的单位，应当立即向依照本法规定行使海洋环境监督管理权的部门通报。

第九章　法律责任

第七十三条　违反本法有关规定，有下列行为之一的，由依照本法规定行使海洋环境监督管理权的部门责令限期改正，并处以罚款：

（一）向海域排放本法禁止排放的污染物或者其他物质的；

（二）不按照本法规定向海洋排放污染物，或者超过标准排放污染物的；

（三）未取得海洋倾倒许可证，向海洋倾倒废弃物的；

（四）因发生事故或者其他突发性事件，造成海洋环境污染事故，不立即采取处理措施的。

有前款第（一）、（三）项行为之一的，处三万元以上二十万元以下的罚款；有前款第（二）、（四）项行为之一的，处二万元以上十万元以下的罚款。

第七十四条　违反本法有关规定，有下列行为之一的，由依照本法规定行使海洋环境监督管理权的部门予以警告，或者处以罚款：

（一）不按照规定申报，甚至拒报污染物排放有关事项，或者在申报时弄虚作假的；

（二）发生事故或者其他突发性事件不按照规定报告的；

（三）不按照规定记录倾倒情况，或者不按照规定提交倾倒报告的；

（四）拒报或者谎报船舶载运污染危害性货物申报事项的。

有前款第（一）、（三）项行为之一的，处二万元以下的罚款；有前款第（二）、（四）项行为之一的，处五万元以下的罚款。

第七十五条　违反本法第十九条第二款的规定，拒绝现场检查，或者在被检查时弄虚作假的，由依照本法规定行使海洋环境监督管理权的部门予以警告，并处二万元以下的罚款。

第七十六条　违反本法规定，造成珊瑚礁、红树林等海洋生态系统及海洋水产资源、海洋保护区破坏的，由依照本法规定行使海洋环境监督管理权的部门责令限期改正和采取补救措施，并处一万元以上十万元以下的罚款；有违法所得的，没收其违法所得。

第七十七条　违反本法第三十条第一款、第三款规定设置入海排污口的，由县级以上地方人民政府环境保护行政主管部门责令其关闭，并处二万元以上十万元以下的罚款。

第七十八条　违反本法第三十二条第三款的规定，擅自拆除、闲置环境保护设施的，由县级以上地方人民政府环境保护行政主管部门责令重新安装使用，并处一万元以上十万元以下的罚款。

第七十九条　违反本法第三十九条第二款的规定，经中华人民共和国管辖海域，转移危险废物的，由国家海事行政主管部门责令非法运输该危险废物的船舶退出中华人民共和国管辖海域，并处五万元以上五十万元以下的罚款。

第八十条　违反本法第四十三条第一款的规定，未持有经审核和批准的环境影响报告书，兴建海岸工程建设项目的，由县级以上地方人民政府环境保护行政主管部门责令其停止违法行为和采取补救措施，并处五万元以上二十万元以下的罚款；或者按照管理权限，由县级以上地方人民政府责令其限期拆除。

第八十一条　违反本法第四十四条的规定，海岸工程建设项目未建成环境保护设施，或者环境保护设施未达到规定要求即投入生产、使用的，由环境保护行政主管部门责令其停止生产或者使用，并处二万元以上十万元以下的罚款。

第八十二条　违反本法第四十五条的规定，新建严重污染海洋环境的工业生产建设项目的，按照管理权限，由县级以上人民政府责令关闭。

第八十三条　违反本法第四十七条第一款、第四十八条的规定，进行海洋工程建设项目，或者海洋工程建设项目未建成环境保护设施、环境保护设施未达到规定要求即投入生产、使用的，由海洋行政主管部门责令其停止施工或者生产、使用，并处五万元以上二十万元以下的罚款。

第八十四条　违反本法第四十九条的规定，使用含超标准放射性物质或者易溶出有毒有害物质材料的，由海洋行政主管部门处五万元以下的罚款，并责令其停止该建设项目的运行，直到消除污染危害。

第八十五条　违反本法规定进行海洋石油勘探开发活动，造成海洋环境污染的，由国家海洋行政主管部门予以警告，并处二万元以上二十万元以下的罚款。

第八十六条　违反本法规定，不按照许可证的规定倾倒，或者向已经封闭的倾倒区倾倒废弃物的，由海洋行政主管部门予以警告，并处三万元以上二十万元以下的罚款；对情节严重的，可以暂扣或者吊销许可证。

第八十七条　违反本法第五十五条第三款的规定，将中华人民共和国境外废弃物运进中华人民共和国管辖海域倾倒的，由国家海洋行政主管部门予以警告，并根据造成或者可能造成的危害后果，处十万元以上一百万元以下的罚款。

第八十八条　违反本法规定，有下列行为之一的，由依照本法规定行使海洋环境监督管理权的部门予以警告，或者处以罚款：

（一）港口、码头、装卸站及船舶未配备防污设施、器材的；

（二）船舶未持有防污证书、防污文书，或者不按照规定记载排污记录的；

（三）从事水上和港区水域拆船、旧船改装、打捞和其他水上、水下施工作业，造成海洋环境污染损害的；

（四）船舶载运的货物不具备防污适运条件的。

有前款第（一）、（四）项行为之一的，处二万元以上十万元以下的罚款；有前款第（二）项行为的，处二万元以下的罚款；有前款第（三）项行为的，处五万元以上二十万元以下的罚款。

第八十九条　违反本法规定，船舶、石油平台和装卸油类的港口、码头、装卸站不编制溢油应急计划的，由依照本法规定行使海洋环境监督管理权的部门予以警告，或者责令限期改正。

第九十条　造成海洋环境污染损害的责任者，应当排除危害，并赔偿损失；完全由于第三者的故意或者过失，造成海洋环境污染损害的，由第三者排除危害，并承担赔偿责任。

对破坏海洋生态、海洋水产资源、海洋保护区，给国家造成重大损失的，由依照本法规定行使海洋环境监督管理权的部门代表国家对责任者提出损害赔偿要求。

第九十一条　对违反本法规定，造成海洋环境污染事故的单位，由依照本法规定行使海洋环境监督管理权的部门根据所造成的危害和损失处以罚款；负有直接责任的主管人员和其他直接责任人员属于国家工作人员的，依法给予行政处分。

前款规定的罚款数额按照直接损失的百分之三十计算，但最高不得超过三十万元。

对造成重大海洋环境污染事故，致使公私财产遭受重大损失或者人身伤亡严重后果的，依法追究刑事责任。

第九十二条　完全属于下列情形之一，经过及时采取合理措施，仍然不能避免对海洋环境造成污染损害的，造成污染损害的有关责任者免予承担责任：

（一）战争；

（二）不可抗拒的自然灾害；

（三）负责灯塔或者其他助航设备的主管部门，在执行职责时的疏忽，或者其他过失行为。

第九十三条　对违反本法第十一条、第十二条有关缴纳排污费、倾倒费和限期治理规定的行政处罚，由国务院规定。

第九十四条　海洋环境监督管理人员滥用职权、玩忽职守、徇私舞弊，造成海洋环境污染损害的，依法给予行政处分；构成犯罪的，依法追究刑事责任。

第十章　附　则

第九十五条　本法中下列用语的含义是：

（一）海洋环境污染损害，是指直接或者间接地把物质或者能量引入海洋环境，产生损害海洋生物资源、危害人体健康、妨害渔业和海上其他合法活动、损害海水使用素质和减损环境质量等有害影响。

（二）内水，是指我国领海基线向内陆一侧的所有海域。

（三）滨海湿地，是指低潮时水深浅于六米的水域及其沿岸浸湿地带，包括水深不超过六米的永久性水域、潮间带（或洪泛地带）和沿海低地等。

（四）海洋功能区划，是指依据海洋自然属性和社会属性，以及自然资源和环境特定条件，界定海洋利用的主导功能和使用范畴。

（五）渔业水域，是指鱼虾类的产卵场、索饵场、越冬场、洄游通道和鱼虾贝藻类的养殖场。

（六）油类，是指任何类型的油及其炼制品。

（七）油性混合物，是指任何含有油分的混合物。

（八）排放，是指把污染物排入海洋的行为，包括泵出、溢出、泄出、喷出和倒出。

（九）陆地污染源（简称陆源），是指从陆地向海域排放污染物，造成或者可能造成海洋环境污染的场所、设施等。

（十）陆源污染物，是指由陆地污染源排放的污染物。

（十一）倾倒，是指通过船舶、航空器、平台或者其他载运工具，向海洋处置废弃物和其他有害物质的行为，包括弃置船舶、航空器、平台及其辅助设施和其他浮动工具的行为。

（十二）沿海陆域，是指与海岸相连，或者通过管道、沟渠、设施，直接或者间接向海洋排放污染物及其相关活动的一带区域。

（十三）海上焚烧，是指以热摧毁为目的，在海上焚烧设施上，故意焚烧废弃物或者其他物质的行为，但船舶、平台或者其他人工构造物正常操作中，所附带发生的行为除外。

第九十六条　涉及海洋环境监督管理的有关部门的具体职权划分，本法未作规定的，由国务院规定。

第九十七条　中华人民共和国缔结或者参加的与海洋环境保护有关的国际条约与本法有不同规定的，适用国际条约的规定；但是，中华人民共和国声明保留的条款除外。

第九十八条　本法自 2000 年 4 月 1 日起施行。

附录2　中华人民共和国海洋石油勘探开发环境保护管理条例

第一条　为实施《中华人民共和国海洋环境保护法》，防止海洋石油勘探开发对海洋环境的污染损害，特制定本条例。

第二条　本条例适用于在中华人民共和国管辖海域从事石油勘探开发的企业、事业单位、作业者和个人，以及他们所使用的固定式和移动式平台及其他有关设施。

第三条　海洋石油勘探开发环境保护管理主管部门是中华人民共和国国家海洋局及其派出机构，以下称“主管部门”。

第四条　企业或作业者在编制油（气）田总体开发方案的同时，必须编制海洋环境影响报告书，报中华人民共和国城乡建设环境保护部。城乡建设环境保护部会同国家海洋局和石油工业部，按照国家基本建设项目环境保护管理的规定组织审批。

第五条　海洋环境影响报告书应包括以下内容：

（一）油田名称、地理位置、规模；

（二）油田所处海域的自然环境和海洋资源状况；

（三）油田开发中需要排放的废弃物种类、成分、数量、处理方式；

（四）对海洋环境影响的评价；海洋石油开发对周围海域自然环境、海洋资源可能产生的影响；对海洋渔业、航运、其他海上活动可能产生的影响；为避免、减轻各种有害影响，拟采取的环境保护措施；

（五）最终不可避免的影响、影响程度及原因；

（六）防范重大油污染事故的措施：防范组织，人员配备，技术装备，通信联络等。

第六条　企业、事业单位、作业者应具备防治油污染事故的应急能力，制定应急计划，配备与其所从事的海洋石油勘探开发规模相适应的油收回设施和围油、消油器材。

配备化学消油剂，应将其牌号、成分报告主管部门核准。

第七条　固定式和移动式平台的防污设备的要求：

（一）应设置油水分离设备；

（二）采油平台应设置含油污水处理设备，该设备处理后的污水含油量应达到国家排放标准；

（三）应设置排油监控装置；

（四）应设置残油、废油回收设施；

（五）应设置垃圾粉碎设备；

（六）上述设备应经中华人民共和国船舶检验机关检验合格，并获得有效证书。

第八条　一九八三年三月一日以前，已经在中华人民共和国管辖海域从事石油勘探开发的固定式和移动式平台，防污设备达不到规定要求的，应采取有效措施，防止污染，并在本条例颁布后三年内使防污设备达到规定的要求。

第九条　企业、事业单位和作业者应具有有关污染损害民事责任保险或其他财务保证。

第十条　固定式和移动式平台应备有由主管部门批准格式的防污记录簿。

第十一条　固定式和移动式平台的含油污水，不得直接或稀释排放。经过处理后排放的污水，含油量必须符合国家有关含油污水排放标准。

第十二条　对其他废弃物的管理要求：

（一）残油、废油、油基泥浆、含油垃圾和其他有毒残液残渣，必须回收，不得排放或弃置入海；

（二）大量工业垃圾的弃置，按照海洋倾废的规定管理；零星工业垃圾，不得投弃于渔业水域和航道；

（三）生活垃圾，需要在距最近陆地十二海里以内投弃的，应经粉碎处理，粒径应小于二十五毫米。

第十三条　海洋石油勘探开发需要在重要渔业水域进行炸药爆破或其他对渔业资源有损害的作业时，应采取有效措施，避开主要经济鱼虾类的产卵、繁殖和捕捞季节，作业前报告主管部门，作业时并应有明显的标志、信号。

主管部门接到报告后，应及时将作业地点、时间等通告有关单位。

第十四条　海上储油设施、输油管线应符合防渗、防漏、防腐蚀的要求，并应经常检查，保持良好状态，防止发生漏油事故。

第十五条　海上试油应使油气通过燃烧器充分燃烧。对试油中落海的油类和油性混合物，应采取有效措施处理，并如实记录。

第十六条　企业、事业单位及作业者在作业中发生溢油、漏油等污染事故，应迅速采取围油、回收油的措施，控制、减轻和消除污染。

发生大量溢油、漏油和井喷等重大油污染事故，应立即报告主管部门，并采取有效措施，控制和消除油污染，接受主管部门的调查处理。

第十七条　化学消油剂要控制使用：

（一）在发生油污染事故时，应采取回收措施，对少量确实无法回收的油，准许使用少量的化学消油剂。

（二）一次性使用化学消油剂的数量（包括溶剂在内），应根据不同海域等情况，由主管部门另做具体规定。作业者应按规定向主管部门报告，经准许后方可使用。

（三）在海洋浮油可能发生火灾或者严重危及人命和财产安全，又无法使用回收方法处理，而使用化学消油剂可以减轻污染和避免扩大事故后果的紧急情况下，使用化学消油剂的数量和报告程序可不受本条（二）项规定限制。但事后，应将事故情况和使用化学消油剂情况详细报告主管部门。

（四）必须使用经主管部门核准的化学消油剂。

第十八条　作业者应将下列情况详细地、如实地记载于平台防污记录簿：

（一）防污设备、设施的运行情况；

（二）含油污水处理和排放情况；

（三）其他废弃物的处理、排放和投弃情况；

（四）发生溢油、漏油、井喷等油污染事故及处理情况；

（五）进行爆破作业情况；

（六）使用化学消油剂的情况；

（七）主管部门规定的其他事项。

第十九条　企业和作业者在每季度末后十五日内，应按主管部门批准的格式，向主管部门综合报告该季度防污染情况及污染事故的情况。

固定式平台和移动式平台的位置，应及时通知主管部门。

第二十条　主管部门的公务人员或指派的人员，有权登临固定式和移动式平台以及其他有关设施，进行监测和检查。包括：

（一）采集各类样品；

（二）检查各项防污设备、设施和器材的装备、运行或使用情况；

（三）检查有关的文书、证件；

（四）检查防污记录簿及有关的操作记录，必要时可进行复制和摘录，并要求平台负责人签证该复制和摘录件为正确无误的副本；

（五）向有关人员调查污染事故；

（六）其他有关的事项。

第二十一条　主管部门的公务船舶应有明显标志。公务人员或指派的人员执行公务时，必须穿着公务制服，携带证件。

被检查者应为上述公务船舶、公务人员和指派人员提供方便，并如实提供材料，陈述情况。

第二十二条　受到海洋石油勘探开发污染损害，要求赔偿的单位和个人，应按照《中华人民共和国环境保护法》第三十二条的规定及《中华人民共和国海洋环境保护法》第四十二条的规定，申请主管部门处理，要求造成污染损害的一方赔偿损失。受损害一方应提交污染损害索赔报告书，报告书应包括以下内容：

（一）受石油勘探开发污染损害的时间、地点、范围、对象；

（二）受污染损害的损失清单，包括品名、数量、单位、计算方法，以及养殖或自然等情况；

（三）有关科研部门鉴定或公证机关对损害情况的签证；

（四）尽可能提供受污染损害的原始单证，有关情况的照片，其他有关索赔的证明单据、材料。

第二十三条　因清除海洋石油勘探开发污染物，需要索取清除污染物费用的单位和个人（有商业合同者除外），在申请主管部门处理时，应向主管部门提交索取清除费用报告书。该报告书应包括以下内容：

（一）清除污染物的时间、地点、对象；

（二）投入的人力、机具、船只、清除材料的数量、单价、计算方法；

（三）组织清除的管理费、交通费及其他有关费用；

（四）清除效果及情况；

（五）其他有关的证据和证明材料。

第二十四条　由于不可抗力发生污染损害事故的企业、事业单位、作业者，要求免于承担赔偿责任的，应向主管部门提交报告。该报告应能证实污染损害确实属于《中华人民共和国海洋环境保护法》第四十三条所列的情况之一，并经过及时采取合理措施仍不能避免的。

第二十五条　主管部门受理的海洋石油勘探开发污染损害赔偿责任和赔偿金额纠纷，在调查了解的基础上，可以进行调解处理。

当事人不愿调解或对主管部门的调解处理不服的，可以按《中华人民共和国海洋环境保护法》第四十二条的规定办理。

第二十六条　主管部门对违反《中华人民共和国海洋环境保护法》和本条例的企业、事业单位、作业者，可以责令其限期治理，支付消除污染费用，赔偿国家损失；超过标准排放污染物的，可以责令其交纳排污费。

第二十七条　主管部门对违反《中华人民共和国海洋环境保护法》和本条例的企业、事业单位、作业者和个人，可视其情节轻重，予以警告或罚款处分。

罚款分为以下几种：

（一）对造成海洋环境污染的企业、事业单位、作业者的罚款，最高额为人民币十万元。

（二）对企业、事业单位、作业者的下列违法行为，罚款最高额为人民币五千元：

1. 不按规定向主管部门报告重大油污染事故；

2. 不按规定使用化学消油剂。

（三）对企业、事业单位、作业者的下列违法行为，罚款最高额为人民币一千元：

1. 不按规定配备防污记录簿；

2. 防污记录簿的记载非正规化或者伪造；

3. 不按规定报告或通知有关情况；

4. 阻挠公务人员或指派人员执行公务。

（四）对有直接责任的个人，可根据情节轻重，酌情处以罚款。

第二十八条　当事人对主管部门的处罚决定不服的，按《中华人民共和国海洋环境保护法》第四十一条的规定处理。

第二十九条　主管部门对主动检举、揭发企业、事业单位、作业者匿报石油勘探开发污染损害事故，或者提供证据，或者采取措施减轻污染损害的单位和个人，给予表扬和奖励。

第三十条　本条例中下列用语的含义是：

（一）“固定式和移动式平台”，即《中华人民共和国海洋环境保护法》中所称的钻井船、钻井平台和采油平台，并包括其他平台。

（二）“海洋石油勘探开发”，是指海洋石油勘探、开发、生产储存和管线输送等作业活动。

（三）“作业者”，是指实施海洋石油勘探开发作业的实体。

第三十一条　本条例自发布之日起施行。

附录3 防治船舶污染海洋环境管理条例

第一章 总 则

第一条 为了防治船舶及其有关作业活动污染海洋环境，根据《中华人民共和国海洋环境保护法》，制定本条例。

第二条 防治船舶及其有关作业活动污染中华人民共和国管辖海域适用本条例。

第三条 防治船舶及其有关作业活动污染海洋环境，实行预防为主、防治结合的原则。

第四条 国务院交通运输主管部门主管所辖港区水域内非军事船舶和港区水域外非渔业、非军事船舶污染海洋环境的防治工作。

海事管理机构依照本条例规定具体负责防治船舶及其有关作业活动污染海洋环境的监督管理。

第五条 国务院交通运输主管部门应当根据防治船舶及其有关作业活动污染海洋环境的需要，组织编制防治船舶及其有关作业活动污染海洋环境应急能力建设规划，报国务院批准后公布实施。

沿海设区的市级以上地方人民政府应当按照国务院批准的防治船舶及其有关作业活动污染海洋环境应急能力建设规划，并根据本地区的实际情况，组织编制相应的防治船舶及其有关作业活动污染海洋环境应急能力建设规划。

第六条 国务院交通运输主管部门、沿海设区的市级以上地方人民政府应当建立健全防治船舶及其有关作业活动污染海洋环境应急反应机制，并制定防治船舶及其有关作业活动污染海洋环境应急预案。

第七条 海事管理机构应当根据防治船舶及其有关作业活动污染海洋环境的需要，会同海洋主管部门建立健全船舶及其有关作业活动污染海洋环境的监测、监视机制，加强对船舶及其有关作业活动污染海洋环境的监测、监视。

第八条 国务院交通运输主管部门、沿海设区的市级以上地方人民政府应当按照防治船舶及其有关作业活动污染海洋环境应急能力建设规划，建立专业应急队伍和应急设备库，配备专用的设施、设备和器材。

第九条 任何单位和个人发现船舶及其有关作业活动造成或者可能造成海洋环境污染的，应当立即就近向海事管理机构报告。

第二章 防治船舶及其有关作业活动污染海洋环境的一般规定

第十条 船舶的结构、设备、器材应当符合国家有关防治船舶污染海洋环境的技术规范以及中华人民共和国缔结或者参加的国际条约的要求。

船舶应当依照法律、行政法规、国务院交通运输主管部门的规定以及中华人民共和国缔结或者参加的国际条约的要求，取得并随船携带相应的防治船舶污染海洋环境的证书、文书。

第十一条　中国籍船舶的所有人、经营人或者管理人应当按照国务院交通运输主管部门的规定，建立健全安全营运和防治船舶污染管理体系。

海事管理机构应当对安全营运和防治船舶污染管理体系进行审核，审核合格的，发给符合证明和相应的船舶安全管理证书。

第十二条　港口、码头、装卸站以及从事船舶修造的单位应当配备与其装卸货物种类和吞吐能力或者修造船舶能力相适应的污染监视设施和污染物接收设施，并使其处于良好状态。

第十三条　港口、码头、装卸站以及从事船舶修造、打捞、拆解等作业活动的单位应当制定有关安全营运和防治污染的管理制度，按照国家有关防治船舶及其有关作业活动污染海洋环境的规范和标准，配备相应的防治污染设备和器材。

港口、码头、装卸站以及从事船舶修造、打捞、拆解等作业活动的单位，应当定期检查、维护配备的防治污染设备和器材，确保防治污染设备和器材符合防治船舶及其有关作业活动污染海洋环境的要求。

第十四条　船舶所有人、经营人或者管理人应当制定防治船舶及其有关作业活动污染海洋环境的应急预案，并报海事管理机构批准。

港口、码头、装卸站的经营人以及有关作业单位应当制定防治船舶及其有关作业活动污染海洋环境的应急预案，并报海事管理机构和环境保护主管部门备案。

船舶、港口、码头、装卸站以及其他有关作业单位应当按照应急预案，定期组织演练，并做好相应记录。

第三章　船舶污染物的排放和接收

第十五条　船舶在中华人民共和国管辖海域向海洋排放的船舶垃圾、生活污水、含油污水、含有毒有害物质污水、废气等污染物以及压载水，应当符合法律、行政法规、中华人民共和国缔结或者参加的国际条约以及相关标准的要求。

船舶应当将不符合前款规定的排放要求的污染物排入港口接收设施或者由船舶污染物接收单位接收。

船舶不得向依法划定的海洋自然保护区、海滨风景名胜区、重要渔业水域以及其他需要特别保护的海域排放船舶污染物。

第十六条　船舶处置污染物，应当在相应的记录簿内如实记录。

船舶应当将使用完毕的船舶垃圾记录簿在船舶上保留 2 年；将使用完毕的含油污水、含有毒有害物质污水记录簿在船舶上保留 3 年。

第十七条　船舶污染物接收单位从事船舶垃圾、残油、含油污水、含有毒有害物质污水接收作业，应当依法经海事管理机构批准。

第十八条　船舶污染物接收单位接收船舶污染物，应当向船舶出具污染物接收单证，并由船长签字确认。

船舶凭污染物接收单证向海事管理机构办理污染物接收证明，并将污染物接收证明保存在相应的记录簿中。

第十九条　船舶污染物接收单位应当按照国家有关污染物处理的规定处理接收的船舶污染物，并每月将船舶污染物的接收和处理情况报海事管理机构备案。

第四章　船舶有关作业活动的污染防治

第二十条　从事船舶清舱、洗舱、油料供受、装卸、过驳、修造、打捞、拆解，污染危害性货物装箱、充罐，污染清除作业以及利用船舶进行水上水下施工等作业活动的，应当遵守相关操作规程，并采取必要的安全和防治污染的措施。

从事前款规定的作业活动的人员，应当具备相关安全和防治污染的专业知识和技能。

第二十一条　船舶不符合污染危害性货物适载要求的，不得载运污染危害性货物，码头、装卸站不得为其进行装载作业。

污染危害性货物的名录由国家海事管理机构公布。

第二十二条　载运污染危害性货物进出港口的船舶，其承运人、货物所有人或者代理人，应当向海事管理机构提出申请，经批准方可进出港口、过境停留或者进行装卸作业。

第二十三条　载运污染危害性货物的船舶，应当在海事管理机构公布的具有相应安全装卸和污染物处理能力的码头、装卸站进行装卸作业。

第二十四条　货物所有人或者代理人交付船舶载运污染危害性货物，应当确保货物的包装与标志等符合有关安全和防治污染的规定，并在运输单证上准确注明货物的技术名称、编号、类别（性质）、数量、注意事项和应急措施等内容。

货物所有人或者代理人交付船舶载运污染危害性不明的货物，应当委托有关技术机构进行危害性评估，明确货物的危害性质以及有关安全和防治污染要求，方可交付船舶载运。

第二十五条　海事管理机构认为交付船舶载运的污染危害性货物应当申报而未申报，或者申报的内容不符合实际情况的，可以按照国务院交通运输主管部门的规定采取开箱等方式查验。

海事管理机构查验污染危害性货物，货物所有人或者代理人应当到场，并负责搬移货物，开拆和重封货物的包装。海事管理机构认为必要的，可以径行查验、复验或者提取货样，有关单位和个人应当配合。

第二十六条　进行散装液体污染危害性货物过驳作业的船舶，其承运人、货物所有人或者代理人应当向海事管理机构提出申请，告知作业地点，并附送过驳作业方案、作业程序、防治污染措施等材料。

海事管理机构应当自受理申请之日起2个工作日内作出许可或者不予许可的决

定。2个工作日内无法作出决定的，经海事管理机构负责人批准，可以延长5个工作日。

第二十七条　依法获得船舶油料供受作业资质的单位，应当向海事管理机构备案。海事管理机构应当对船舶油料供受作业进行监督检查，发现不符合安全和防治污染要求的，应当予以制止。

第二十八条　船舶燃油供给单位应当如实填写燃油供受单证，并向船舶提供船舶燃油供受单证和燃油样品。

船舶和船舶燃油供给单位应当将燃油供受单证保存3年，并将燃油样品妥善保存1年。

第二十九条　船舶修造、水上拆解的地点应当符合环境功能区划和海洋功能区划。

第三十条　从事船舶拆解的单位在船舶拆解作业前，应当对船舶上的残余物和废弃物进行处置，将油舱（柜）中的存油驳出，进行船舶清舱、洗舱、测爆等工作，并经海事管理机构检查合格，方可进行船舶拆解作业。

从事船舶拆解的单位应当及时清理船舶拆解现场，并按照国家有关规定处理船舶拆解产生的污染物。

禁止采取冲滩方式进行船舶拆解作业。

第三十一条　禁止船舶经过中华人民共和国内水、领海转移危险废物。

经过中华人民共和国管辖的其他海域转移危险废物的，应当事先取得国务院环境保护主管部门的书面同意，并按照海事管理机构指定的航线航行，定时报告船舶所处的位置。

第三十二条　使用船舶向海洋倾倒废弃物的，应当向驶出港所在地的海事管理机构提交海洋主管部门的批准文件，经核实方可办理船舶出港签证。

船舶向海洋倾倒废弃物，应当如实记录倾倒情况。返港后，应当向驶出港所在地的海事管理机构提交书面报告。

第三十三条　载运散装液体污染危害性货物的船舶和1万总吨以上的其他船舶，其经营人应当在作业前或者进出港口前与取得污染清除作业资质的单位签订污染清除作业协议，明确双方在发生船舶污染事故后污染清除的权利和义务。

与船舶经营人签订污染清除作业协议的污染清除作业单位应当在发生船舶污染事故后，按照污染清除作业协议及时进行污染清除作业。

第三十四条　申请取得污染清除作业资质的单位应当向海事管理机构提出书面申请，并提交其符合下列条件的材料：

（一）配备的污染清除设施、设备、器材和作业人员符合国务院交通运输主管部门的规定；

（二）制定的污染清除作业方案符合防治船舶及其有关作业活动污染海洋环境的要求；

（三）污染物处理方案符合国家有关防治污染的规定。

海事管理机构应当自受理申请之日起30个工作日内完成审查，并对符合条件的单位颁发资质证书；对不符合条件的，书面通知申请单位并说明理由。

第五章　船舶污染事故应急处置

第三十五条　本条例所称船舶污染事故，是指船舶及其有关作业活动发生油类、油性混合物和其他有毒有害物质泄漏造成的海洋环境污染事故。

第三十六条　船舶污染事故分为以下等级：

（一）特别重大船舶污染事故，是指船舶溢油 1 000 吨以上，或者造成直接经济损失 2 亿元以上的船舶污染事故；

（二）重大船舶污染事故，是指船舶溢油 500 吨以上不足 1 000 吨，或者造成直接经济损失 1 亿元以上不足 2 亿元的船舶污染事故；

（三）较大船舶污染事故，是指船舶溢油 100 吨以上不足 500 吨，或者造成直接经济损失 5 000 万元以上不足 1 亿元的船舶污染事故；

（四）一般船舶污染事故，是指船舶溢油不足 100 吨，或者造成直接经济损失不足 5 000 万元的船舶污染事故。

第三十七条　船舶在中华人民共和国管辖海域发生污染事故，或者在中华人民共和国管辖海域外发生污染事故造成或者可能造成中华人民共和国管辖海域污染的，应当立即启动相应的应急预案，采取措施控制和消除污染，并就近向有关海事管理机构报告。

发现船舶及其有关作业活动可能对海洋环境造成污染的，船舶、码头、装卸站应当立即采取相应的应急处置措施，并就近向有关海事管理机构报告。

接到报告的海事管理机构应当立即核实有关情况，并向上级海事管理机构或者国务院交通运输主管部门报告，同时报告有关沿海设区的市级以上地方人民政府。

第三十八条　船舶污染事故报告应当包括下列内容：

（一）船舶的名称、国籍、呼号或者编号；

（二）船舶所有人、经营人或者管理人的名称、地址；

（三）发生事故的时间、地点以及相关气象和水文情况；

（四）事故原因或者事故原因的初步判断；

（五）船舶上污染物的种类、数量、装载位置等概况；

（六）污染程度；

（七）已经采取或者准备采取的污染控制、清除措施和污染控制情况以及救助要求；

（八）国务院交通运输主管部门规定应当报告的其他事项。

作出船舶污染事故报告后出现新情况的，船舶、有关单位应当及时补报。

第三十九条　发生特别重大船舶污染事故，国务院或者国务院授权国务院交通运输主管部门成立事故应急指挥机构。

发生重大船舶污染事故，有关省、自治区、直辖市人民政府应当会同海事管理机构成立事故应急指挥机构。

发生较大船舶污染事故和一般船舶污染事故，有关设区的市级人民政府应当会同海事管理机构成立事故应急指挥机构。

有关部门、单位应当在事故应急指挥机构统一组织和指挥下，按照应急预案的分工，开展相应的应急处置工作。

第四十条　船舶发生事故有沉没危险，船员离船前，应当尽可能关闭所有货舱（柜）、油舱（柜）管系的阀门，堵塞货舱（柜）、油舱（柜）通气孔。

船舶沉没的，船舶所有人、经营人或者管理人应当及时向海事管理机构报告船舶燃油、污染危害性货物以及其他污染物的性质、数量、种类、装载位置等情况，并及时采取措施予以清除。

第四十一条　发生船舶污染事故或者船舶沉没，可能造成中华人民共和国管辖海域污染的，有关沿海设区的市级以上地方人民政府、海事管理机构根据应急处置的需要，可以征用有关单位或者个人的船舶和防治污染设施、设备、器材以及其他物资，有关单位和个人应当予以配合。

被征用的船舶和防治污染设施、设备、器材以及其他物资使用完毕或者应急处置工作结束，应当及时返还。船舶和防治污染设施、设备、器材以及其他物资被征用或者征用后毁损、灭失的，应当给予补偿。

第四十二条　发生船舶污染事故，海事管理机构可以采取清除、打捞、拖航、引航、过驳等必要措施，减轻污染损害。相关费用由造成海洋环境污染的船舶、有关作业单位承担。

需要承担前款规定费用的船舶，应当在开航前缴清相关费用或者提供相应的财务担保。

第四十三条　处置船舶污染事故使用的消油剂，应当符合国家有关标准。

海事管理机构应当及时将符合国家有关标准的消油剂名录向社会公布。

船舶、有关单位使用消油剂处置船舶污染事故的，应当依照《中华人民共和国海洋环境保护法》有关规定执行。

第六章　船舶污染事故调查处理

第四十四条　船舶污染事故的调查处理依照下列规定进行：

（一）特别重大船舶污染事故由国务院或者国务院授权国务院交通运输主管部门等部门组织事故调查处理；

（二）重大船舶污染事故由国家海事管理机构组织事故调查处理；

（三）较大船舶污染事故和一般船舶污染事故由事故发生地的海事管理机构组织事故调查处理。

船舶污染事故给渔业造成损害的，应当吸收渔业主管部门参与调查处理；给军事港口水域造成损害的，应当吸收军队有关主管部门参与调查处理。

第四十五条　发生船舶污染事故，组织事故调查处理的机关或者海事管理机构应当及时、客观、公正地开展事故调查，勘验事故现场，检查相关船舶，询问相关人员，收集证据，查明事故原因。

第四十六条　组织事故调查处理的机关或者海事管理机构根据事故调查处理的需要，可以暂扣相应的证书、文书、资料；必要时，可以禁止船舶驶离港口或者责令停航、改航、停止作业直至暂扣船舶。

第四十七条　组织事故调查处理的机关或者海事管理机构开展事故调查时，船舶污染事故的当事人和其他有关人员应当如实反映情况和提供资料，不得伪造、隐匿、毁灭证据或者以其他方式妨碍调查取证。

第四十八条　组织事故调查处理的机关或者海事管理机构应当自事故调查结束之日起 20 个工作日内制作事故认定书，并送达当事人。

事故认定书应当载明事故基本情况、事故原因和事故责任。

第七章　船舶污染事故损害赔偿

第四十九条　造成海洋环境污染损害的责任者，应当排除危害，并赔偿损失；完全由于第三者的故意或者过失，造成海洋环境污染损害的，由第三者排除危害，并承担赔偿责任。

第五十条　完全属于下列情形之一，经过及时采取合理措施，仍然不能避免对海洋环境造成污染损害的，免予承担责任：

（一）战争；

（二）不可抗拒的自然灾害；

（三）负责灯塔或者其他助航设备的主管部门，在执行职责时的疏忽，或者其他过失行为。

第五十一条　船舶污染事故的赔偿限额依照《中华人民共和国海商法》关于海事赔偿责任限制的规定执行。但是，船舶载运的散装持久性油类物质造成中华人民共和国管辖海域污染的，赔偿限额依照中华人民共和国缔结或者参加的有关国际条约的规定执行。

前款所称持久性油类物质，是指任何持久性烃类矿物油。

第五十二条　在中华人民共和国管辖海域内航行的船舶，其所有人应当按照国务院交通运输主管部门的规定，投保船舶油污损害民事责任保险或者取得相应的财务担保。但是，1 000 总吨以下载运非油类物质的船舶除外。

船舶所有人投保船舶油污损害民事责任保险或者取得的财务担保的额度应当不低于《中华人民共和国海商法》、中华人民共和国缔结或者参加的有关国际条约规定的油污赔偿限额。

第五十三条　已依照本条例第五十二条的规定投保船舶油污损害民事责任保险或者取得财务担保的中国籍船舶，其所有人应当持船舶国籍证书、船舶油污损害民事责任保险合同或者财务担保证明，向船籍港的海事管理机构申请办理船舶油污损害民事责任保险证书或者财务保证证书。

第五十四条　发生船舶油污事故，国家组织有关单位进行应急处置、清除污染所发生的必要费用，应当在船舶油污损害赔偿中优先受偿。

第五十五条 在中华人民共和国管辖水域接收海上运输的持久性油类物质货物的货物所有人或者代理人应当缴纳船舶油污损害赔偿基金。

船舶油污损害赔偿基金征收、使用和管理的具体办法由国务院财政部门会同国务院交通运输主管部门制定。

国家设立船舶油污损害赔偿基金管理委员会，负责处理船舶油污损害赔偿基金的赔偿等事务。船舶油污损害赔偿基金管理委员会由有关行政机关和缴纳船舶油污损害赔偿基金的主要货主组成。

第五十六条 对船舶污染事故损害赔偿的争议，当事人可以请求海事管理机构调解，也可以向仲裁机构申请仲裁或者向人民法院提起民事诉讼。

第八章 法律责任

第五十七条 船舶、有关作业单位违反本条例规定的，海事管理机构应当责令改正；拒不改正的，海事管理机构可以责令停止作业、强制卸载，禁止船舶进出港口、靠泊、过境停留，或者责令停航、改航、离境、驶向指定地点。

第五十八条 违反本条例的规定，船舶的结构不符合国家有关防治船舶污染海洋环境的技术规范或者有关国际条约要求的，由海事管理机构处10万元以上30万元以下的罚款。

第五十九条 违反本条例的规定，有下列情形之一的，由海事管理机构依照《中华人民共和国海洋环境保护法》有关规定予以处罚：

（一）船舶未取得并随船携带防治船舶污染海洋环境的证书、文书的；

（二）船舶、港口、码头、装卸站未配备防治污染设备、器材的；

（三）船舶向海域排放本条例禁止排放的污染物的；

（四）船舶未如实记录污染物处置情况的；

（五）船舶超过标准向海域排放污染物的；

（六）从事船舶水上拆解作业，造成海洋环境污染损害的。

第六十条 违反本条例的规定，船舶未按照规定在船舶上留存船舶污染物处置记录，或者船舶污染物处置记录与船舶运行过程中产生的污染物数量不符合的，由海事管理机构处2万元以上10万元以下的罚款。

第六十一条 违反本条例的规定，船舶污染物接收单位未经海事管理机构批准，擅自从事船舶垃圾、残油、含油污水、含有毒有害物质污水接收作业的，由海事管理机构处1万元以上5万元以下的罚款；造成海洋环境污染的，处5万元以上25万元以下的罚款。

第六十二条 违反本条例的规定，船舶未按照规定办理污染物接收证明，或者船舶污染物接收单位未按照规定将船舶污染物的接收和处理情况报海事管理机构备案的，由海事管理机构处2万元以下的罚款。

第六十三条 违反本条例的规定，有下列情形之一的，由海事管理机构处2 000元以上1万元以下的罚款：

（一）船舶未按照规定保存污染物接收证明的；

（二）船舶燃油供给单位未如实填写燃油供受单证的；

（三）船舶燃油供给单位未按照规定向船舶提供燃油供受单证和燃油样品的；

（四）船舶和船舶燃油供给单位未按照规定保存燃油供受单证和燃油样品的。

第六十四条　违反本条例的规定，有下列情形之一的，由海事管理机构处2万元以上10万元以下的罚款：

（一）载运污染危害性货物的船舶不符合污染危害性货物适载要求的；

（二）载运污染危害性货物的船舶未在具有相应安全装卸和污染物处理能力的码头、装卸站进行装卸作业的；

（三）货物所有人或者代理人未按照规定对污染危害性不明的货物进行危害性评估的。

第六十五条　违反本条例的规定，未经海事管理机构批准，船舶载运污染危害性货物进出港口、过境停留、进行装卸或者过驳作业的，由海事管理机构处1万元以上5万元以下的罚款。

第六十六条　违反本条例的规定，有下列情形之一的，由海事管理机构处2万元以上10万元以下的罚款：

（一）船舶发生事故沉没，船舶所有人或者经营人未及时向海事管理机构报告船舶燃油、污染危害性货物以及其他污染物的性质、数量、种类、装载位置等情况的；

（二）船舶发生事故沉没，船舶所有人或者经营人未及时采取措施清除船舶燃油、污染危害性货物以及其他污染物的。

第六十七条　违反本条例的规定，有下列情形之一的，由海事管理机构处1万元以上5万元以下的罚款：

（一）载运散装液体污染危害性货物的船舶和1万总吨以上的其他船舶，其经营人未按照规定签订污染清除作业协议的；

（二）未取得污染清除作业资质的单位擅自签订污染清除作业协议并从事污染清除作业的。

第六十八条　违反本条例的规定，发生船舶污染事故，船舶、有关作业单位未立即启动应急预案的，对船舶、有关作业单位，由海事管理机构处2万元以上10万元以下的罚款；对直接负责的主管人员和其他直接责任人员，由海事管理机构处1万元以上2万元以下的罚款。直接负责的主管人员和其他直接责任人员属于船员的，并处给予暂扣适任证书或者其他有关证件1个月至3个月的处罚。

第六十九条　违反本条例的规定，发生船舶污染事故，船舶、有关作业单位迟报、漏报事故的，对船舶、有关作业单位，由海事管理机构处5万元以上25万元以下的罚款；对直接负责的主管人员和其他直接责任人员，由海事管理机构处1万元以上5万元以下的罚款。直接负责的主管人员和其他直接责任人员属于船员的，并处给予暂扣适任证书或者其他有关证件3个月至6个月的处罚。瞒报、谎报事故的，对船舶、有关作业单位，由海事管理机构处25万元以上50万元以下的罚款；对直接负责的主管人员和其他直接责任人员，由海事管理机构处5万元以上10万元以下的罚款。直接负责的主管人员和其他直接责任人员属于船员的，并处给予吊销适任证书或者其他有关证件的处罚。

第七十条 违反本条例的规定，未经海事管理机构批准使用消油剂的，由海事管理机构对船舶或者使用单位处1万元以上5万元以下的罚款。

第七十一条 违反本条例的规定，船舶污染事故的当事人和其他有关人员，未如实向组织事故调查处理的机关或者海事管理机构反映情况和提供资料，伪造、隐匿、毁灭证据或者以其他方式妨碍调查取证的，由海事管理机构处1万元以上5万元以下的罚款。

第七十二条 违反本条例的规定，船舶所有人有下列情形之一的，由海事管理机构责令改正，可以处5万元以下的罚款；拒不改正的，处5万元以上25万元以下的罚款：

（一）在中华人民共和国管辖海域内航行的船舶，其所有人未按照规定投保船舶油污损害民事责任保险或者取得相应的财务担保的；

（二）船舶所有人投保船舶油污损害民事责任保险或者取得的财务担保的额度低于《中华人民共和国海商法》、中华人民共和国缔结或者参加的有关国际条约规定的油污赔偿限额的。

第七十三条 违反本条例的规定，在中华人民共和国管辖水域接收海上运输的持久性油类物质货物的货物所有人或者代理人，未按照规定缴纳船舶油污损害赔偿基金的，由海事管理机构责令改正；拒不改正的，可以停止其接收的持久性油类物质货物在中华人民共和国管辖水域进行装卸、过驳作业。

货物所有人或者代理人逾期未缴纳船舶油污损害赔偿基金的，应当自应缴之日起按日加缴未缴额的万分之五的滞纳金。

第九章 附 则

第七十四条 中华人民共和国缔结或者参加的国际条约对防治船舶及其有关作业活动污染海洋环境有规定的，适用国际条约的规定。但是，中华人民共和国声明保留的条款除外。

第七十五条 县级以上人民政府渔业主管部门负责渔港水域内非军事船舶和渔港水域外渔业船舶污染海洋环境的监督管理，负责保护渔业水域生态环境工作，负责调查处理《中华人民共和国海洋环境保护法》第五条第四款规定的渔业污染事故。

第七十六条 军队环境保护部门负责军事船舶污染海洋环境的监督管理及污染事故的调查处理。

第七十七条 本条例自2010年3月1日起施行。1983年12月29日国务院发布的《中华人民共和国防止船舶污染海域管理条例》同时废止。

附录4　中华人民共和国海洋倾废管理条例

第一条　为实施《中华人民共和国海洋环境保护法》，严格控制向海洋倾倒废弃物，防止对海洋环境的污染损害，保持生态平衡，保护海洋资源，促进海洋事业的发展，特制定本条例。

第二条　本条例中的“倾倒”，是指利用船舶、航空器、平台及其他载运工具，向海洋处置废弃物和其他物质；向海洋弃置船舶、航空器、平台和其他海上人工构造物，以及向海洋处置由于海底矿物资源的勘探开发及与勘探开发相关的海上加工所产生的废弃物和其他物质。

“倾倒”不包括船舶、航空器及其他载运工具和设施正常操作产生的废弃物的排放。

第三条　本条例适用于：

（一）向中华人民共和国的内海、领海、大陆架和其他管辖海域倾倒废弃物和其他物质；

（二）为倾倒的目的，在中华人民共和国陆地或港口装载废弃物和其他物质；

（三）为倾倒的目的，经中华人民共和国的内海、领海及其他管辖海域运送废弃物和其他物质；

（四）在中华人民共和国管辖海域焚烧处置废弃物和其他物质。

海洋石油勘探开发过程中产生的废弃物，按照《中华人民共和国海洋石油勘探开发环境保护管理条例》的规定处理。

第四条　海洋倾倒废弃物的主管部门是中华人民共和国国家海洋局及其派出机构（简称“主管部门”，下同）。

第五条　海洋倾倒区由主管部门商同有关部门，按科学、合理、安全和经济的原则划出，报国务院批准确定。

第六条　需要向海洋倾倒废弃物的单位，应事先向主管部门提出申请，按规定的格式填报倾倒废弃物申请书，并附报废弃物特性和成分检验单。

主管部门在接到申请书之日起两个月内予以审批。对同意倾倒者应发给废弃物倾倒许可证。

任何单位和船舶、航空器、平台及其他载运工具，未依法经主管部门批准，不得向海洋倾倒废弃物。

第七条　外国的废弃物不得运至中华人民共和国管理海域进行倾倒，包括弃置船舶、航空器、平台和其他海上人工构造物。违者，主管部门可责令其限期治理，支付清除污染费，赔偿损失，并处以罚款。

在中华人民共和国管辖海域以外倾倒废弃物，造成中华人民共和国管辖海域污染损害的，按本条例第十七条规定处理。

第八条　为倾倒的目的，经过中华人民共和国管辖海域运送废弃物的任何船舶及其他载运工具，应当在进入中华人民共和国管辖海域十五天之前，通报主管部门，同时报告进入中华人民共和国管辖海域的时间、航线，以及废弃物的名称、数量及成分。

第九条　外国籍船舶、平台在中华人民共和国管辖海域，由于海底矿物资源的勘探开发及与勘探开发相关的海上加工所产生的废弃物和其他物质需要向海洋倾倒的，应按规定程序报经主管部门批准。

第十条　倾倒许可证应注明倾倒单位、有效期限和废弃物的数量、种类、倾倒方法等事项。

签发许可证应根据本条例的有关规定严格控制。主管部门根据海洋生态环境的变化和科学技术的发展，可以更换或撤销许可证。

第十一条　废弃物根据其毒性、有害物质含量和对海洋环境的影响等因素，分为三类。其分类标准，由主管部门制定。主管部门可根据海洋生态环境的变化，科学技术的发展，以及海洋环境保护的需要，对附件进行修订。

（一）禁止倾倒附件一所列的废弃物及其他物质（见附件一）。当出现紧急情况，在陆地上处置会严重危及人民健康时，经国家海洋局批准，获得紧急许可证，可到指定的区域按规定的方法倾倒。

（二）倾倒附件二所列的废弃物（见附件二），应当事先获得特别许可证。

（三）倾倒未列入附件一和附件二的低毒或无毒的废弃物，应当事先获得普通许可证。

第十二条　获准向海洋倾倒废弃物的单位在废弃物装载时，应通知主管部门予以核实。

核实工作按许可证所载的事项进行。主管部门如发现实际装载与许可证所注明内容不符，应责令停止装运；情节严重的，应中止或吊销许可证。

利用船舶倾倒废弃物的，还应通知驶出港或就近的港务监督核实。港务监督如发现实际装载与许可证所注明内容不符，则不予办理签证放行，并及时通知主管部门。

第十三条　主管部门应对海洋倾倒活动进行监视和监督，必要时可派员随航。倾倒单位应为随航公务人员提供方便。

第十四条　获准向海洋倾倒废弃物的单位，应当按许可证注明的期限和条件，到指定的区域进行倾倒，如实地详细填写倾倒情况记录表，并按许可证注明的要求，将记录表报送主管部门。倾倒废弃物的船舶、航空器、平台和其他载运工具应有明显标志和信号，并在航行日志上详细记录倾倒情况。

第十五条　倾倒废弃物的船舶、航空器、平台和其他载运工具，凡属《中华人民共和国海洋环境保护法》第九十条、第九十二条规定的情形，可免于承担赔偿责任。

为紧急避险或救助人命，未按许可证规定的条件和区域进行倾倒时，应尽力避免或减轻因倾倒而造成的污染损害，并在事后尽快向主管部门报告。倾倒单位和紧急避险或救助人命的受益者，应对由此所造成的污染损害进行补偿。

由于第三者的过失造成污染损害的，倾倒单位应向主管部门提出确凿证据，经主管部门确认后责令第三者承担赔偿责任。

在海上航行和作业的船舶、航空器、平台和其他载运工具，因不可抗拒的原因而弃置时，其所有人应向主管部门和就近的港务监督报告，并尽快打捞清理。

第十六条　主管部门对海洋倾倒区应定期进行监测，加强管理，避免对渔业资源和其他海上活动造成有害影响。当发现倾倒区不宜继续倾倒时，主管部门可决定予以封闭。

第十七条　对违反本条例，造成海洋环境污染损害的，主管部门可责令其限期治理，支付清除污染费，向受害方赔偿由此所造成的损失，并视情节轻重和污染损害的程度，处以警告或人民币十万元以下的罚款。

第十八条　要求赔偿损失的单位和个人，应尽快向主管部门提出污染损害索赔报告书。报告书应包括：受污染损害的时间、地点、范围、对象、损失清单，技术鉴定和公证证明，并尽可能提供有关原始单据和照片等。

第十九条　受托清除污染的单位在作业结束后，应尽快向主管部门提交索取清除污染费用报告书。报告书应包括：清除污染的时间、地点、投入的人力、机具、船只，清除材料的数量、单价、计算方法，组织清除的管理费、交通费及其他有关费用，清除效果及其情况，其他有关证据和证明材料。

第二十条　对违法行为的处罚标准如下：

（一）凡有下列行为之一者，处以警告或人民币二千元以下的罚款：

1. 伪造废弃物检验单的；

2. 不按本条例第十四条规定填报倾倒情况记录表的；

3. 在本条例第十五条规定的情况下，未及时向主管部门和港务监督报告的。

（二）凡实际装载与许可证所注明内容不符，情节严重的，除中止或吊销许可证外，还可处以人民币二千元以上五千元以下的罚款。

（三）凡未按本条例第十二条规定通知主管部门核实而擅自进行倾倒的，可处以人民币五千元以上二万元以下的罚款。

（四）凡有下列行为之一者，可处以人民币二万元以上十万元以下的罚款：

1. 未经批准向海洋倾倒废弃物的；

2. 不按批准的条件和区域进行倾倒的，但本条例第十五条规定的情况不在此限。

第二十一条　对违反本条例，造成或可能造成海洋环境污染损害的直接责任人，主管部门可处以警告或者罚款，也可以并处。

对于违反本条例，污染损害海洋环境造成重大财产损失或致人伤亡的直接责任人，由司法机关依法追究刑事责任。

第二十二条　当事人对主管部门的处罚决定不服的，可以在收到处罚通知书之日起十五日内，向人民法院起诉；期满不起诉又不履行处罚决定的，由主管部门申请人民法院强制执行。

第二十三条 对违反本条例，造成海洋环境污染损害的行为，主动检举、揭发，积极提供证据，或采取有效措施减少污染损害有成绩的个人，应给予表扬或奖励。

第二十四条 本条例自1985年4月1日起施行。

附件一：禁止倾倒的物质

（一）含有机卤素化合物、汞及汞化合物、镉及镉化合物的废弃物，但微含量的或能在海水中迅速转化为无害物质的除外。

（二）强放射性废弃物及其他强放射性物质。

（三）原油及其废弃物、石油炼制品、残油，以及含这类物质的混合物。

（四）渔网、绳索、塑料制品及其他能在海面漂浮或在水中悬浮，严重妨碍航行、捕鱼及其他活动或危害海洋生物的人工合成物质。

（五）含有本附件第一、二项所列物质的阴沟污泥和疏浚物。

附件二：需要获得特别许可证才能倾倒的物质

（一）含有下列大量物质的废弃物：

1. 砷及其化合物；
2. 铅及其化合物；
3. 铜及其化合物；
4. 锌及其化合物；
5. 有机硅化合物；
6. 氰化物；
7. 氟化物；
8. 铍、铬、镍、钒及其化合物；
9. 未列入附件一的杀虫剂及其副产品。

但无害的或能在海水中迅速转化为无害物质的除外。

（二）含弱放射性物质的废弃物。

（三）容易沉入海底，可能严重障碍捕鱼和航行的容器、废金属及其他笨重的废弃物。

（四）含有本附件第一、二项所列物质的阴沟污泥和疏浚物。

附录5 防治海洋工程建设项目污染损害海洋环境管理条例

第一章 总 则

第一条 为了防治和减轻海洋工程建设项目(以下简称海洋工程)污染损害海洋环境,维护海洋生态平衡,保护海洋资源,根据《中华人民共和国海洋环境保护法》,制定本条例。

第二条 在中华人民共和国管辖海域内从事海洋工程污染损害海洋环境防治活动,适用本条例。

第三条 本条例所称海洋工程,是指以开发、利用、保护、恢复海洋资源为目的,并且工程主体位于海岸线向海一侧的新建、改建、扩建工程。具体包括:

(一)围填海、海上堤坝工程;

(二)人工岛、海上和海底物资储藏设施、跨海桥梁、海底隧道工程;

(三)海底管道、海底电(光)缆工程;

(四)海洋矿产资源勘探开发及其附属工程;

(五)海上潮汐电站、波浪电站、温差电站等海洋能源开发利用工程;

(六)大型海水养殖场、人工鱼礁工程;

(七)盐田、海水淡化等海水综合利用工程;

(八)海上娱乐及运动、景观开发工程;

(九)国家海洋主管部门会同国务院环境保护主管部门规定的其他海洋工程。

第四条 国家海洋主管部门负责全国海洋工程环境保护工作的监督管理,并接受国务院环境保护主管部门的指导、协调和监督。沿海县级以上地方人民政府海洋主管部门负责本行政区域毗邻海域海洋工程环境保护工作的监督管理。

第五条 海洋工程的选址和建设应当符合海洋功能区划、海洋环境保护规划和国家有关环境保护标准,不得影响海洋功能区的环境质量或者损害相邻海域的功能。

第六条 国家海洋主管部门根据国家重点海域污染物排海总量控制指标,分配重点海域海洋工程污染物排海控制数量。

第七条 任何单位和个人对海洋工程污染损害海洋环境、破坏海洋生态等违法行为,都有权向海洋主管部门进行举报。

接到举报的海洋主管部门应当依法进行调查处理,并为举报人保密。

第二章 环境影响评价

第八条 国家实行海洋工程环境影响评价制度。

海洋工程的环境影响评价，应当以工程对海洋环境和海洋资源的影响为重点进行综合分析、预测和评估，并提出相应的生态保护措施，预防、控制或者减轻工程对海洋环境和海洋资源造成的影响和破坏。

海洋工程环境影响报告书应当依据海洋工程环境影响评价技术标准及其他相关环境保护标准编制。编制环境影响报告书应当使用符合国家海洋主管部门要求的调查、监测资料。

第九条 海洋工程环境影响报告书应当包括下列内容：

（一）工程概况；

（二）工程所在海域环境现状和相邻海域开发利用情况；

（三）工程对海洋环境和海洋资源可能造成影响的分析、预测和评估；

（四）工程对相邻海域功能和其他开发利用活动影响的分析及预测；

（五）工程对海洋环境影响的经济损益分析和环境风险分析；

（六）拟采取的环境保护措施及其经济、技术论证；

（七）公众参与情况；

（八）环境影响评价结论。

海洋工程可能对海岸生态环境产生破坏的，其环境影响报告书中应当增加工程对近岸自然保护区等陆地生态系统影响的分析和评价。

第十条 新建、改建、扩建海洋工程的建设单位，应当委托具有相应环境影响评价资质的单位编制环境影响报告书，报有核准权的海洋主管部门核准。

海洋主管部门在核准海洋工程环境影响报告书前，应当征求海事、渔业主管部门和军队环境保护部门的意见；必要时，可以举行听证会。其中，围填海工程必须举行听证会。

海洋主管部门在核准海洋工程环境影响报告书后，应当将核准后的环境影响报告书报同级环境保护主管部门备案，接受环境保护主管部门的监督。

海洋工程建设单位在办理项目审批、核准、备案手续时，应当提交经海洋主管部门核准的海洋工程环境影响报告书。

第十一条 下列海洋工程的环境影响报告书，由国家海洋主管部门核准：

（一）涉及国家海洋权益、国防安全等特殊性质的工程；

（二）海洋矿产资源勘探开发及其附属工程；

（三）50 公顷以上的填海工程，100 公顷以上的围海工程；

（四）潮汐电站、波浪电站、温差电站等海洋能源开发利用工程；

（五）由国务院或者国务院有关部门审批的海洋工程。

前款规定以外的海洋工程的环境影响报告书，由沿海县级以上地方人民政府海洋主管部门根据沿海省、自治区、直辖市人民政府规定的权限核准。

海洋工程可能造成跨区域环境影响并且有关海洋主管部门对环境影响评价结论有争议的，该工程的环境影响报告书由其共同的上一级海洋主管部门核准。

第十二条　海洋主管部门应当自收到海洋工程环境影响报告书之日起60个工作日内，作出是否核准的决定，书面通知建设单位。

需要补充材料的，应当及时通知建设单位，核准期限从材料补齐之日起重新计算。

第十三条　海洋工程环境影响报告书核准后，工程的性质、规模、地点、生产工艺或者拟采取的环境保护措施等发生重大改变的，建设单位应当委托具有相应环境影响评价资质的单位重新编制环境影响报告书，报原核准该工程环境影响报告书的海洋主管部门核准；海洋工程自环境影响报告书核准之日起超过5年方开工建设的，应当在工程开工建设前，将该工程的环境影响报告书报原核准该工程环境影响报告书的海洋主管部门重新核准。

海洋主管部门在重新核准海洋工程环境影响报告书后，应当将重新核准后的环境影响报告书报同级环境保护主管部门备案。

第十四条　建设单位可以采取招标方式确定海洋工程的环境影响评价单位。其他任何单位和个人不得为海洋工程指定环境影响评价单位。

第十五条　从事海洋工程环境影响评价的单位和有关技术人员，应当按照国务院环境保护主管部门的规定，取得相应的资质证书和资格证书。

国务院环境保护主管部门在颁发海洋工程环境影响评价单位的资质证书前，应当征求国家海洋主管部门的意见。

第三章　海洋工程的污染防治

第十六条　海洋工程的环境保护设施应当与主体工程同时设计、同时施工、同时投产使用。

第十七条　海洋工程的初步设计，应当按照环境保护设计规范和经核准的环境影响报告书的要求，编制环境保护篇章，落实环境保护措施和环境保护投资概算。

第十八条　建设单位应当在海洋工程投入运行之日30个工作日前，向原核准该工程环境影响报告书的海洋主管部门申请环境保护设施的验收；海洋工程投入试运行的，应当自该工程投入试运行之日起60个工作日内，向原核准该工程环境影响报告书的海洋主管部门申请环境保护设施的验收。

分期建设、分期投入运行的海洋工程，其相应的环境保护设施应当分期验收。

第十九条　海洋主管部门应当自收到环境保护设施验收申请之日起30个工作日内完成验收；验收不合格的，应当限期整改。

海洋工程需要配套建设的环境保护设施未经海洋主管部门验收或者经验收不合格的，该工程不得投入运行。

建设单位不得擅自拆除或者闲置海洋工程的环境保护设施。

第二十条　海洋工程在建设、运行过程中产生不符合经核准的环境影响报告书的情形的，建设单位应当自该情形出现之日起20个工作日内组织环境影响的后评价，根据后评价结论采取改进措施，并将后评价结论和采取的改进措施报原核准该工程环境影响报告书的海洋主管部门备案；原核准该工程环境影响报告书的海洋主管部门也可以责成建设单位进行环境影响的后评价，采取改进措施。

第二十一条 严格控制围填海工程。禁止在经济生物的自然产卵场、繁殖场、索饵场和鸟类栖息地进行围填海活动。

围填海工程使用的填充材料应当符合有关环境保护标准。

第二十二条 建设海洋工程，不得造成领海基点及其周围环境的侵蚀、淤积和损害，危及领海基点的稳定。

进行海上堤坝、跨海桥梁、海上娱乐及运动、景观开发工程建设的，应当采取有效措施防止对海岸的侵蚀或者淤积。

第二十三条 污水离岸排放工程排污口的设置应当符合海洋功能区划和海洋环境保护规划，不得损害相邻海域的功能。

污水离岸排放不得超过国家或者地方规定的排放标准。在实行污染物排海总量控制的海域，不得超过污染物排海总量控制指标。

第二十四条 从事海水养殖的养殖者，应当采取科学的养殖方式，减少养殖饵料对海洋环境的污染。因养殖污染海域或者严重破坏海洋景观的，养殖者应当予以恢复和整治。

第二十五条 建设单位在海洋固体矿产资源勘探开发工程的建设、运行过程中，应当采取有效措施，防止污染物大范围悬浮扩散，破坏海洋环境。

第二十六条 海洋油气矿产资源勘探开发作业中应当配备油水分离设施、含油污水处理设备、排油监控装置、残油和废油回收设施、垃圾粉碎设备。

海洋油气矿产资源勘探开发作业中所使用的固定式平台、移动式平台、浮式储油装置、输油管线及其他辅助设施，应当符合防渗、防漏、防腐蚀的要求；作业单位应当经常检查，防止发生漏油事故。

前款所称固定式平台和移动式平台，是指海洋油气矿产资源勘探开发作业中所使用的钻井船、钻井平台、采油平台和其他平台。

第二十七条 海洋油气矿产资源勘探开发单位应当办理有关污染损害民事责任保险。

第二十八条 海洋工程建设过程中需要进行海上爆破作业的，建设单位应当在爆破作业前报告海洋主管部门，海洋主管部门应当及时通报海事、渔业等有关部门。

进行海上爆破作业，应当设置明显的标志、信号，并采取有效措施保护海洋资源。在重要渔业水域进行炸药爆破作业或者进行其他可能对渔业资源造成损害的作业活动的，应当避开主要经济类鱼虾的产卵期。

第二十九条 海洋工程需要拆除或者改作他用的，应当报原核准该工程环境影响报告书的海洋主管部门批准。拆除或者改变用途后可能产生重大环境影响的，应当进行环境影响评价。

海洋工程需要在海上弃置的，应当拆除可能造成海洋环境污染损害或者影响海洋资源开发利用的部分，并按照有关海洋倾倒废弃物管理的规定进行。

海洋工程拆除时，施工单位应当编制拆除的环境保护方案，采取必要的措施，防止对海洋环境造成污染和损害。

第四章　污染物排放管理

第三十条　海洋油气矿产资源勘探开发作业中产生的污染物的处置，应当遵守下列规定：

（一）含油污水不得直接或者经稀释排放入海，应当经处理符合国家有关排放标准后再排放；

（二）塑料制品、残油、废油、油基泥浆、含油垃圾和其他有毒有害残液残渣，不得直接排放或者弃置入海，应当集中储存在专门容器中，运回陆地处理。

第三十一条　严格控制向水基泥浆中添加油类，确需添加的，应当如实记录并向原核准该工程环境影响报告书的海洋主管部门报告添加油的种类和数量。禁止向海域排放含油量超过国家规定标准的水基泥浆和钻屑。

第三十二条　建设单位在海洋工程试运行或者正式投入运行后，应当如实记录污染物排放设施、处理设备的运转情况及其污染物的排放、处置情况，并按照国家海洋主管部门的规定，定期向原核准该工程环境影响报告书的海洋主管部门报告。

第三十三条　县级以上人民政府海洋主管部门，应当按照各自的权限核定海洋工程排放污染物的种类、数量，根据国务院价格主管部门和财政部门制定的收费标准确定排污者应当缴纳的排污费数额。

排污者应当到指定的商业银行缴纳排污费。

第三十四条　海洋油气矿产资源勘探开发作业中应当安装污染物流量自动监控仪器，对生产污水、机舱污水和生活污水的排放进行计量。

第三十五条　禁止向海域排放油类、酸液、碱液、剧毒废液和高、中水平放射性废水；严格限制向海域排放低水平放射性废水，确需排放的，应当符合国家放射性污染防治标准。

严格限制向大气排放含有毒物质的气体，确需排放的，应当经过净化处理，并不得超过国家或者地方规定的排放标准；向大气排放含放射性物质的气体，应当符合国家放射性污染防治标准。

严格控制向海域排放含有不易降解的有机物和重金属的废水；其他污染物的排放应当符合国家或者地方标准。

第三十六条　海洋工程排污费全额纳入财政预算，实行“收支两条线”管理，并全部专项用于海洋环境污染防治。具体办法由国务院财政部门会同国家海洋主管部门制定。

第五章　污染事故的预防和处理

第三十七条　建设单位应当在海洋工程正式投入运行前制定防治海洋工程污染损

害海洋环境的应急预案，报原核准该工程环境影响报告书的海洋主管部门和有关主管部门备案。

第三十八条　防治海洋工程污染损害海洋环境的应急预案应当包括以下内容：

（一）工程及其相邻海域的环境、资源状况；

（二）污染事故风险分析；

（三）应急设施的配备；

（四）污染事故的处理方案。

第三十九条　海洋工程在建设、运行期间，由于发生事故或者其他突发性事件，造成或者可能造成海洋环境污染事故时，建设单位应当立即向可能受到污染的沿海县级以上地方人民政府海洋主管部门或者其他有关主管部门报告，并采取有效措施，减轻或者消除污染，同时通报可能受到危害的单位和个人。

沿海县级以上地方人民政府海洋主管部门或者其他有关主管部门接到报告后，应当按照污染事故分级规定及时向县级以上人民政府和上级有关主管部门报告。县级以上人民政府和有关主管部门应当按照各自的职责，立即派人赶赴现场，采取有效措施，消除或者减轻危害，对污染事故进行调查处理。

第四十条　在海洋自然保护区内进行海洋工程建设活动，应当按照国家有关海洋自然保护区的规定执行。

第六章　监督检查

第四十一条　县级以上人民政府海洋主管部门负责海洋工程污染损害海洋环境防治的监督检查，对违反海洋污染防治法律、法规的行为进行查处。

县级以上人民政府海洋主管部门的监督检查人员应当严格按照法律、法规规定的程序和权限进行监督检查。

第四十二条　县级以上人民政府海洋主管部门依法对海洋工程进行现场检查时，有权采取下列措施：

（一）要求被检查单位或者个人提供与环境保护有关的文件、证件、数据以及技术资料等，进行查阅或者复制；

（二）要求被检查单位负责人或者相关人员就有关问题作出说明；

（三）进入被检查单位的工作现场进行监测、勘查、取样检验、拍照、摄像；

（四）检查各项环境保护设施、设备和器材的安装、运行情况；

（五）责令违法者停止违法活动，接受调查处理；

（六）要求违法者采取有效措施，防止污染事态扩大。

第四十三条　县级以上人民政府海洋主管部门的监督检查人员进行现场执法检查时，应当出示规定的执法证件。用于执法检查、巡航监视的公务飞机、船舶和车辆应当有明显的执法标志。

第四十四条　被检查单位和个人应当如实提供材料，不得拒绝或者阻碍监督检查人员依法执行公务。

有关单位和个人对海洋主管部门的监督检查工作应当予以配合。

第四十五条　县级以上人民政府海洋主管部门对违反海洋污染防治法律、法规的行为，应当依法作出行政处理决定；有关海洋主管部门不依法作出行政处理决定的，上级海洋主管部门有权责令其依法作出行政处理决定或者直接作出行政处理决定。

第七章　法律责任

第四十六条　建设单位违反本条例规定，有下列行为之一的，由负责核准该工程环境影响报告书的海洋主管部门责令停止建设、运行，限期补办手续，并处5万元以上20万元以下的罚款：

（一）环境影响报告书未经核准，擅自开工建设的；

（二）海洋工程环境保护设施未申请验收或者经验收不合格即投入运行的。

第四十七条　建设单位违反本条例规定，有下列行为之一的，由原核准该工程环境影响报告书的海洋主管部门责令停止建设、运行，限期补办手续，并处5万元以上20万元以下的罚款：

（一）海洋工程的性质、规模、地点、生产工艺或者拟采取的环境保护措施发生重大改变，未重新编制环境影响报告书报原核准该工程环境影响报告书的海洋主管部门核准的；

（二）自环境影响报告书核准之日起超过5年，海洋工程方开工建设，其环境影响报告书未重新报原核准该工程环境影响报告书的海洋主管部门核准的；

（三）海洋工程需要拆除或者改作他用时，未报原核准该工程环境影响报告书的海洋主管部门批准或者未按要求进行环境影响评价的。

第四十八条　建设单位违反本条例规定，有下列行为之一的，由原核准该工程环境影响报告书的海洋主管部门责令限期改正；逾期不改正的，责令停止运行，并处1万元以上10万元以下的罚款：

（一）擅自拆除或者闲置环境保护设施的；

（二）未在规定时间内进行环境影响后评价或者未按要求采取整改措施的。

第四十九条　建设单位违反本条例规定，有下列行为之一的，由县级以上人民政府海洋主管部门责令停止建设、运行，限期恢复原状；逾期未恢复原状的，海洋主管部门可以指定具有相应资质的单位代为恢复原状，所需费用由建设单位承担，并处恢复原状所需费用1倍以上2倍以下的罚款：

（一）造成领海基点及其周围环境被侵蚀、淤积或者损害的；

（二）违反规定在海洋自然保护区内进行海洋工程建设活动的。

第五十条　建设单位违反本条例规定，在围填海工程中使用的填充材料不符合有关环境保护标准的，由县级以上人民政府海洋主管部门责令限期改正；逾期不改正的，责令停止建设、运行，并处5万元以上20万元以下的罚款；造成海洋环境污染事故，直接负责的主管人员和其他直接责任人员构成犯罪的，依法追究刑事责任。

第五十一条　建设单位违反本条例规定，有下列行为之一的，由原核准该工程环境影响报告书的海洋主管部门责令限期改正；逾期不改正的，处1万元以上5万元以下的罚款：

（一）未按规定报告污染物排放设施、处理设备的运转情况或者污染物的排放、处置情况的；

（二）未按规定报告其向水基泥浆中添加油的种类和数量的；

（三）未按规定将防治海洋工程污染损害海洋环境的应急预案备案的；

（四）在海上爆破作业前未按规定报告海洋主管部门的；

（五）进行海上爆破作业时，未按规定设置明显标志、信号的。

第五十二条　建设单位违反本条例规定，进行海上爆破作业时未采取有效措施保护海洋资源的，由县级以上人民政府海洋主管部门责令限期改正；逾期未改正的，处1万元以上10万元以下的罚款。

建设单位违反本条例规定，在重要渔业水域进行炸药爆破或者进行其他可能对渔业资源造成损害的作业，未避开主要经济类鱼虾产卵期的，由县级以上人民政府海洋主管部门予以警告、责令停止作业，并处5万元以上20万元以下的罚款。

第五十三条　海洋油气矿产资源勘探开发单位违反本条例规定向海洋排放含油污水，或者将塑料制品、残油、废油、油基泥浆、含油垃圾和其他有毒有害残液残渣直接排放或者弃置入海的，由国家海洋主管部门或者其派出机构责令限期清理，并处2万元以上20万元以下的罚款；逾期未清理的，国家海洋主管部门或者其派出机构可以指定有相应资质的单位代为清理，所需费用由海洋油气矿产资源勘探开发单位承担；造成海洋环境污染事故，直接负责的主管人员和其他直接责任人员构成犯罪的，依法追究刑事责任。

第五十四条　海水养殖者未按规定采取科学的养殖方式，对海洋环境造成污染或者严重影响海洋景观的，由县级以上人民政府海洋主管部门责令限期改正；逾期不改正的，责令停止养殖活动，并处清理污染或者恢复海洋景观所需费用1倍以上2倍以下的罚款。

第五十五条　建设单位未按本条例规定缴纳排污费的，由县级以上人民政府海洋主管部门责令限期缴纳；逾期拒不缴纳的，处应缴纳排污费数额2倍以上3倍以下的罚款。

第五十六条　违反本条例规定，造成海洋环境污染损害的，责任者应当排除危害，赔偿损失。完全由于第三者的故意或者过失造成海洋环境污染损害的，由第三者排除危害，承担赔偿责任。

违反本条例规定，造成海洋环境污染事故，直接负责的主管人员和其他直接责任人员构成犯罪的，依法追究刑事责任。

第五十七条　海洋主管部门的工作人员违反本条例规定，有下列情形之一的，依法给予行政处分；构成犯罪的，依法追究刑事责任：

（一）未按规定核准海洋工程环境影响报告书的；

（二）未按规定验收环境保护设施的；

（三）未按规定对海洋环境污染事故进行报告和调查处理的；

（四）未按规定征收排污费的；

（五）未按规定进行监督检查的。

第八章　附　则

第五十八条　船舶污染的防治按照国家有关法律、行政法规的规定执行。

第五十九条　本条例自 2006 年 11 月 1 日起施行。

附录6　海洋石油开发工业含油污水排放标准

本标准为贯彻执行《中华人民共和国海洋环境保护法》，防止海洋石油开发工业含油污水对海洋环境的污染而制定。

本标准适用于在中华人民共和国管辖的一切海域从事海洋石油开发的一切企业事业单位、作业者（操作者）和个人。

1. 标准的分级

海洋石油开发工业的含油污水，系指采油平台上经过处理后从固定排污口排放的采油工艺污水。

海洋石油开发工业含油污水排放标准分为两级。

一级：适用于辽东湾、渤海湾、莱州湾、北部湾，国家划定的海洋特别保护区，海滨风景游览区和其他距岸10海里以内的海域。

二级：适用于一级标准适用范围以外的海域。

2. 标准值

海洋石油开发工业含油污水的排放标准最高容许浓度应符合表1规定。

表1　含油污水排放标准最高容许浓度　　单位：mg/L

项　目	级　别	月平均值	一次容许值
石油类	一　级	30	45
	二　级	50	75

采油工艺污水应回注地层，减少污水排放量。

位于潮间带的海洋石油开发工业含油污水，按GB 3550—83《石油开发工业水污染物排放标准》执行。

3. 标准的实施与监测

3.1 自本标准实施之日起，开始建设的采油平台，立即执行本标准。现有的采油平台自本标准实施之日起，执行二级标准值，一年以后则按本标准规定执行。

3.2 对于采油平台应在工艺污水排放口设置监测采样点，由海洋石油企业环境监测机构负责日常监测。

3.3 本标准的监测分析方法按《海洋石油开发工业含油污水分析方法》执行。

附录 7 海洋石油勘探开发污染物生物毒性 第 1 部分:分级

1. 范围

本部分规定了海洋石油勘探开发作业中使用或生成后并排入海洋中的部分污染物在不同海区的生物毒性检验的频率和容许值,并对样品的检验方法、结果判定等提出了要求。

本部分适用于海洋石油勘探开发作业中使用或生成后并排入海洋中的钻井液、基液、钻屑和生产水的生物毒性分级,本部分限定外的污染物的生物毒性分级参照使用。

2. 规范性引用文件

下列文件中的条款通过本部分的引用而成为本部分的条款。凡是注日期的引用文件,其随后所有的修改单(不包括勘误的内容)或修订版均不适用于本部分。然而,鼓励根据本部分达成协议的各方研究是否可使用这些文件的最新版本。凡是不注日期的引用文件,其最新版本适用于本部分。

GB/T 18420.2　海洋石油勘探开发污染物生物毒性第 2 部分:检验方法

3. 术语和定义

下列术语和定义适用于本部分。

3.1　海洋石油勘探开发污染物(pollutant from marine petroleum exploration and exploitation)

海洋石油勘探开发作业中使用或生成后并向海洋排放,且可能对海洋生态环境造成污染的任何物质。

3.2　污染物生物毒性分级(biological toxicity grading of pollutants)

根据海洋石油勘探开发污染物对海洋生物的影响程度,划分污染物的生物毒性的不同等级。

3.3　海洋石油勘探开发作业(operation of marine petroleum exploration and exploitation)

海洋石油勘探、开发、生产、储运和管线运输等作业活动。

3.4　钻井液(drilling fluid)

在钻井过程中使用的具有润滑和冷却钻头、携带钻屑、平衡地层压力等作业的循环流体,包括水基钻井液、油基钻井液和合成基钻井液。

3.4.1 水基钻井液(water-based drilling fluid)

固相颗粒的悬浮液为水溶性的,即固相颗粒悬浮在水中或盐水中,油可以乳化到水中,水为连续相的钻井液。

3.4.2 油基钻井液(oil-based drilling fluid)

连续相为柴油、矿物油或其他一些不含合成物质的油类的钻井液。

3.4.3 合成基钻井液(synthetic-based drilling fluid)

连续相为某些合成有机物(例如植物性酯、聚α-烯烃、内烯烃、线性α-烯烃、乙醚、线性烷基苯等)或这些合成有机物的混合物的钻井液。

3.5 基液(base fluid)

油基钻井液或合成基钻井液配方中的连续相。

3.6 钻屑(drill cuttings)

海洋石油勘探开发中钻探地层作业时产生并随钻井液从井底带出的岩屑,分为水基钻屑、油基钻屑和合成基钻屑。

3.7 生产水(produced water)

开采油层时来自地层的油水混合流体经分离后的水部分,包括油层水、注入水和油水分离过程中添加的化学物质。

3.8 生物毒性容许值(biological toxicity limit)

容许海洋石油勘探开发污染物在海区排放的生物毒性限定值。

3.9 检验频率(test frequency)

一定时间内,在不同海区排放的海洋石油勘探开发污染物的生物毒性检验的次数。

3.10 生物毒性检验(biological toxicity test)

在试验条件下对生物体施加污染物以判定污染物对生物体所产生的毒性影响的一种检验方法。

4. 海区等级

海洋石油勘探开发污染物应按照本部分规定的倾倒海区的等级执行分级标准。海区等级划分如下:

一级海区,包括辽东湾、渤海湾、莱州湾、北部湾,国家划定的海洋特别保护区及其他保护区域,海滨风景游览区及其他距离海岸10海里以内的海域;

二级海区,包括一级海区以外的中华人民共和国所辖的其他海域。

5. 生物毒性检验

海洋石油勘探开发作业者在使用或排放本部分规定的污染物前应按照GB/T 18420.2的规定进行生物毒性检验。

6. 生物毒性分级

6.1 生物毒性容许值

6.1.1 基液

基液的生物毒性容许值见表1。

表1　基液的生物毒性容许值

项　目	海区等级	生物毒性容许值/(mg·L^{-1})
基　液	一　级	15 000
	二　级	10 000

6.1.2 钻井液

钻井液的生物毒性容许值见表2。

表2　钻井液的生物毒性容许值

项　目	海区等级	生物毒性容许值/(mg·L^{-1})
水基钻井液	一　级	30 000
	二　级	20 000
非水基钻井液	一　级	15 000
	二　级	10 000

6.1.3 钻屑

钻屑排放前,携带该钻屑的钻井液应符合其生物毒性容许值要求。

6.1.4 生产水

生产水的生物毒性容许值见表3。

表3　生产水的生物毒性容许值

项　目	海区等级	生物毒性容许值/(mg·L^{-1})
生产水	一　级	100 000
	二　级	50 000

6.2 检验频率

6.2.1 基液

基液应在供应商提出使用申请前检验一次。

6.2.2 钻井液

在使用水基、油基或合成基钻井液钻探时,应每井每月检验一次。

6.2.3 生产水

生产水的检验频率见表4。

表4　生产水的检验频率

项　目	海区等级	排放速率/(m^3·d^{-1})	检验频率
生产水	一　级	0～100(含100)	一次/年/排放口
		100～1 000(含1 000)	一次/季/排放口
		>1 000	一次/月/排放口
	二　级	0～500(含500)	一次/年/排放口
		500～5 000(含5 000)	一次/季/排放口
		>5 000	一次/月/排放口

7. **结果判定**

生物毒性检验结果大于或等于 6.1 规定的生物毒性容许值，为符合生物毒性要求；生物毒性检验结果小于 6.1 规定的生物毒性容许值，为不符合生物毒性要求。

附录 8　海水水质标准

1. 主题内容与标准适用范围

本标准规定了海域各类使用功能的水质要求。

本标准适用于中华人民共和国管辖的海域。

2. 引用标准

下列标准所含条文，在本标准中被引用即构成本标准的条文，与本标准同效。

GB 12763.4—91　海洋调查规范　海水化学要素观测

HY 003—91　海洋监测规范

GB 12763.2—91　海洋调查规范　海洋水文观测

GB 7467—87　水质　六价铬的测定　二苯碳酰二肼分光光度法

GB 7485—87　水质　总砷的测定　二乙基二硫代氨基甲酸银分光光度法

GB 11910—89　水质　镍的测定　丁二酮肟分光光度法

GB 11912—89　水质　镍的测定　火焰原子吸收分光光度法

GB 13192—91　水质　有机磷农药的测定　气相色谱法

GB 11895—89　水质　苯并(α)芘的测定　乙酰化滤纸层析荧光分光光度法

当上述标准被修订时，应使用其最新版本。

3. 海水水质分类与标准

3.1 海水水质分类

按照海域的不同使用功能和保护目标，海水水质分为四类：

第一类　适用于海洋渔业水域，海上自然保护区和珍稀濒危海洋生物保护区。

第二类　适用于水产养殖区，海水浴场，人体直接接触海水的海上运动或娱乐区，以及与人类食用直接有关的工业用水区。

第三类　适用于一般工业用水区，滨海风景旅游区。

第四类　适用于海洋港口水域，海洋开发作业区。

3.2 海水水质标准

各类海水水质标准列于表 1。

4. 海水水质监测

4.1 海水水质监测样品的采集、贮存、运输和预处理按 GB 12763.4—91 和 HY 003—91 的有关规定执行。

4.2 本标准各项目的监测，按表 2 的分析方法进行。

5. 混合区的规定

污水集中排放形成的混合区，不得影响邻近功能区的水质和鱼类洄游通道。

附录 A　无机氮的计算

无机氮是硝酸盐氮、亚硝酸盐氮和氨氮的总和，无机氮也称“活性氮”，或简称“三氮”。

在现行监测中，水样中的硝酸盐、亚硝酸盐和氮的浓度是以 μmol/L 表示总和。而本标准规定无机氮是以氮(N)计，单位采用 mg/L，因此，按下式计算无机氮：

$$c(\mathrm{N}) = 14 \times 10^{-3}\left[c(\mathrm{NO_3\text{-}N}) + c(\mathrm{NO_2\text{-}N}) + c(\mathrm{NH_3\text{-}N})\right]$$

式中：$c(\mathrm{N})$——无机氮浓度，以 N 计，mg/L；

$c(\mathrm{NO_3\text{-}N})$——用监测方法测出的水样中硝酸盐的浓度，μmol/L；

$c(\mathrm{NO_2\text{-}N})$——用监测方法测出的水样中亚硝酸盐的浓度，μmol/L；

$c(\mathrm{NH_3\text{-}N})$——用监测方法测出的水样中氨的浓度，μmol/L。

附录 B　非离子氨换算方法

按靛酚蓝法、次溴酸钠氧化法(GB 12763.4—91)测定得到的氨浓度($\mathrm{NH_3\text{-}N}$)看作是非离子氨与离子氨浓度的总和，非离子氨在氨的水溶液中的比例与水温、pH 值以及盐度有关。可按下述公式换算出非离子氨的浓度：

$$c(\mathrm{NH_3}) = 14 \times 10^{-5}\, c(\mathrm{NH_3\text{-}N}) \cdot f$$

$$f = 100/(10^{\mathrm{p}K_a^{S\cdot T} - \mathrm{pH}} + 1)$$

$$\mathrm{p}K_a^{S\cdot T} = 9.245 + 0.002\,949S + 0.032\,4(298 - T)$$

式中：f——氨的水溶液中非离子氨的摩尔百分比；

$c(\mathrm{NH_3})$——现场温度、pH、盐度下，水样中非离子氨的浓度(以 N 计)，mg/L；

$c(\mathrm{NH_3\text{-}N})$——用监测方法测得的水样中氨的浓度，μmol/L；

T——海水温度，K；

S——海水盐度；

pH——海水的 pH；

$\mathrm{p}K_a^{S\cdot T}$——温度为 T($T = 273 + t$)，盐度为 S 的海水中的 $\mathrm{NH_4^+}$ 的解离平衡常数 $K_a^{S\cdot T}$ 的负对数。

表 1　海水水质标准　　单位:mg/L

序　号	项　目	第一类	第二类	第三类	第四类
1	漂浮物质	浮面不得出现油膜、浮沫和其他漂浮物质			海面无明显油膜、浮沫和其他漂浮物质
2	色、臭、味	海水不得有异色、异臭、异味			海水不得有令人厌恶和感到不快的色、臭、味
3	悬浮物质	人为增加的量≤10		人为增加的量≤100	人为增加的量≤150
4	大肠菌群≤/(个·L^{-1})	10 000,供人生食的贝类增养殖水质≤700			—
5	粪大肠菌群≤/(个·L^{-1})	2 000,供人生食的贝类增养殖水质≤140			—
6	病原体	供人生食的贝类养殖水质不得含有病原体			
7	水温/℃	人为造成的海水温升夏季不超过当时当地 1 ℃,其他季节不超过 2 ℃		人为造成的海水温升不超过当时当地 4 ℃	
8	pH	7.8～8.5,同时不超过该海域正常变动范围的 0.2pH 单位		6.8～8.8,同时不超过该海域正常变动范围的 0.5pH 单位	
9	溶解氧>	6	5	4	3
10	化学需氧量(COD)≤	2	3	4	5
11	生化需氧量(BOD_5)≤	1	3	4	5
12	无机氮≤(以 N 计)	0.20	0.30	0.40	0.50
13	非离子氨≤(以 N 计)	0.020			
14	活性磷酸盐≤(以 P 计)	0.015	0.030		0.045
15	汞≤	0.000 05	0.000 2		0.000 5
16	镉≤	0.001	0.005	0.010	
17	铅≤	0.001	0.005	0.010	0.050
18	六价铬≤	0.005	0.010	0.020	0.050
19	总铬≤	0.05	0.10	0.20	0.50
20	砷≤	0.020	0.030	0.050	
21	铜≤	0.005	0.010	0.050	
22	锌≤	0.020	0.050	0.10	0.50
23	硒≤	0.010	0.020		0.050
24	镍≤	0.005	0.010	0.020	0.050
25	氰化物≤	0.005		0.10	0.20
26	硫化物≤(以 S 计)	0.02	0.05	0.10	0.25
27	挥发性酚≤	0.005		0.010	0.050
28	石油类≤	0.05		0.30	0.50
29	六六六≤	0.001	0.002	0.003	0.005
30	滴滴涕≤	0.000 05	0.000 1		
31	马拉硫磷≤	0.000 5	0.001		

续表 1

序　号	项　目	第一类	第二类	第三类	第四类
32	甲基对硫磷≤	0.000 5	0.001		
33	苯并(α)芘≤/($\mu g \cdot L^{-1}$)	0.002 5			
34	阴离子表面活性剂（以 LAS 计）	0.03	0.10		
35	放射性核素/($Bq \cdot L^{-1}$) ^{60}Co	0.03			
	^{90}Sr	4			
	^{106}Rn	0.2			
	^{134}Cs	0.6			
	^{137}Cs	0.7			

表 2　海水水质分析方法

序　号	项　目	分析方法	检出限/($mg \cdot L^{-1}$)	引用标准
1	漂浮物质	目测法		
2	色、臭、味	（1）比色法		GB 12763.2—91
		（2）感官法		HY 003.4—91
3	悬浮物质	重量法	2	HY 003.4—91
4	大肠菌群	（1）发酵法		HY 003.4—91
		（2）滤膜法		
5	粪大肠菌群	（1）发酵法		HY 003.4—91
		（2）滤膜法		
6	病原体	（1）微孔滤膜吸附法[1,a]		
		（2）沉淀病毒浓聚法[1,a]		
		（3）透析法[1,a]		
7	水　温	（1）水温的铅直连续观测		GB 12763.2—91
		（2）标准层水温观测		
8	pH	（1）pH 计电测法		GB 12763.4—91
		（2）pH 比色法		HY 003.4—91
9	溶解氧	碘量滴定法	0.042	GB 12763.4—91
10	化学需氧量(COD)	碱性高锰酸钾法	0.15	HY 003.4—91
11	生化需氧量(BOD_5)	5 日培养法		HY 003.4—91
12	无机氮[2]（以 N 计）	氮：（1）靛酚蓝法	0.7×10^{-3}	GB 12763.4—91
		（2）次溴酸钠氧化法	0.4×10^{-3}	
		亚硝酸盐：重氮-偶氮法	0.3×10^{-3}	
		硝酸盐：（1）锌-镉还原法	0.7×10^{-3}	
		（2）铜镉柱还原法	0.6×10^{-3}	

续表 2

序 号	项 目	分析方法	检出限/($mg \cdot L^{-1}$)	引用标准
13	非离子氨[3](以N计)	按附录B进行换算		
14	活性磷酸盐(以P计)	(1)抗坏血酸还原的磷钼蓝法	0.62×10^{-3}	GB 12763.4—91
		(2)磷钼蓝萃取分光光度法	1.4×10^{-3}	HY 003.4—91
15	汞	(1)冷原子吸收分光光度法	0.0086×10^{-3}	HY 003.4—91
		(2)金捕集冷原子吸收光度法	0.002×10^{-3}	
16	镉	(1)无火焰原子吸收分光光度法	0.014×10^{-3}	HY 003.4—91
		(2)火焰原子吸收分光光度法	0.34×10^{-3}	
		(3)阳极溶出伏安法	0.7×10^{-3}	
		(4)双硫腙分光光度法	1.1×10^{-3}	
17	铅	(1)无火焰原子吸收分光光度法	0.19×10^{-3}	HY 003.4—91
		(2)阳极溶出伏安法	4.0×10^{-3}	
		(3)双硫腙分光光度法	2.6×10^{-3}	
18	六价铬	二苯碳酰二肼分光光度法	4.0×10^{-3}	GB 7467—87
19	总 铬	(1)二苯碳酰二肼分光光度法	1.2×10^{-3}	HY 003.4—91
		(2)无火焰原子吸收分光光度法	0.91×10^{-3}	
20	砷	(1)砷化氢-硝酸银分光光度法	1.3×10^{-3}	HY 003.4—91
		(2)氢化物发生原子吸收分光光度法	1.2×10^{-3}	HY 003.4—91
		(3)二乙基二硫代氨基甲酸银分光光度法	7.0×10^{-3}	GB 7485—87
21	铜	(1)无火焰原子吸收分光光度法	1.4×10^{-3}	HY 003.4—91
		(2)二乙氨基二硫代甲酸钠分光光度法	4.9×10^{-3}	
		(3)阳极溶出伏安法	3.7×10^{-3}	
22	锌	(1)火焰原子吸收分光光度法	16×10^{-3}	HY 003.4—91
		(2)阳极溶出伏安法	6.4×10^{-3}	
		(3)双硫腙分光光度法	9.2×10^{-3}	
23	硒	(1)荧光分光光度法	0.73×10^{-3}	HY 003.4—91
		(2)二氨基联苯胺分光光度法	1.5×10^{-3}	
		(3)催化极谱法	0.14×10^{-3}	
24	镍	(1)丁二酮肟分光光度法	0.25	GB 11910—89
		(2)无火焰原子吸收分光光度法[1,b]	0.03×10^{-3}	
		(3)火焰原子吸收分光光度法	0.05	GB 11912—89
25	氰化物	(1)异烟酸-吡唑啉酮分光光度法	2.1×10^{-3}	HY 003.4—91
		(2)吡啶-巴比妥酸分光光度法	1.0×10^{-3}	
26	硫化物(以S计)	(1)亚甲基蓝分光光度法	1.7×10^{-3}	HY 003.4—91
		(2)离子选择电极法	8.1×10^{-3}	

续表 2

序　号	项　目		分析方法	检出限/(mg•L^{-1})	引用标准
27	挥发性酚		4-氨基安替比林分光光度法	4.8×10^{-3}	HY 003. 4—91
28	石油类		(1) 环己烷萃取荧光分光光度法	9.2×10^{-3}	HY 003. 4—91
			(2) 紫外分光光度法	60.5×10^{-3}	HY 003. 4—91
			(3) 重量法	0.2	HY 003. 4—91
29	六六六[4]		气相色谱法	1.1×10^{-6}	HY 003. 4—91
30	滴滴涕[4]		气相色谱法	3.8×10^{-6}	HY 003. 4—91
31	马拉硫磷		气相色谱法	0.64×10^{-3}	GB 13192—91
32	甲基对硫磷		气相色谱法	0.42×10^{-3}	GB 13192—91
33	苯并(α)芘		乙酰化滤纸层析-荧光分光光度法	2.5×10^{-6}	GB 11895—89
34	阴离子表面活性剂（以 LAS 计）		亚甲基蓝分光光度法	0.023	HY 003. 4—91
35	放射性核素/(Bq•L^{-1})	^{60}Co	离子交换-萃取-电沉积法	2.2×10^{-3}	HY / T 003. 8—91
		^{90}Sr	(1) HDEHP 萃取-β 计数法	1.8×10^{-3}	HY / T 003. 8—91
			(2) 离子交换-β 计数法	2.2×10^{-3}	HY / T 003. 8—91
		^{106}Rn	(1) 四氯化碳萃取-镁粉还原-β 计数法	3.0×10^{-3}	HY / T 003. 8—91
			(2) γ 能谱法[1,c]	4.4×10^{-3}	HY / T 003. 8—91
		^{134}Cs	γ 能谱法，参见 ^{137}Cs 分析法		
		^{137}Cs	(1) 亚铁氰化铜-硅胶现场富集-γ 能谱法	1.0×10^{-3}	HY / T 003. 8—91
			(2) 磷钼酸铵-碘铋酸铯-β 计数法	3.7×10^{-3}	HY / T 003. 8—91

注：1. 暂时采用下列分析方法，待国家标准发布后执行国家标准。

a.《水和废水标准检验法》，第 15 版，中国建筑工业出版社，805～827, 1985。

b. 环境科学，7（6）：75～79, 1986。

c.《辐射防护手册》，原子能出版社，2：259, 1988。

2. 见附录 A。

3. 见附录 B。

4. 六六六和滴滴涕的检出限系指其四种异物体检出限之和。

参考文献

[1] 史建刚．海洋环境保护概论．东营：中国石油大学出版社，2010.

[2] 孙英杰，黄尧，赵由才．海洋与环境——大海母亲的予与求．北京：冶金工业出版社，2011.

[3] 朱庆林，郭佩芳，张越美．海洋环境保护．青岛：中国海洋大学出版社，2011.

[4] 朱蓓丽．环境工程概论．北京：科学出版社，2011.

[5] 马英杰．海洋环境保护法概论．北京：海洋出版社，2012.

[6] 施问超，邵荣，韩香云．环境保护通论．北京：北京大学出版社，2011.

[7] 于宗保．环境保护基础．北京：化学工业出版社，2006.

[8] 姚泊．海洋环境概论．北京：化学工业出版社，2007.

[9] 张皓岩，卞耀武．中华人民共和国海洋环境保护法释义．北京：法律出版社，2000.

[10] 于志刚．海洋环境．北京：海洋出版社，2009.

[11] 楚泽涵，任平．碧水蓝天工程——石油环境保护．北京：石油工业出版社，2006.

[12] 刘东升，曹云森．油田环境保护技术综述．北京：石油工业出版社，2006.

[13] Edward A Laws．水污染导论．余刚，张祖麟，等，译．北京：科学出版社，2004.

[14] 高廷耀，顾国维，周琪．水污染控制工程（第三册）上册．北京：高等教育出版社，2007.

[15] 高廷耀，顾国维，周琪．水污染控制工程（第三册）下册．北京：高等教育出版社，2007.

[16] 巴登．海洋污染和海洋生物资源．吴瑜端，王隆发，蔡阿根，等，译．北京：海洋出版社，1991.

[17] 李永琪，丁美丽．海洋污染生物学．北京：海洋出版社，1991.

[18] 缪应祺．水污染控制工程．南京：东南大学出版社，2006.

[19] 国家海洋局海洋信息中心．2013 年中国海洋环境状况公报．http://www.coi.gov.cn/gongbao/huanjing/201403/t20140325_30717.html.

图书在版编目(CIP)数据

海洋环境保护 / 朱红钧，赵志红主编．—东营：中国石油大学出版社，2015.2

ISBN 978-7-5636-4609-8

Ⅰ．①海… Ⅱ．①朱… ②赵… Ⅲ．①海洋环境－环境保护 Ⅳ．①X55

中国版本图书馆 CIP 数据核字（2015）第 031521 号

石油高等教育教材出版基金资助出版

书　　名：海洋环境保护
作　　者：朱红钧　赵志红

责任编辑：穆丽娜　岳为超（0532—86981532）
封面设计：青岛友一广告传媒有限公司

出 版 者：中国石油大学出版社（山东 东营　邮编 257061）
网　　址：http://www.uppbook.com.cn
电子信箱：shiyoujiaoyu@126.com
印 刷 者：山东省东营市新华印刷厂
发 行 者：中国石油大学出版社（电话 0532—86981532，86983437）
开　　本：185 mm×260 mm　印张：17.25　字数：374 千字
版　　次：2015 年 2 月第 1 版第 1 次印刷
定　　价：43.00 元